法学与法治建设研究文丛

孟庆瑜 主编

RESEARCH ON JURISPRUDENCE AND RULE OF LAW

7

河北省高等学校人文社会科学重点研究基地
——河北大学国家治理法治化研究中心资助

2015年度国家社科基金重点项目“京津冀区域生态环境协同治理政策法律问题研究”（项目编号：15AFX022）之阶段性研究成果

京津冀区际生态补偿制度构建

On the Jing-jin-ji Inter-regional Ecological Compensation System's Construction

刘广明　尤晓娜　著

法律出版社 LAW PRESS·CHINA

总　序

“完善和发展中国特色社会主义制度，推进国家治理体系和治理能力现代化”是党的十八届三中全会确立的全面深化改革的总目标。在实现这一总目标的过程中，法治发挥着至关重要的作用。《中共中央关于全面推进依法治国若干重大问题的决定》进一步深刻指出，“依法治国，是坚持和发展中国特色社会主义的本质要求和重要保障，是实现国家治理体系和治理能力现代化的必然要求”。因此，如何将国家治理的现代化目标与全面推进依法治国的战略布局相结合，实现国家治理的法治化，不仅是党和政府需要全面推进的重大改革任务，而且是广大社会公众，特别是广大法律、法学工作者必须积极参与的重大系统工程。正是在这样一个特定的时代背景下，河北大学国家治理法治化研究中心适时成立和运行，并成功获批为河北省高等学校人文社会科学重点研究基地。

河北大学国家治理法治化研究中心是依托河北大学人大制度与地方立法研究中心、河北省人民政府法治研究中心等学术机构，整合法学、政治学、经济学、社会学等多方面的科研力量创建的，与河北省人大常委会法制工作委员会、河北省人民政府法制办公室、河北省人民检察院和河北省高级人民法院等国家机关和法律实务部门之间已建立交流与合作长效机制。中心拥有一支政治素质高、业务能力强、富有团队协作和创新精神的专兼职相结合的学术队伍，主要围绕人大制度与地方立法、政府法治与政府执行力、社会治理与法治创新、京津冀协同发展与地方法治等方向开展科学研究、人才培养和社会服务等工作。迄今为止，中心在课题研究方面，承担国家社会科学基金项目近 10 项，其中，中心负责人孟庆瑜教授主持承担的国家社会科学基金重点项目《京津冀区域生态环境协同治理政策法律问题研究》实现了河北省在该领域的突破；在决策咨询与服务方面，接受省人大法制工作委员会、省政府法制办公室、省人民检察院等部门委托，承担委托起草、专家论证、立法后评估、检察公信力测评等工作 40 余项；在学术交流方面，承办或协办第三届海峡两岸能源经济与能源法学术交流会、第六届中国农村法治论坛、第九届中国财税法前沿高端论坛、中国经济法学研究会 2015 年年会等多次全国性学术会议。

《法学与法治建设研究文丛》是河北大学国家治理法治化研究中心创设的，由法律出版社负责出版的研究成果转化平台，着力对法学研究和法治建设方面的原创性或实用性成果予以资助出版，以期能为推进国家治理体系和治理能力现代化这一总目标的实现提供必要的理论支撑和决策参考。

河北大学国家治理法治化研究中心
《法学与法治建设研究文丛》编辑委员会
2015 年 12 月

目录

绪　论

一、研究背景、研究目的及研究意义

（一）研究背景

概括而言，本书的研究背景主要有三点：

1. 中央政策和环保基本法对区际生态补偿的明确

"生态兴则文明兴，生态衰则文明衰。"建设生态文明，是关系人民福祉、关乎民族未来的长远大计。党中央、国务院历来高度重视包括生态补偿在内的生态文明建设，尤其是自党的十八大以来，生态文明建设被提升到新的高度。2013年11月党的十八届三中全会通过的《中共中央关于全面深化改革若干重大问题的决定》以专题形式，对"实行资源有偿使用制度和生态补偿制度"作出明确规定，并具体指出，要"坚持谁受益、谁补偿原则，完善对重点生态功能区的生态补偿机制，推动区域间建立横向生态补偿制度"。这是我国在中央政策层面上对区际（横向）生态补偿的明确定位，实际上在此之前，区际（横向）生态补偿在中央政策层面上已有所体现。例如，《中华人民共和国国民经济和社会发展第十二个五年规划纲要》不仅以专节的形式对"建立生态补偿机制"问题作出全面规定，而且具体指出，"鼓励、引导和探索实施下游地区对上游地区、开发地区对保护地区、生态受益地区对生态保护地区的生态补偿"。2015年4月25日中共中央、国务院发布《关于加快推进生态文明建设的意见》，以专题形式对"健全生态保护补偿机制"进行系统规定，不仅强调，要"科学界定生态保护者与受益者权利义务，加快形成生态损害者赔偿、受益者付费、保护者得到合理补偿的运行机制”,而且具体指出,要“建立地区间横向生态保护补偿机制,引导生态受益地区与保护地区之间、流域上游与下游之间,通过资金补助、产业转移、人才培训、共建园区等方式实施补偿”。2015 年 9 月 21 日中共中央、国务院印发了《生态文明体制改革总体方案》,不仅将“资源有偿使用和生态补偿制度”明确为生态文明制度体系的核心内容之一,提出到 2020 年,要“构建反映市场供求和资源稀缺程度、体现自然价值和代际补偿的资源有偿使用和生态补偿制度,着力解决自然资源及其产品价格偏低、生产开发成本低于社会成本、保护生态得不到合理回报等问题”,而且以专题形式对“完善生态补偿机制”问题进行了系统性规定;不仅再次强调要“探索建立多元化补偿机制,逐步增加对重点生态功能区转移支付,完善生态保护成效与资金分配挂钩的激励约束机制”,而且具体指出要“制定横向生态补偿机制办法,以地方补偿为主,中央财政给予支持”,“推动在京津冀水源涵养区等开展跨地区生态补偿试点”。2015 年 10 月党的十八届五中全会通过的《中华人民共和国国民经济和社会发展第十三个五年规划纲要》再次强调,要“加大对农产品主产区和重点生态功能区的转移支付力度,强化激励性补偿,建立横向和流域生态补偿机制”。2016 年 5 月国务院办公厅发布了《关于健全生态保护补偿机制的意见》,以专题形式对“推进横向生态保护补偿”问题作出了全面规定,不仅明确提出,要“研究制定以地方补偿为主、中央财政给予支持的横向生态保护补偿机制办法”,而且具体指出,要“推动在京津冀水源涵养区、广西广东九洲江、福建广东汀江—韩江、江西广东东江、云南贵州广西广东西江等开展跨地区生态保护补偿试点”。

除中央政策对区际生态补偿的实施予以明确外,2014 年 3 月第十二届全国人大常委会第八次会议通过了《中华人民共和国环境保护法》(以下简称《环境保护法》)的修订,首次在环保基本法的层面对生态补偿问题进行了规定。该法第 31 条第 1 款明确规定,国家建立、健全生态保护补偿制度,并且该条第 3 款进一步规定,国家指导受益地区和生态保护地区人民政府通过协商或者按照市场规则进行生态保护补偿。

2. 京津冀协同发展重大国家战略的确立

京津冀协同发展,最早可以追溯到 20 世纪 80 年代。1986 年时任天津市市长的李瑞环同志倡议召开环渤海地区经济联合市长联席会议。2004 年国家发展和改革委员会正式启动了“京津冀都市圈”区域规划编制。但是多年来,京津冀协同发展一直没有实质性进展。2014 年 2 月 20 日习近平总书记在北京主持召开座谈会，专题听取京津冀协同发展工作汇报，并做重要讲话，[1]京津冀协同发展得以被明确为重大国家战略。习近平总书记指出，"京津冀地缘相接、人缘相亲，地域一体、文化一脉，历史渊源深厚、交往半径相宜，完全能够相互融合、协同发展"，"实现京津冀协同发展，是面向未来打造新的首都经济圈、推进区域发展体制机制创新的需要，是探索完善城市群布局和形态、为优化开发区域发展提供示范和样板的需要，是探索生态文明建设有效路径、促进人口经济资源环境相协调的需要，是实现京津冀优势互补、促进环渤海经济区发展、带动北方腹地发展的需要，是一个重大国家战略"。习近平总书记还就推进京津冀协同发展提出了 7 项重点任务，其中之一，就是"要着力扩大环境容量生态空间，加强生态环境保护合作，在已经启动大气污染防治协作机制的基础上，完善防护林建设、水资源保护、水环境治理、清洁能源使用等领域合作机制"。[2] 2014 年 9 月 4 日京津冀协同发展领导小组第三次会议在北京召开，时任中共中央政治局常委、国务院副总理、京津冀协同发展领导小组组长的张高丽同志在会上指出，"要加快实施交通、生态、产业三个重点领域率先突破"。[3] 2015 年 3 月 5 日李克强总理在《政府工作报告》中再次提出，要"推进京津冀协同发展，在交通一体化、生态环保、产业升级转移等方面率先取得实质性突破"。中共中央政治局于 2015 年 4 月 30 日召开会议，审议通过《京津冀协同发展规划纲要》。该纲要不仅对京津冀三地的功能定位、发展目标予以了明确，而且对京津冀协同发展的重点领域予以了清晰界定。在三地的功能定位上，河北省被定位于"京津冀生态环境支撑区"；在发展目标的确定上，近期、中期、远期三项目标都对生态环境保护提出了明确要求；在重点领域的界定上，明确要

---

[1] 习近平总书记一直十分关心京津冀协同发展问题。早在 2013 年 5 月，习近平总书记在天津调研时就提出，要谱写新时期社会主义现代化的京津"双城记"。2013 年 8 月习近平在北戴河主持研究河北发展问题时，又提出要推动京津冀协同发展。此后，习近平多次就京津冀协同发展作出重要指示，强调解决好北京发展问题，必须纳入京津冀和环渤海经济区的战略空间加以考量，以打通发展的大动脉，更有力地彰显北京优势，更广泛地激活北京要素资源，同时天津、河北要实现更好发展也需要连同北京发展一起来考虑。

[2] 《习近平在京主持召开座谈会　专题听取京津冀协同发展工作汇报》，载新华网：http://news.xinhuanet.com/politics/2014－02/27/c_126201296.htm，最后访问日期：2018 年 4 月 10 日。

[3] 《张高丽主持召开京津冀协同发展领导小组第三次会议》，载《人民日报》2014 年 9 月 5 日，第 1 版。

求,“在生态环境保护方面,打破行政区域限制,推动能源生产和消费革命,促进绿色循环低碳发展,加强生态环境保护和治理,扩大区域生态空间”。2015年12月30日国家发展和改革委员会、原环境保护部发布《京津冀协同发展生态环境保护规划》,明确了未来几年京津冀生态环境保护目标任务,提出了京津冀生态环境保护的六大重点任务,对于京津冀生态保护与修复,《京津冀协同发展生态环境保护规划》提出了三条制度建设要求,其中之一,就是要“建立健全京津冀生态保护补偿机制”。[1]

3. 京津冀区际生态补偿实践的深入

作为一项以经济补偿为主要方式、以经济利益再调整为核心机制,旨在平衡经济发展与环境保护利益关系、兼具激励与约束机制的制度安排,生态补偿制度在我国的确立时间虽晚于欧美国家,[2]但亦有多年实践经验,且进展速度较快。2013年原国家发展和改革委员会主任徐绍史在“关于生态补偿建设工作情况的报告”中指出,我国已“初步形成生态补偿制度框架”,主要表现在以下方面:建立了中央森林生态效益补偿基金制度,补偿范围达18.7亿亩;建立了草原生态补偿制度,截至2012年年底,草原禁牧补助实施面积达12.3亿亩,享受草畜平衡奖励的草原面积达26亿亩;探索建立水资源和水土保持生态补偿机制,水资源费征收标准进一步提高;形成了矿山环境治理和生态恢复责任制度,国家设立矿山地质环境专项资金;建立了重点生态功能区转移支付制度,实施范围扩大到466个县(市、区)。[3] 正是在生态补偿日渐深入,尤其是在国

---

〔1〕 刘育英:《京津冀生态环保规划出台　明确五大区域六大任务》,载中国新闻网:http://finance.chinanews.com/gn/2015/12-30/7695468.shtml,最后访问日期:2018年4月10日。

〔2〕 对于我国生态补偿实践的起始点,目前理论界还存在不同认识。有研究者认为,我国生态补偿实践始自20世纪50年代,其最主要的依据就在于,1953年7月9日原政务院第185次政务会议所通过的《关于发动群众开展造林、育林、护林工作的指示》曾明确指出,对于“在某些距离村庄较远或劳力困难为群众力所不及的大规模防护林、水源林和用材林,或其中某些地段中的大片荒山荒地,势必由国家统筹计划,负责营造,地方人民政府林业机关应根据各地不同情况,制订计划,分期进行”,而“其方式可由国家建立造林站,直接雇工营造;或动员当地有植树经验之农民组织互助组、合作社,分区分段,包种包活,国家给以一定酬偿,并供树苗,加以技术指导;此外,亦可组织附近农民,在农闲时,由国家给以一定资助(如苗树、口粮等),进行造林”。有研究者据此认为,这是我国生态补偿制度的最初萌芽。但多数研究者认为,我国生态补偿实践应始自20世纪80年代初。1983年云南省环保局以昆阳磷矿为试点,对每吨矿石征收0.3元,用于采矿区植被及其他生态环境恢复的治理。这被认为是我国生态补偿的最早实践。

〔3〕 《生态补偿机制建设成效初显》,载中国日报网:http://www.chinadaily.com.cn/hqgj/jryw/2013-04-24/content_8850210.html,最后访问日期:2018年4月10日。

家生态补偿制度渐趋完善的背景下,关涉区际环境关系、旨在解决区域间生态利益分享不公的区际生态补偿才得以提出,并日渐受到重视。[1]

就京津冀区际生态补偿而言,其虽然在正式制度层面上还没有"破题",但是在实践中却早有探索。早在20世纪90年代中期,北京市与河北省承德市就共同组建经济技术合作协调小组及水源保护合作等7个专业合作小组,建立对口支援关系,实施包括区际生态补偿在内的相关区域协作。从适用范围来看,京津冀区际生态补偿以水资源保护和利用为核心,已涉及农业节水、水污染治理、小流域治理、水源涵养、水资源节约与水环境治理等多个项目,同时在京津冀风沙源治理方面也有所实践。尤其是自京津冀协同发展这一重大国家战略确立以来,包括区际生态补偿在内的京津冀区域生态环境协同治理取得了长足进展。例如,2014年12月18日京冀两地宣布率先启动跨区域碳排放交易试点。截至2015年6月15日,河北承德市的6家水泥企业已全部纳入北京碳排放交易系统。[2]

(二)研究价值

1.实践价值

正如上文所述,中央政策和环保法律的明确、京津冀协同发展重大国家战略的确立以及京津冀区际生态补偿实践的深入,系确立京津冀区际生态补偿制度构建这一选题的宏观背景所在。作为一个实践性非常强的选题,实践价值是本书的主要研究价值所在,具体来说主要体现在以下方面:(1)论证京津冀区际生态补偿制度构建的必要性和可行性,以推动京津冀区际生态补偿在制度层面的真正"破题",进而促进京津冀区际生态补偿的更好实施。(2)阐释京津冀区际生态补偿制度构建所需秉持的基本理念和所需遵循的基本原则,为京津冀区际生态补偿制度的具体构建提供理论指引。(3)论证京津冀区际生态补偿制度构建的基本模式,以厘清京津冀区际生态补偿制度构建的具体路径。(4)厘定京津冀区际生态补偿的主体、界定京津冀区际生态补偿的标准、廓清京津冀区际生态补偿的方式,以解决京津冀区际生态补偿制度构建的关键性问

---

〔1〕 参见谢晶莹:《建立生态补偿机制:推进生态建设的制度保障》,载《环渤海经济瞭望》2008年第7期。

〔2〕 参见吕昱江:《横向生态补偿:政府主导太慢太艰辛　必须引入市场交换关系》,载《中国经济导报》2015年8月19日,B02版。

题。(5)构建京津冀区际生态补偿利益协调机制、京津冀区际生态补偿资金筹措与使用机制,为京津冀区际生态补偿制度构建提供必要的保障机制。(6)探析京津冀区际生态补偿的适用领域,以搭建京津冀区际生态补偿的制度体系。

2. 理论价值

从区际生态补偿的理论研究来看,因区际生态补偿问题提出的时间较短,还未得到研究者的足够重视,对于区际生态补偿的基本理论问题还有待进一步深入研究。本书在借鉴前人已有研究的基础上,拟对区际生态补偿的基本理论作出系统性梳理,并对区际生态补偿概念界定、特点分析、提出缘起、理论基础以及制度意义等问题进行深入探讨。

二、研究现状综述

(一)关于京津冀区际生态补偿

就京津冀区际生态补偿问题的研究现状来看,主要呈现以下特点:(1)从历史维度来看,学界对京津冀区际生态补偿问题进行的专门性研究起步较晚,到现在不过10年。(2)从研究关注度来看,学界对京津冀区际生态补偿问题的研究还缺乏足够重视。例如,从CNKI(期刊与辑刊库)检索的结果来看,截至目前,关于京津冀区际生态补偿问题的专门性研究成果还保持在“两位数”。(3)从研究的领域来看,主要来自法学且多为经济法,其他学科领域鲜有成果问世。(4)从研究的内容来看,已有研究成果主要对京津冀生态补偿的意义、现存问题、原则、模式、制度框架、项目融资、市场化等问题进行了研究,更多地关注京津冀生态补偿制度构建的必要性、模式、体系构成等基础问题,而对区际生态补偿主体、标准以及方式等关系京津冀区际生态补偿制度构建的关键性问题以及具体路径缺乏足够的关注和应有的研究。(5)从研究的回应性来看,对京津冀区际生态补偿的若干基础性问题以及京津冀区际生态补偿制度构建的许多关键性问题在研究上还有待进一步深化。在京津冀生态补偿问题的研究上,“实践倒逼理论”的意味十分浓厚。从一定意义上来讲,是实践进展推着理论研究前行。

(二)关于区际生态补偿

从笔者收集、整理的已有成果来看,区际生态补偿问题的研究主要呈现以下特点:(1)从历史维度来看,与京津冀区际生态补偿问题的研究类似,学界对区际生态补偿问题进行的专门性研究起步较晚,到现在也就10余年,其代表性成果包括《区际生态补偿机制是区域间协调发展的关键》(吴晓青等,《长江流域资源与环境》2003年第1期)、《我国流域区际生态补偿:依据、模式与机制》(陈瑞莲等,《学术研究》2005年第9期)、《论我国区际生态补偿制度之构建》(秦鹏,《生态经济》2005年第12期)等文。(2)从研究的关注度来看,与京津冀区际生态补偿问题的研究一样,学界对区际生态补偿问题的研究还缺乏应有关注,至少在很长一段时期内学界并未给予足够重视。一个典型的例证就是,到目前为止关于区际生态补偿问题的理论研究成果数量还非常少。(3)从研究的内容来看,已有成果主要对区际生态补偿的意义、功能、制度价值、体系构成、制度模式、立法构想以及所面临的困难和挑战等问题进行了研究。

总体而言,因研究起步晚且缺乏足够重视,区际生态补偿问题的研究还亟待深化。一个突出表现就是,学界对于区际生态补偿的很多基础性问题尚未达成共识,存在较大争议。例如,以区际生态补偿的概念界定为例,学界不仅对区际生态补偿概念的内涵存在不同认识,而且对区际生态补偿概念的表达存在不同认识,有区际生态补偿、横向生态补偿、区域间生态补偿以及区域生态补偿等多种提法。学界对区际生态补偿概念存在的认识分歧,导致研究者不能在相同概念框架下进行讨论与对话,进而影响了研究的深入。[1] 再如,对于区际生态补偿的制度模式,学界的争议更大,有政府主导说、市场主导说、准市场说等多种针锋相对的观点。又如,对于区际生态补偿标准,除生态价值决定说、环保成本决定说这两大针锋相对的主流观点外,还有机会成本决定说,投入成本与经济受损结合决定说,生态重建成本决定说,成本与效益兼顾决定说,发展阶段决定说,"三要素"(包括生态保护成本、发展机会成本和生态服务价值等)决定说,"四要素"(包括投入与机会成本、生态受益者获利、生态破坏恢复成本、生态系统服务价值等)决定说,行为性质决定说等多种具体主张。

(三)关于京津冀生态环境治理(保护)

较之于京津冀区际生态补偿,京津冀生态环境治理(保护)是一个更宏大

---

〔1〕 参见王翊:《跨区域生态服务提供与补偿的理论分析》,载《求索》2011年第6期。

的问题,二者之间关系密切。[1] 因此,亦有必要对京津冀生态环境治理(保护)的研究现状予以考察、分析。就所收集、整理的已有成果来看,京津冀生态环境治理(保护)问题的研究主要呈现以下特点:(1)从历史维度来看,就京津冀生态环境治理(保护)问题所进行的专门性研究起步较早,在20世纪末21世纪初已有专门性成果面世,其代表作为杨连云等人发表于《河北学刊》(2000年第2期)的《坝上草原生态农业建设与改善京津环境质量研究》一文。该文属于研究报告性质,其由"坝上生态系统的构成及发展概况""草原生态退化现状及其带来的环境和经济问题""坝上草原生态迅速恶化的深层原因剖析""恢复坝上草原生态、提高京津环境质量的基本思路与对策措施"等部分构成。该文产生了较大社会反响,时任全国人大常委会环境与资源保护委员会主任曲格平,国家环保总局(现为生态环境部)副局长王玉庆,河北省省长钮茂生、副省长郭庚茂,国家计划生育委员会(现为国家卫生健康委员会)副主任李宏规,陆学艺教授、邬沧萍教授等都给予了充分肯定。(2)从研究的关注度来看,京津冀生态环境治理(保护)问题研究的起步虽然较早,但在很长一段时期内并未引起学界的足够重视。一个重要的例证就是,以"京津冀"和"生态环境"为关键词,在CNKI学术期刊网络出版总库和重要报纸全文数据库进行跨库检索的结果显示,在2012年以前,有关京津冀生态环境治理(保护)的专门性研究成果,长期保持在"个位数"水平。这种状况在2014年发生极大改变,相关成果数量"飙升"至"三位数"。京津冀协同发展被确立为重大国家战略应该是主要原因所在。(3)从研究的内容来看,京津冀生态环境的协同治理、"共建共享"是近年来有关京津冀生态环境治理的热点所在,除此之外,已有研究成果还从流域、森林等生态要素以及生态功能区等具体制度的视角对京津冀生态环境治理(保护)问题进行了深入研究。(4)从研究的领域来看,已有研究成果多出自经济学、环境科学、管理学、法学、社会学、政治学等几大学科领域,尤以经济学领域的研究成果最多。

---

[1] 从一定意义上来讲,京津冀生态补偿的提出正是得益于京津冀生态环境治理(保护)问题研究的深化,因此,京津冀生态环境治理(保护)问题的研究应是京津冀区际生态补偿问题研究的基础,其相关理论研究成果能够对京津冀区际生态补偿的研究起到支撑作用。

三、研究方法和创新之处

(一)研究方法

本书主要采用了以下研究方法:

1. 实证分析法

从一定意义上来讲,研究方法的采用主要取决于以下两大因素:(1)研究对象的界定,实践性问题和理论性问题的巨大差别必然会影响研究方法的选取;(2)研究思路的确定,是"由归纳到演绎",还是"由演绎到归纳",抑或是其他研究思路,必然会对研究方法的选取产生巨大影响。就本书而言,研究对象为"京津冀区际生态补偿",虽具有一定的理论性,但实践性更突出,本选题在研究思路上并非"就理论而论理论",而是按照"提出问题—分析问题—解决问题"的基本研究思路而渐次展开研究。实证分析法是本书进行研究的主要方法。

这一研究方法基本上贯穿了本书的整个写作过程,突出体现在"京津冀区际生态补偿制度构建的必要性与可行性"一章,在该章中,无论是对京津冀区域生态环境一体性的描述、对京津冀区域生态利益分享不公性的分析、对京津冀区域生态空间狭小性及局部生态环境恶化之势的考察、对京津冀区域社会经济发展差距过大及区域协调不力的介绍、对京津冀区域生态环境治理效益地区差别的解释,还是对京津冀区际生态补偿前期探索的总结、对京津冀区际生态补偿意识强化的调查,都主要采取了实证分析的基本方法。尤其是在京津冀区际生态补偿意识强化问题上,笔者还就此问题进行了多次实践调查,获得了必需的一手资料。除此之外,在京津冀区际生态补偿主体的认定、京津冀区际生态补偿标准的界定、京津冀区际生态补偿方式的确定以及京津冀区际生态补偿保障机制的构建等问题的研究上,笔者也广泛采用了实证分析研究方法。

2. 历史分析法

京津冀区际生态补偿是一个时代特色十分鲜明的选题,除生态补偿理论研究日益深入这一因素外,生态补偿实践的日渐深化、生态补偿相关政策的日趋完善均是京津冀区际生态补偿得以提出的重要原因所在。而京津冀协同发展这一重大国家战略的定位,则成了京津冀区际生态补偿得以提出的重要推动力,并为京津冀区际生态补偿制度构建指明了方向。但同时需要指出的是,在京津冀区际生态补偿这一问题上，从一定意义上来讲，是实践在推动着理论前行，即京津冀区际生态补偿实践早已开展，只不过因学界对其缺乏足够重视而导致理论研究相对滞后，并进而影响京津冀区际生态补偿实践的有效开展。故对京津冀区际生态补偿这一问题的研究必须要采用历史分析这一研究方法。在本书的具体写作中，历史分析法的采用体现在很多方面，如对京津冀区际生态补偿前期探索的总结、对区际生态补偿政策提出的梳理、对京津冀协同发展历程的考察等。

3. 价值分析法

作为一个有关法律制度构建与完善的研究选题，自然不能回避效益与公平这一基本价值的判断，在本书的写作过程中，价值分析法是研究开展所依仗的又一重要研究方法。京津冀区际生态补偿制度的构建及实施，首先追求的是公平价值目标，即要通过经济利益的再调整、再分配以矫正京津冀区域间在生态利益分享和环境利益分配方面存在的不公平。需要指出，虽然京津冀区际生态补偿制度的构建及实施须首先追求公平（表现为实质公平、分配公平）这一价值目标，但同时亦应兼具效益这一基本价值目标。否则，将导致京津冀区际生态补偿制度设计的适用性差、可实施性弱。正是基于这样的特殊情况，价值分析法亦是本书采用的又一重要研究方法。价值分析法的应用体现在很多方面，尤其是对京津冀区际生态补偿基本理念与基本原则的探讨，主要采用的就是价值分析法。可以说，利益均衡保护基本理念的提出、权义公平配置基本原则的厘定都是依据价值分析法而得出结论，或者说，从一定意义上来讲，就是公平与效益两大价值目标在制度创设上的具体体现。除此之外，对于京津冀区际生态补偿方式的确定、京津冀区际生态补偿标准的界定以及京津冀区际生态补偿主体的厘定均采取了价值分析的基本研究方法。

4. 文本分析法

文本分析法的具体应用主要体现在以下方面：(1)对区际生态补偿基本理论的研究主要采取了文本分析法，即通过吸收借鉴他人已有研究成果，对区际生态补偿基本理论问题作较深入的阐释，包括区际生态补偿概念界定、区际生态补偿特点分析、区际生态补偿理论基础阐释以及区际生态补偿制度价值分析等在内的相关问题。(2)对区际生态补偿政策提出的梳理，主要运用了文本分析的基本研究方法，即通过对相关政策资料的收集、整理、分析，对区际生态补偿政策提出历程作简单梳理。(3)对相关区际生态补偿实践的考察也部分运用了文本分析法,如对"金磐模式"的考察、对新安江流域区际生态补偿实践的考察。

5. 其他研究方法

在本书的写作过程中,还采用了其他研究方法,如系统分析法、政策分析法、比较分析法等。系统分析法在本书的研究过程中,应用也比较多,这是由本选题的实际情况所决定的。构建京津冀区际生态补偿制度是一个系统性工程,因此,应首先采取系统分析的研究方法,以确保制度构建的完整性。此外,在对于京津冀区际生态补偿制度构建必要性与可行性分析上也采用了系统分析的研究方法。无论是京津冀区际生态补偿必要性分析,还是京津冀区际生态补偿可行性分析,都是基于系统性解决方案的思路展开的。除系统分析法,政策分析法在本研究中的应用也比较多。这是由京津冀区际生态补偿的现实情况所决定的。作为一个新生事物,虽然法律主治是未来的发展方向,但在目前的现实条件下,政策的作用亦不容小觑,由此决定京津冀区际生态补偿问题的研究以及制度的构建应该是一个"复合型"模式,即既具有法律的因素,也具有政策的因素。此外,比较分析法也是本书研究采用比较多的一个研究方法。这主要由京津冀区际生态补偿所涉主体的多元性所决定。京津冀实际上是涉及"三地四方"关系,各方特点均有所不同,由此在京津冀区际生态补偿具体制度的设计上须采用比较分析的基本研究方法,以兼顾各方特点、诉求,进而使京津冀区际生态补偿制度设计更科学、更合理。

(二)创新之处

本书可能存在的创新之处,主要包括以下几点:

1. 尝试对区际生态补偿基础理论予以系统梳理

正如前文所述,区际生态补偿问题的研究不仅起步较晚,且在很长一段时期内未得到应有的重视,故相关问题的研究还有待深化,甚至于很多基础性问题都未达成共识、存在较大争议。而要对京津冀区际生态补偿及其制度构建展开研究,则必须对作为研究基础的区际生态补偿问题进行必要研究。正是基于这样的考虑,在以前人研究成果为指导、支撑的基础上,作者尝试从区际生态补偿概念界定、特点分析、提出缘起、理论基础解读、意义探讨等方面对区际生态补偿基础予以深入探讨,进而建构一个较完整的区际生态补偿基础体系。这种系统化、体系化的研究或许是一种形式意义上的创新。

2. 尝试对京津冀区际生态补偿制度构建的必要性和可行性予以全面分析

必要性和可行性分析，是京津冀区际生态补偿制度得以建立的前提基础。笔者尝试从京津冀区域生态环境的一体性、京津冀区域生态利益分享的不公性、京津冀区域生态空间的狭小性及局部生态环境的恶化、京津冀区域社会经济发展差距过大及区域协调不力、京津冀区域生态环境治理的地区差别等方面对构建京津冀区际生态补偿制度的必要性予以全面分析，推导出构建京津冀区际生态补偿制度已经具备了客观性、合理性、紧迫性、现实性以及经济性基础，进而揭示其必要性已充分。在对构建京津冀区际生态补偿制度的必要性予以全面分析的基础上，笔者还尝试从京津冀区际生态补偿前期探索、区际生态补偿意识强化、区际生态补偿政策明晰、京津冀协同发展战略确定等方面对京津冀区际生态补偿制度构建的可行性进行全面分析，推导出构建京津冀区际生态补偿制度已经具备经验、观念、思路和战略基础，进而论证其可行性亦已充分。这种多元视角的论证思路或许也是一种形式意义上的创新。

3. 尝试提出利益均衡保护和政策法律协同的基本理念

笔者认为，就京津冀区际生态补偿制度的构建及实施而言，首先须秉持利益均衡保护的基本理念，这是由生态补偿的本质、区际生态补偿的特性以及京津冀区域发展的实际情况所决定的。所谓利益均衡保护，就是对京津冀区际生态补偿相关主体（尤其是生态补偿支付主体和生态补偿接受主体）的应有权利、应然利益予以均衡保护，不能畸轻畸重、厚此薄彼。利益均衡保护理念的实现需在科学界定区际生态补偿利益相关者的基础上，合理分析利益相关者的正当利益诉求，并重视商调机制的应用。京津冀区际生态补偿的制度构建除须秉持利益均衡保护这一基本理念外，还应贯彻政策法律协同的基本理念。所谓政策法律协同，就是在京津冀区际生态补偿制度的构建及实施过程中，合理认识政策、法律的各自优势及不足，并在此基础上充分发挥政策、法律各自的优势，实现政策和法律作用的融合，并逐步实现由政策推进向法律主治的转变。利益均衡理念和政策法律协同理念的提出，或许是学术观点上的点滴创新。

第一章　京津冀区际生态补偿制度构建的基础理论

一、区际生态补偿的概念界定、特点分析及提出缘起

（一）区际生态补偿的概念界定

对于区际生态补偿问题的专门性研究始自21世纪初，其代表成果包括《区际生态补偿机制是区域间协调发展的关键》（吴晓青等，《长江流域资源与环境》2003年第1期）、《我国流域区际生态补偿：依据、模式与机制》（陈瑞莲等，《学术研究》2005年第9期）、《论我国区际生态补偿制度之构建》（秦鹏，《生态经济》2005年第12期）等文。上述成果对于区际生态补偿的意义、功能、价值、体系构成、模式、立法构想以及所面临的困难和挑战等问题，进行了研究。但总体而言，对于区际生态补偿问题的研究不仅起步较晚，而且在很长一段时期内并未引起学界的足够重视，[1]由此导致对区际生态补偿的相关基础理论问题研究还有待深化，区际生态补偿的概念界定就是亟待深化的问题之一。

从现有研究来看，目前对于区际生态补偿的概念界定，学界还存在不同的认识，主要体现在两个层面：一是对于区际生态补偿概念的内涵，存在不同认识；二是对区际生态补偿概念的表达，存在不同认识。有的研究者认为，从本质上看，区际生态补偿是一种在生态环境保护者（建设者、牺牲者）与生态环境受益者（开发者、破坏者）之间、社会主体与自然主体之间形成的空间利益协调机

---

〔1〕 一个典型的例证就是，到目前为止关于区际生态补偿问题的理论研究成果数量还非常少。从CNKI（期刊与辑刊库）检索的结果来看，截至目前关于区际生态补偿问题（检索关键词分别为区际生态补偿、区域间生态补偿、跨区域生态补偿和横向生态补偿）的专门学术研究成果还保持在“两位数”。

制,其根本目的是从外界获取对区域生态环境和可持续发展的有力支持,统筹区际协调发展,实现人与自然和谐。[1] 有的研究者认为,区际生态补偿就是发生在相邻行政区域之间的生态补偿。[2] 有的研究者认为,区际生态补偿是相对于纵向生态补偿而于省与省之间或经济区域之间实施的生态补偿。[3] 有的研究者认为,所谓区际生态补偿,是指在空间上相邻的不同行政区域,因处于某一特定的生态系统之中而存在生态依存关系,从而需要在该区域间进行经济补偿以平衡区域间利益的生态补偿形式。[4] 有的研究者认为,所谓区际生态补偿(或称区域间生态补偿)是基于实现两个以上区域共同的生态目标而进行的生态利益与相应成本的分摊。[5]

有部分研究者以"横向生态补偿"指代"区际生态补偿",其代表性观点如下:黄征学认为,所谓横向生态补偿,是指"为获得优良的生态产品,与提供生态产品区域关系密切的区域之间、企业、个人和社会组织,根据生态保护成本、发展机会成本和所提供生态服务价值,由生态受益方向生态产品提供方进行的补偿"。[6] 国家发展和改革委员会国土开发与地区经济研究所课题组认为,作为相对于纵向生态补偿的一种生态补偿方式,所谓横向生态补偿,是"以保护和可持续利用生态系统为目的,通过采用公共政策或市场化手段,调节不具有行政隶属关系但生态关系密切的区域间利益关系的制度安排"。[7] 郑雪梅认为,所谓横向生态补偿,是指"通过经济发达地区向欠发达地区或贫困地区转移一部分财政资金,在生态关系密切的区域或流域建立起生态服务的市场交换关系,从而使生态服务的外部效应内部化"。[8] 苏多杰、王养莉认为,所谓横向生态补偿,是指"发生在经济与生态关系密切的区域之间的由生态受益区向生

---

〔1〕 参见黄寰:《区际生态补偿论》,中国人民大学出版社2012年版,第1页。

〔2〕 参见毛涛:《我国区际流域生态补偿立法及完善》,载《重庆工商大学学报》(社会科学版)2010年第2期。

〔3〕 参见黄君蕊:《完善矿产资源保护法的新视角——建立区际矿区生态补偿制度》,载《法制与经济》2013年第6期。

〔4〕 参见刘广明:《京津冀:区际生态补偿促进区域间协调》,载《环境经济》2007年第12期。

〔5〕 参见王翊:《跨区域生态服务提供与补偿的理论分析》,载《求索》2011年第6期。

〔6〕 黄征学:《地区间横向生态补偿制度的内涵特征》,载《区域经济评论》2015年第6期。

〔7〕 国家发展和改革委员会国土开发与地区经济研究所课题组:《地区间建立横向生态补偿制度研究》,载《宏观经济研究》2015年第3期。

〔8〕 郑雪梅:《生态转移支付——基于生态补偿的横向转移支付制度》,载《环境经济》2006年第7期。

态提供区支付一定的资金或以其他方式进行的补偿”。[1] 王跃涛认为，所谓横向生态补偿，是指发生在经济与生态关系密切的区域之间，由生态受益区向生态提供区支付一定的资金或以其他方式进行的补偿。[2] 还有部分研究者则以“区域间生态补偿”指代“区际生态补偿”。例如，王翊教授就认为，所谓区域间生态补偿，就是指在有共同生态目标、以行政边界划分的两个或两个以上区域的政府之间，就其生态服务的提供及其服务支付进行的交易（付费）。[3]

对于区际生态补偿概念界定的认识分歧实际上是可以理解的，毕竟区际生态补偿问题提出的时间还比较短，学界对其也还缺乏足够的关注。而更为关键的是，对区际生态补偿的上位概念或基础概念——生态补偿概念界定的问题到目前都还存在不同认识。不仅不同学科对生态补偿有着不同解读，即便是在法学领域，争议也非常大，代表性观点如下：杜群教授从资源开发利用行为入手，认为所谓生态补偿，是指“国家或社会主体之间约定对损害资源环境的行为向资源环境开发利用主体进行收费或向保护资源环境的主体提供利益补偿性措施，并将所征收的费用或补偿性措施的惠益通过约定的某种形式转达到因资源环境开发利用或保护资源环境而自身利益受到损害的主体，以达到保护资源的目的的过程”。[4] 吕忠梅教授认为，生态补偿有广义和狭义之分。狭义的生态补偿，是指“对由人类的社会经济活动给生态系统和自然资源造成的破坏及对环境造成的污染的补偿、恢复、综合治理等一系列活动的总称”；广义的生态补偿还应包括“对因环境保护丧失发展机会的区域内的居民进行资金、技术、实物上的补偿，政策上的优惠，以及为增进环境保护意识，提高环境保护水平而进行的科研、教育费用的支出”。[5] 汪劲教授认为，所谓生态补偿，是指“在综合考虑生态保护成本、发展机会成本和生态服务价值的基础上，采用行政、市场等方式，由生态保护受益者或生态损害加害者通过向生态保护者或因生态损害而受损者以支付金钱、物质或提供其他非物质利益等方式，弥补其成本支出以及

[1] 苏多杰、王养莉：《构建横向生态补偿机制促进青海可持续发展》，载《青海环境》2008 年第 2 期。

[2] 参见王跃涛：《区域间生态转移支付的财政政策研究》，载《财会研究》2010 年第 4 期。

[3] 参见王翊：《跨区域生态服务提供与补偿的理论分析》，载《求索》2011 年第 6 期。

[4] 杜群：《生态补偿的法律关系及其发展现状和问题》，载《现代法学》2005 年第 3 期。

[5] 吕忠梅主持：《超越与保守——可持续发展视野下的环境法创新》，法律出版社 2003 年版，第 355 页。

其他相关损失的行为”。[1] 曹明德教授认为，所谓生态补偿，“是指生态系统服务功能的受益者向生态系统服务功能的提供者支付费用”。

概念界定是社会科学研究的基本方法之一，通过对概念进行界定，有助于明确研究目标、避免研究纷争，因此，若要对区际生态补偿予以系统研究，首先要对其概念予以科学界定。正如上文所述，受研究时间较短且缺乏足够关注所限，无论是对区际生态补偿概念的内涵，还是对区际生态补偿概念的表达，均存在不同认识。就区际生态补偿概念的表达而言，除有横向生态补偿、区域间横向生态补偿之说外，还有区域间生态补偿、跨区域生态补偿、区域生态补偿等提法，需要说明一点的是，横向生态补偿、区域间横向生态补偿、跨区域生态补偿、区域间生态补偿等表达方式与区际生态补偿并无本质区别。例如，在政策层面上，目前就是采用的“横向生态补偿”或“区域间生态补偿”的表达方式。2013年11月党的十八届三中全会通过的《中共中央关于全面深化改革若干重大问题的决定》就明确提出，要“坚持谁受益、谁补偿原则”，“推动区域间建立横向生态补偿制度”。2015年4月中共中央、国务院联合发布的《关于加快推进生态文明建设的意见》则再次强调，要“建立区域间横向生态保护补偿机制，引导生态受益地区与保护地区之间、流域上游与下游之间，通过资金补助、产业转移、人才培训、共建园区等方式实施补偿”。但需要指出的是，部分研究者以“区域生态补偿”指代“区际生态补偿”的做法是不科学的，二者虽仅一字之差，但却性质迥异。区际生态补偿强调的是区域之间的横向生态补偿，而区域生态补偿的含义更广，除涵盖区际生态补偿外，还包括区域内生态补偿。区域内生态补偿实际上是一种纵向生态补偿，因此，区域生态补偿应是一种“纵横交织”的关系，而区际生态补偿则仅涉及横向关系。另外，还有研究者以“区（省）际间生态补偿”指代“区（省）际生态补偿”，也属缺乏严谨性的表现。就区际生态补偿的内涵界定而言，在借鉴前人研究成果的基础上，笔者认为，所谓区际生态补偿，是指由生态利益受益者向生态利益受损者或生态环境建设者支付相应经济对价以矫正二者在生态利益分享或环境资源配置上的不公，进而促进区域生态环境治理与改善的制度安排。

---

[1] 汪劲：《论生态补偿的概念——以〈生态补偿条例〉草案的立法解释为背景》，载《中国地质大学学报》（社会科学版）2014年第1期。

（二）区际生态补偿的特点分析

特点分析是社会科学研究的又一基本方法，通过对研究对象的特点进行全面分析，有助于深化对于研究对象的认识，并为之后的深入研究奠定理论基础。就区际生态补偿而言，作为一种新型生态补偿，其与传统生态补偿类型存在显著区别，主要具有以下特点：

1. 补偿方向的横向性

无论是当前在生态补偿体系中居于主导地位的国家生态补偿，还是目前多地所实行的区域内生态补偿，都呈现出典型的纵向性，并主要体现为三个方面：一是从组织者来看，无论是国家生态补偿还是区域内生态补偿，其实施都是在上级政府组织下进行的。国家生态补偿的组织者是中央政府，而区域内生态补偿则是由实施区域的相应政府组织实施的。二是从补偿资金的承担与支付来看，无论是国家生态补偿，还是区域内生态补偿，其补偿资金都是由上级政府承担，并由上级政府向下级政府、地区及相应主体进行支付。三是从实施机制来看，无论是国家生态补偿，还是区域内生态补偿，其实施主要依赖于政府权威及行政管理或行政隶属机制进行的。此外，在上级政府对下级政府、地区及相应主体进行补偿时，往往会在生态环境保护方面有相应要求。与国家生态补偿和区域内生态补偿存在显著不同的是，区际生态补偿呈现典型的横向性特点，其主要体现在以下五个方面：一是区际生态补偿的组织者是处于平等地位或不具有直接行政隶属关系、行政管理关系的多个地方政府；二是区际生态补偿资金是由区域内在生态利益分享或环境资源分配上处于有利地位、获得额外收益的特定区域及相关主体所承担的；三是区际生态补偿资金的接受主体是区域内在生态利益分享、环境资源分配上处于不利地位，或者在区域生态环境保护与治理上承担主要责任、作出主要贡献的特定区域及相关主体；四是在区际生态补偿的具体实施过程中，较之于国家生态补偿或区域内生态补偿，市场机制发挥了更重要的作用；五是区际生态补偿的实施更强调平等理念的落实，更注重协商机制的应用。

2. 生态关系的依存性

生态关系的依存性是区际生态补偿最显著的特点，并且也是区际生态补偿发生的基础原因所在。[1] 所谓生态依存性，是指区际生态补偿所涉的相关主体（主要是指生态补偿支付主体和生态补偿接受主体）因共处于同一生态环境中，或因某项生态要素而发生利益关联。突出体现为，一个区域的生态状况、经济发展高度依赖于另一区域的生态状况、环保水平、经济行为，而某一区域生态状况的改变、环保水平的变化或经济行为的开展会直接影响另一区域的生态状况和经济发展。这种影响既可能是积极的，也可能是消极的。从外部性的视角看，存在生态依存关系的一方，其经济行为或生态活动可能对另一方产生正外部性（积极影响），即会使后者获得相应收益（生态利益）；也可能会产生负外部性（消极影响），即会使后者遭受相应损失（经济发展）。从实践来看，区际生态补偿主要发生于存在生态依存关系（生态关联）的区域之间。[2]

3. 生态利益分享或环境资源分配的不公性

生态利益分享或环境资源分配的不公性是区际生态补偿的另一个显著特点。如果说生态依存性为区际生态补偿的发生提供了必要条件，那么生态利益分享或环境资源分配的不公性，则为区际生态补偿的发生提供了充分条件。也就是说，即便相关主体因同处于同一生态环境或生态系统中而存在紧密的生态依存关系，也并不一定会导致区际生态补偿的发生。只有其在生态利益分享或环境资源分配方面存在不公时，才有实施区际生态补偿的必要。生态利益分享或环境资源分配的不公为区际生态补偿的正当性提供了最有力的解释。在实践中，生态利益分享或环境资源分配的不公主要体现在以下三个方面：(1)存在生态依存关系的区域之间在环境资源的分配上存在不公，如流域的上游地区和下游地区对流域水资源的分配可能存在不公。这种不公既可能体现为上游地区凭借其地理优势而从流域中获得更多的水资源，也可能体现为下游地区凭借行政权威等力量而获得更多水资源。后者应成为区际生态补偿适用的领域；前者是否应成为区际生态补偿适用的领域，应在综合历史传统、流域特点等因素的基础上进行判定。(2)存在生态依存关系的区域对区域整体生态环境建设或保护的贡献不同，但未实现成本支出的公平分配。例如，有的地区在区域

---

〔1〕 参见刘广明：《京津冀：区际生态补偿促进区域间协调》，载《环境经济》2007 年第 12 期。

〔2〕 参见国家发展和改革委员会国土开发与地区经济研究所课题组：《地区间建立横向生态补偿制度研究》，载《宏观经济研究》2015 年第 3 期。

生态环境建设或保护方面承担了更多责任、付出了更多努力，并促进了区域整体生态环境的治理与改善，但其付出并未获得应有的回报，与之相邻的地区在区域生态环境的建设和保护上虽未承担应有的责任却反而坐享了生态环境建设或保护地区所带来的生态成果。(3)为实现区域整体生态环境的保护或区域整体生态水平的提升，而对相关区域进行了不同的要求或限制，但对由此所产生的投入和所造成的损失未予以合理分摊。主体功能区制度的实施就是一个显著的例子。主体功能区制度的核心作用机制在于通过对生态环境保护义务实行差别配置，发挥生态环境保护的差别效率，进而实现区域生态环境的整体治理。其实际效果的发挥必须以义务与权利的平衡为基本前提，否则将会导致生态不公。其突出表现为，在赋予生态功能支撑区以更多生态环境保护义务的同时却未给予其应有的经济发展权利或相应的经济补偿。

4. 行政区域的分割性

区际(横向)生态补偿最显著的特点就是在不具有行政隶属关系的生态受益区与生态保护区之间开展生态补偿。〔1〕即除存在生态依存关系和生态利益分享不公外，相关主体还必须分属于不同行政区，区际生态补偿的产生就是由行政边界和生态利益边界不一致造成的。〔2〕区际生态补偿发生的直接诱因就在于，独立、一体的生态系统因行政区划这一人为因素而被分割管理。生态系统的生成有其自然规律，并具有显著的独立性和一体性特征，而行政区域的划定则更多地是考虑政治、经济、民族、人口、国防、历史等因素，由此造成特定的生态系统因行政区划的实施而被分割管理，并且不同行政区域的管理主体与经济主体出于地区社会经济发展、个体经济利益实现的考虑，往往实行差别性生态环境保护政策、差异性环境资源利用行为，而这又极易导致生态资源分享的不公、生态系统的损害与生态环境的破坏。需要说明的是，在同一行政区内，也存在这样的情形，进而会诱发生态补偿行为的发生，但该生态补偿属于区域内生态补偿而非区际生态补偿。从理论上来讲，区际生态补偿包括省际生态补偿、市际生态补偿、县际生态补偿等多种具体形式，但在实践中，以省际生态补

---

〔1〕参见"地区间建立横向生态补偿制度研究"课题组：《关于建立健全横向生态补偿制度的思考》，载《中国经贸导刊》2015 年第 7 期。

〔2〕参见张露予：《对区际森林生态补偿机制的构想》，载《经济与社会发展》2010 年第 10 期。

偿和市际生态补偿两种形式为主。

5. 主体的平等性和多元性

相对于国家生态补偿和区域内生态补偿等纵向生态补偿而言,区际生态补偿的支付主体和接受主体地位平等,而纵向生态补偿的支付主体和接受主体则存在行政管理或行政隶属关系。需要指出的是,区际生态补偿主体的平等,是指在生态补偿关系中地位的平等,而非行政层级的平等。也就是说,区际生态补偿既可以发生在平级的行政区域之间,也可以发生不同层级的行政主体之间,但以二者不存在直接行政管理或行政隶属为前提,如相邻省级区域间、某一省级区域内的市级(甚至县级)可能会与相邻省级行政区直接发生区际生态补偿关系。

此外,在区际生态补偿的实施中,还会涉及政府、企业、居民以及非政府环保组织等多个主体。这些主体可能以区际生态补偿支付主体和接受主体的面貌出现,也可能以实施主体的面貌出现。就某一具体主体而言,其在区际生态补偿的实施中可能会身兼多职,如生态利益受损地区或生态环境建设地区的政府既可能会成为区际生态补偿接受主体,也可能会成为区际生态补偿的实施主体。因此,主体的多元性亦是区际生态补偿的显著特点之一。

6. 实施的协商性和广泛性

因区际生态补偿的支付主体和接受主体系平等主体关系,所以其无法像纵向生态补偿那样依托行政权威而推进,而需要区际生态补偿支付主体和接受主体在平等自愿的基础上,通过协商的方式就补偿领域、补偿项目、补偿标准、补偿方式、监管方式等关键问题形成"合意",以推进区际生态补偿的实施。因此,区际生态补偿的协商性特征十分突出。由此决定,在区际生态补偿的实施过程中,就区际生态补偿的支付主体和接受主体而言,其权利义务不仅会来自于法律或政策规定,而且也会来自于支付主体与接受主体所达成的补偿"协议",这是区际生态补偿区别于国家生态补偿和区域内生态补偿的另一重要特点。

相对于已有的流域生态补偿、森林生态补偿等生态补偿形式,区际生态补偿在实施范围上呈"横向切面"特征,适用领域广泛,可进一步划分为区际流域生态补偿、区际森林生态补偿、区际大气生态补偿、区际固体废物处置生态补偿等具体形式。因此,区际生态补偿在实施上具有显著的广泛性特点。

（三）区际生态补偿的提出缘起

作为一种新型生态补偿类型，区际生态补偿缘何提出，综合分析来看，大致是由以下因素决定的：

1. 区际环境关系的凸显

一般认为，生态环境是指由生物群落及非生物自然因素组成的各种生态系统所构成的整体，其主要或完全由自然因素形成，并间接地、潜在地、长远地对人类的生存和发展产生影响。[1] 在自然资源日渐稀缺、生态环境问题日益突出的今天，环境关系已成为区域社会经济关系的核心内容之一。而区际（区域间）环境关系，是指特定行政区域之间基于生态环境资源的有限性、环境利益的局部性、生态系统的整体性并遵循环境利益公平分配原则而缔结的一种相互依存、相互影响、相互制约的社会关系。[2] 区际环境关系是因生态系统与行政区域的不完全重合而产生的。正如上文所述，作为生态环境存在基础的生态系统的生成有其自然规律，而行政区域划定则更多地是考虑政治、经济、民族、人口、国防、历史等因素，由此导致生态学视角下的“区域”与行政管理视角的“区域”不完全重合。[3] 而生态系统的独立性和一体性属性，则要求必须要将生态环境作为一个整体来看待，进而维持生态环境的整体平衡。[4] 因此，基于生态环境的整体性与生态环境的区域分割性的共同作用，区际环境关系就成为相应行政区域之间的一种客观存在的社会关系。区际环境关系因生态环境的整体性而存在，并随行政区划管理的出现而产生，其自古存在，但在人口稀少、资源充沛的时期，资源并未成为影响人们生产、生活的重要因素，环境问题也未凸显，因此区际环境关系未引起人们的广泛重视。然而，随着经济的快速发展、人口的持续增加、环境的日渐恶化以及资源的日益短缺，资源和环境日渐成为影响社会经济发展的重要因子。[5] 一个地区（域）生态环境的任何变化都会对其

[1] 参见谢晶莹：《建立生态补偿机制：推进生态建设的制度保障》，载《环渤海经济瞭望》2008 年第 7 期。

[2] 参见吴晓青、洪尚群等：《区际生态补偿机制是区域间协调发展的关键》，载《长江流域资源与环境》2003 年第 1 期；秦鹏：《论我国区际生态补偿制度之构建》，载《生态经济》2005 年第 12 期。

[3] 参见张彦波、佟林杰、孟卫东：《政府协同视角下京津冀区域生态治理问题研究》，载《经济与管理》2015 年第 3 期。

[4] 参见陈永林：《地理视角下的流域生态补偿研究》，载《科技经济市场》2013 年第 11 期。

[5] 参见林凌：《建立和实施区域生态补偿机制》，载《发展研究》2009 年第 8 期。

他区域和整个外部系统发生作用和影响。[1] 一个地区环境状况直接影响和制约相邻地区的生活和生产,区际环境关系逐渐成为影响区域社会经济发展的重要区际关系。[2] 并且,由于特定生态系统或生态环境中所蕴藏的资源有限,所涉地区及相关主体在社会经济发展和生态环境保护的选择中更倾向于维护自身利益,占有更多资源以实现自身经济的发展、生产的扩大和生活的改善,而忽视对其他地区及相关主体所产生的负外部性,由此导致,区际环境关系在总体上呈日趋紧张、尖锐之势,区域自然资源的分配常引发区域纠纷和冲突,成为严重影响区域经济社会协调发展,甚至危及地区之间团结与稳定的重要因素。[3] 总之,区际环境关系是区际生态补偿存在的基础所在,区际环境关系的日渐凸显则是区际生态补偿得以提出的第一缘由所在。

2. 环境问题的跨区域性及区域环境问题的恶化

环境问题具有很强的跨区域性,一个地区的环境问题可能会跨越行政边界而侵害相邻地区,使相邻地区深受其害、损失严重。[4] 这在流域污染中最常见,“松花江污染事件”就是一个典型的例子。2005 年 11 月 13 日中石油吉林石化公司双苯厂发生爆炸事故,造成大量苯类污染物进入松花江,引发重大水环境污染事件,给松花江沿岸特别是大中城市人民群众生活和经济发展带来严重影响,涉及哈尔滨、松原、佳木斯等多个市县,哈尔滨市因此停水数日,沿岸数百万居民的生产、生活受到极大影响。而浙江与江苏之间的跨界水污染案例则持续时间更长、影响范围更广、危害更严重,并曾在 2001 年发生过“断河事件”。[5] 区域环境问题的复杂性,还在于它们所涉及的有关各方是拥有平等权力和地位的行政区,行政区之间不仅在经济利益上存在差别与矛盾,而且在认

---

[1] 参见丁四保、王晓云:《我国区域生态补偿的基础理论与体制机制问题探讨》,载《东北师大学报》(哲学社会科学版)2008 年第 4 期。

[2] 参见吴晓青、洪尚群等:《区际生态补偿机制是区域间协调发展的关键》,载《长江流域资源与环境》2003 年第 1 期。

[3] 参见胡文蔚、杜欢政、李斌:《区域间生态补偿机制推进区域经济协调发展》,载《嘉兴学院学报》2007 年第 1 期。

[4] 参见吴晓青、洪尚群等:《区际生态补偿机制是区域间协调发展的关键》,载《长江流域资源与环境》2003 年第 1 期。

[5] 相关资料参见张明星:《嘉兴水污染事件深层原因 跨界污染为何反复发生》,载浙江新闻网:http://zjnews.zjol.com.cn/05zjnews/system/2005/07/11/006187636.shtml,最后访问日期:2018 年 4 月 10 日;《外滩画报:江苏浙江两省边界水污染案十年难断》,载新浪网:http://news.sina.com.cn/c/2003-03-07/1359937205.shtml,最后访问日期:2018 年 4 月 10 日等。

识与行动上又很难协调一致,从而导致区域环境问题解决不力。[1] 对于区域环境问题的应对,很多地区存在"各家只扫门前雪"的倾向。[2] 但在实践中,环境问题的复杂性,可能会使区域生态环境问题演化成超出单一政府治理意愿和能力的"脱域化"生态危机。[3] 区域环境问题的恶化会产生诸多负面效应,其不仅使区域生态环境受到威胁、区域可持续发展能力降低,而且严重影响当地人民群众的生产生活,并可能引发社会公众不满进而危及社会安定。[4] 环境问题的跨区域性以及区域环境问题的恶化,使人们认识在面对区域环境问题时,"各人自扫门前雪,休管他人瓦上霜"的做法只能是害人害己,化解区域环境问题必须要携手面对,而理论和实践证明,区际(区域间)生态补偿的实施则是化解区际环境问题的有效手段之一。[5] 在区际生态补偿的实施中,在赋予生态利益获益地区及相关主体以生态补偿义务的基础上,通过给予生态利益受损地区或生态环境建设地区(包括生态敏感区、生态涵养区和生态功能支撑区等)必要的经济补偿,以促使其减少对环境资源的利用、对生态环境的破坏行为,进而降低区域环境发生的可能性。由此来看,环境问题的跨区域性及区域环境问题的恶化系区际生态补偿得以提出的直接动因所在。

3. 区际生态利益分享或环境资源分配不公的存在及冲突的加剧

作为人类赖以生存、社会得以发展的重要基础和必备条件,生态环境提供了资源、空间和生态服务,而在区际环境关系层面上,因自然地理区位、生态系统构造等先天因素和以制度安排为代表的后天因素的综合作用,行政区域间在环境资源禀赋和生态利益分享方面存在明显差异,非均衡性成为区域环境关系最显著的结构性特征。[6] 与此相对应的是,生态利益分享或环境资源分配不公现象普遍存在,在区域生态环境治理和生态利益分享或环境资源分配上存在

---

[1] 参见马存利、陈海宏:《区域生态补偿的法理基础与制度构建》,载《太原师范学院学报》(社会科学版)2009年第3期。

[2] 参见胡文蔚、杜欢政、李斌:《区域间生态补偿机制推进区域经济协调发展》,载《嘉兴学院学报》2007年第1期。

[3] 参见王喆、周凌一:《京津冀生态环境协同治理研究——基于体制机制视角探讨》,载《经济与管理研究》2015年第7期。

[4] 参见刘广明:《京津冀:区际生态补偿促进区域间协调》,载《环境经济》2007年第2期。

[5] 参见林凌:《建立和实施区域生态补偿机制》,载《发展研究》2009年第8期。

[6] 参见斯兰:《建立区域生态补偿机制正当时——专访河北省承德市发改委副主任白晓峰》,载《中国改革报》2010年11月22日,第6版。

明显的成本收益空间异置和“搭便车”现象,〔1〕其典型表现就是,生态利益受益者无偿或低偿享有生态利益或占有环境资源,而生态利益受损者或区域生态环境建设(保护)者则不仅要独立承担区域生态环境的保护成本,而且要承受因保护生态环境而致经济发展受损的机会成本。

随着社会经济的快速发展和环境资源的日益稀缺,因区际生态利益分享或环境资源分配不公而诱发的区域间冲突不仅普遍存在,而且日渐频繁、激烈。〔2〕当前制约我国可持续发展的一系列资源环境问题,如生态脆弱、敏感地区“开发”与“保护”的困境,流域所涉区域对水资源的争夺,沙尘暴的生成、迁移与扩散,土壤退化、水土流失、酸雨等,本身都会演化为区域之间的严重利益冲突,而各类“空间管制”或“功能区划”的实施则在一定程度上从制度和政策层面上固化或深化了区域之间的利益冲突。〔3〕“上游保护,下游受益”“上游污染,下游遭殃”“保护越多,包袱越重”“贫困地区负担,发达地区受益”是目前存在于我国区域生态环境保护与治理中体制性矛盾的生动写照,也是区际生态利益失衡的集中体现。〔4〕一个基本判断就是,区际生态利益冲突,将在一段时期内成为我国区域关系的重要方面并会对区域协调发展产生重要影响。〔5〕在“利益最大化原则”的假设下,区域的“理性行为”会导致资源的过度开发、生态系统退化、环境质量下降和区域之间的恶性竞争等一系列非理性结果,致使生态环境保护和社会经济发展间的矛盾冲突成为当前区域关系的主要方面,使区域关系处于不和谐与不可持续的状态。〔6〕在环境问题上,区域之间、人与人之间正当合理的经济利益和生态环境福利应同样得到尊重,唯有此,才能公平、公

---

〔1〕参见丁锋:《浅谈流域生态补偿的法制化》,载《法制与经济》2012 年第 4 期。

〔2〕参见杨晓敏:《基于生态补偿机制下的财税政策探析》,载《生态经济》2014 年第 3 期。

〔3〕需要说明的是,“空间管制”或“功能区划”的实施虽在一定程度上从制度和政策层面上固化或深化了区域之间的利益冲突,但并不能否认这一管理模式确实是国家实现人与自然和谐发展和区域协调发展的重大创新,因为,从区域关系角度出发,解决人与自然和谐发展问题的一个必然出路就是要制定和安排各个区域的分工。相关论述可参见王昱、丁四保、王荣成:《区域生态补偿的理论与实践需求及其制度障碍》,载《中国人口 · 环境与资源》2010 年第 7 期。

〔4〕参见王权典:《统筹区域协调发展之生态补偿机制建构创新》,载《政法论丛》2010 年第 1 期。

〔5〕参见王昱、丁四保、王荣成:《区域生态补偿的理论与实践需求及其制度障碍》,载《中国人口 · 资源与环境》2010 年第 7 期。

〔6〕同上。

正、合理地解决环境利益与经济利益的冲突。[1] 如何在科学发展观的引领下实现区域关系协调和区域统筹发展已成为一个摆在我们面前的重大课题，而区际生态补偿的实施则是问题解决的重要途径之一，经济成本的应有承担、经济补偿的有效实施将在很大程度上缓解、调整区际生态利益分享或环境资源分配的不公。因此，区际生态利益分享或环境资源分配不公以及由此引发的区际冲突，是区际生态补偿得以提出的根本原因所在。

4. 区域间社会经济发展差距的扩大

依政治、经济、民族、人口、国防、历史等因素而划分的行政区域，在经济发展的过程中并非是孤立的，而是始终伴随着资源的交流和环境的相互影响。[2] 并且在实践中，生态利益受损地区（生态服务提供地区）多为贫困落后地区，[3] 其不仅为区域整体生态环境的治理与改善投入巨额资金，甚至为此而承受财政赤字，[4] 而且往往因承担生态环境保护的重任而丧失了大量发展机会。另外，作为生态利益受益者的经济发达地区却免费"搭车"享受欠发达地区所提供的生态产品，[5] 进而造成地区之间的经济发展差距呈不断扩大趋势。"保了生态、饿了肚子""下游受益、上游牺牲"的环保困境，不仅是环境公平缺失的直接反映，[6] 也是区域经济发展差距日渐扩大的生动体现。而区域发展差距的扩大、环境公平的恶化会导致十分严重的后果。一方面，其会与环境损耗之间形成相互促进的恶性循环，进而导致生态环境危机；[7] 另一方面，会导致生态利

---

[1] 参见汪海燕、张红霄：《基于制度供给与需求理论的生态补偿立法问题——以公益林补偿为例》，载《江苏警官学院学报》2014 年第 6 期。

[2] 参见胡文蔚、杜欢政、李斌：《区域间生态补偿机制推进区域经济协调发展》，载《嘉兴学院学报》2007 年第 1 期。

[3] 正如有的研究者所指出的那样，只要对中国的经济地理状况稍加分析就会发现，无论是按东、中、西部划分的地带，还是区域间、流域间，甚至一个地区内部，向社会提供大量生态服务的地区以及生态脆弱和环境敏感地区，基本上是贫困地区或欠发达地区。参见郑雪梅：《生态转移支付——基于生态补偿的横向转移支付制度》，载《环境经济》2006 年第 7 期；黄征学：《横向生态补偿制度要"说到做到"》，载《中国经济导报》2015 年 8 月 5 日，B02 版。

[4] 参见赵超：《试论"泛珠三角"区域生态补偿机制的构建》，载《探求》2007 年第 6 期。

[5] 参见黄征学：《横向生态补偿制度要"说到做到"》，载《中国经济导报》2015 年 8 月 5 日，B02 版。

[6] 参见戴佳：《加快生态补偿立法，避免"保生态饿肚子"》，载《检察日报》2013 年 4 月 15 日，第 5 版。

[7] 参见钟茂初、闫文娟：《环境公平问题既有研究述评及研究框架思考》，载《中国人口资源与环境》2012 年第 6 期。

益输出地区积极性下降,生态建设乏力,甚至会以破坏生态环境为代价而谋求经济发展,[1]并最终会危及整个区域的可持续发展。许多重点生态功能区、生态涵养区都属欠发达地区,其改善生存条件的意愿、发展经济的愿望十分强烈。在相关制度缺位的情况下,这种强烈的意愿和愿望极易诱发对生态环境过度开发、对环境资源的过度行为,由此对生态环境构成直接威胁,且扩散和乘数效应显著,易导致地区发展陷入经济发展—环境破坏—贫困加剧的恶性循环中。[2]当前,环境问题已日益成为制约我国经济社会可持续发展的桎梏,而其深层次原因则主要体现为生态环境保护成本与生态效益及区域利益的错配。[3] 区域社会经济协调发展以区域环境保护合作为重要内容,而区际(域)生态补偿的实施则直接关系区际(域)环境保护合作机制能否得以真正实现。[4] 区域间社会经济发展差距的扩大,使区际生态利益分享不公的负面效应成倍数放大,导致区域生态环境面临严峻调整,并可能危及区域社会稳定。而区际生态补偿的实施、环境利益利用与生态利益享有应有成本的支付则可在一定程度减缓区域间社会经济发展差距的扩大。由此来看,区域间社会经济发展差距的扩大,系区际生态补偿得以提出的最深层原因所在。

5. 生态补偿的深入

生态补偿的深入,是区际生态补偿提出的又一重要原因。作为一项以经济补偿为主要方式、以经济利益再调整为核心机制,旨在平衡经济发展与环境保护利益关系、兼具激励与约束机制的制度安排,生态补偿制度在我国的确立时间虽明显晚于欧美发达国家,但亦有多年实践经验,且进展速度较快。早在20世纪50年代,原中央人民政府政务院于1953年7月发布的《关于发动群众开展造林、育林、护林工作的指示》就指出,对于"在某些距离村庄较远或劳力困难为群众力所不及的大规模防护林、水源林和用材林,或其中某些地段中的大

---

[1] 参见王志凌、谢宝剑、谢万贞:《构建我国区域间生态补偿机制探讨》,载《学术论坛》2007年第3期;黄征学:《横向生态补偿制度要"说到做到"》,载《中国经济导报》2015年8月5日,B02版;秦鹏:《论我国区际生态补偿制度之构建》,载《生态经济》2005年第12期。

[2] 参见黄征学:《横向生态补偿制度要"说到做到"》,载《中国经济导报》2015年8月5日,B02版。

[3] 参见李国平、张文彬、李潇:《国家重点生态功能区生态补偿契约设计与分析》,载《经济管理》2014年第8期。

[4] 参见王权典:《统筹区域协调发展之生态补偿机制建构创新》,载《政法论丛》2010年第1期。

片荒山荒地，势必由国家统筹计划，负责营造，地方人民政府林业机关应根据各地不同情况，制订计划，分期进行”，而“其方式可由国家建立造林站，直接雇工营造；或动员当地有植树经验之农民组织互助组、合作社，分区分段，包种包活，国家给以一定酬偿，并供树苗，加以技术指导；此外，亦可组织附近农民，在农闲时，由国家给以一定资助（如苗树、口粮等），进行造林”。〔1〕有研究者据此认为，这是我国生态补偿制度的最初萌芽。〔2〕但一般认为，20 世纪 80 年代初，云南对于磷矿开采征收生态环境补偿费的试点，为我国生态补偿的最早实践。〔3〕经过多年的探索和发展，国家层面的生态补偿，已经涵盖包括森林、草原、自然保护区和重点生态功能区、海域、矿山、湿地、水资源和水土保持、流域等诸多领域。〔4〕2013 年时任国家发展和改革委员会主任徐绍史在“关于生态补偿建设工作情况的报告”中指出，我国已“初步形成生态补偿制度框架”，主要表现在以下方面：建立了中央森林生态效益补偿基金制度，补偿范围达 18.7 亿亩；建立了草原生态补偿制度，截至 2012 年年底，草原禁牧补助实施面积达 12.3 亿亩，享受草畜平衡奖励的草原面积达 26 亿亩；探索建立水资源和水土保持生态补偿机制，水资源费征收标准进一步提高；形成了矿山环境治理和生态恢复责任制度，国家设立矿山地质环境专项资金；建立了重点生态功能区转移支付制度，实施范围扩大到 466 个县（市、区）。〔5〕

正是在生态补偿日渐深入，尤其是在国家生态补偿制度渐趋完善的背景下，关涉区际环境关系，旨在解决区域间生态利益分享不公的区际生态补偿才

〔1〕参见《中央人民政府国务院关于发动群众开展植树育林、护林工作的指示》，载中国经济网：http://www.ce.cn/xwzx/gnsz/szyw/200705/29/t20070529_11529999.shtml，最后访问日期：2018 年 4 月 10 日。

〔2〕参见梁丽娟、葛颜祥：《关于我国构建生态补偿机制的思考》，载《软科学》2006 年第 4 期。

〔3〕1983 年云南省环保局以昆阳磷矿为试点，对每吨矿石征收 0.3 元，用于采矿区植被及其他生态环境恢复的治理，取得了良好效果。1989 年我国环保部门会同财政部门，在广西、江苏、福建、陕西榆林、山西、贵州和新疆等地试行生态环境补偿费，征收的主要依据是自然资源开发过程中造成的生态破坏程度。相关论述参见董小君：《主体功能区建设的“公平”缺失与生态补偿机制》，载《国家行政学院学报》2009 年第 1 期。

〔4〕参见汪劲：《论生态补偿的概念——以〈生态补偿条例〉草案的立法解释为背景》，载《中国地质大学学报》（社会科学版）2014 年第 1 期。

〔5〕参见《生态补偿机制建设成效初显》，载中国日报网：http://www.chinadaily.com.cn/hqgj/jryw/2013-04-24/content_8850210.html，最后访问日期：2018 年 4 月 10 日。

得以提出,并日渐受到重视。[1] 2013 年 11 月党的十八届三中全会通过的《中共中央关于全面深化改革若干重大问题的决定》明确提出,要“坚持谁受益、谁补偿原则,完善对重点生态功能区的生态补偿机制,推动区域间建立横向生态补偿制度”。[2] 2014 年 3 月第十二届全国人大常委会第八次会议通过的《环境保护法》首次在环保基本法的层面对生态补偿问题进行了规定,该法第 31 条第 1 款明确规定,“国家建立、健全生态保护补偿制度”,而第 3 款则进一步规定,“国家指导受益地区和生态保护地区人民政府通过协商或者按照市场规则进行生态保护补偿”。2015 年 4 月中共中央、国务院联合发布的《关于推进生态文明建设的意见》以专题的形式对“健全生态保护补偿机制”问题作出全面规定,并具体指出,要“建立区域间横向生态保护补偿机制,引导生态受益地区与保护地区之间、流域上游与下游之间,通过资金补助、产业转移、人才培训、共建园区等方式实施补偿”。由此来看,区际生态补偿的提出是生态补偿日渐深入、生态补偿制度体系日趋完善的自然结果。

6. 生态补偿意识的强化

制度的变迁与意识的变化存在直接关联,意识的更新是制度得以创新的重要诱导性因素,而制度的创新也需要以相应意识水平的匹配为条件。就生态补偿的实施而言,作为资源在社会行动者之间的一种转让,生态补偿是嵌入在社会关系、价值观与社会感知中的,[3]因此,社会意识的水平及其培育至关重要。从实践来看,生态环境价值观念的扭曲,是生态补偿长期迟滞不前的重要原因之一。在很长一段时期内,环境无价的观念十分普遍,“生态有偿”与“谁受益、谁补偿”的观念还远没有被公众接受,由此导致生态补偿的实施缺乏良好社会氛围。[4] 一个典型的例子就是,长期以来,人们只看到了环境资源的经济价值而忽视了其生态价值,即便是认识到环境资源具有生态价值,也往往认为该价

---

〔1〕 参见谢晶莹:《建立生态补偿机制:推进生态建设的制度保障》,载《环渤海经济瞭望》2008 年第 7 期。

〔2〕 实际上在此之前,区际生态补偿在中央政策层面已有所体现。例如,《中华人民共和国国民经济和社会发展第十二个五年规划纲要》不仅以专节的形式对“建立生态补偿机制”问题作出全面规定,而且具体指出,“鼓励、引导和探索实施下游地区对上游地区、开发地区对保护地区、生态受益地区对生态保护地区的生态补偿”。

〔3〕 Sommerville M. M. , J. P. G. Jones, E. J. Milner-Gulland, “A Revised Conceptual Framework for Payments for Environmental Services”, *Ecology and Society*, 2009(2).

〔4〕 参见萨础日娜:《我国生态补偿机制问题探析》,载《中国环境管理》2010 年第 3 期。

值是可以无偿享有的,对“谁受益、谁补偿”的原则普遍缺乏认同。[1] 有的企业认为征收生态补偿费是“乱收费”和“不合理收费”;有的地方政府认为,生态利益受益地区对生态利益受损地区的补偿只是一种道义上的责任;有的公众对于环境资源背后所蕴藏的生态价值知之甚少,不仅缺乏应有的补偿意识,而且浪费现象严重。以上种种,都直接阻碍了生态补偿的顺利开展和有效实施。

但是近年来,尤其是自党的十八大以来,全社会的环保理念得到了巨大提升,进入了一个新的层次,生态环境价值观日趋形成、生态补偿意识日益强化,作为生态补偿制度重要组成部分的区际(区域间横向)生态补偿的重要性也越来越被政府和社会所认识。[2] 社会各界对实现生态效益和社会经济效益相统一的呼声日益高涨,迫切希望通过建立和完善生态补偿机制,实现“以生态促经济”的发展目标,从而促进经济社会发展与环境保护、生态建设的和谐统一。如上文所述,近年来,随着相关重大政策的持续出台、有关法律的及时修改,社会环保理念和生态补偿护意识得以明显提升。一个重要的表现就是,自2013年以来,越来越多的人大代表和政协委员在“两会”上提出议案,呼吁建立区际(横向)生态补偿制度。总之,生态环境价值观的日趋形成、生态补偿意识的日益强化,为区际生态补偿的实施营造了良好的社会氛围、奠定了坚实的社会基础。

7. 中央政府的力有不逮

随着党和国家对生态补偿重视程度的日益提高,生态补偿的投入力度也在不断加大。统计数据显示,在生态补偿领域,中央财政资金投入总额已从2011年的23亿元增加到2012年的780亿元,累计投入约2500亿元。[3] 但就生态补偿的实际需要来看,仅靠中央政府的财政投入显然是不够的。[4] 并且,从我国的现实情况看,如果要求国家提供实施生态环境建设的所有资金,不仅会加

---

〔1〕 参见李宁、赵伟:《我国区域生态补偿实践中的制度改进问题》,载《东北师大学报》(哲学社会科学版)2008年第4期。

〔2〕 参见黄征学:《横向生态补偿制度要“说到做到”》,载《中国经济导报》2015年8月5日,B02版。

〔3〕 参见毕淑娟:《生态补偿机制“纵多横少”亟待破局》,载《中国联合商报》2013年5月13日,D04版。

〔4〕 参见蒋永甫、弓蕾:《地方政府间横向财政转移支付:区域生态补偿的维度》,载《学习论坛》2015年第3期。

大国家的补偿压力,也会使国家承受过重的补偿义务,甚至影响国家其他重大管理职能的实现。[1] 时任环境保护部(现为生态环境部)部长陈吉宁也曾指出,国家投入增加的空间已经有限,不能单纯靠国家来解决生态补偿问题。[2] 更为关键的是,中央财政主导的国家生态补偿本身也存在一系列难以克服的问题。时任国家发展和改革委员会主任徐绍史在向第十二届全国人大常委会作"关于生态补偿建设工作情况的报告"时,就指出,中央政府主导的国家生态补偿制度虽与生态建设、环境综合治理一起,已成为我国生态保护工作的重要组成部分,但其还存在不少矛盾和问题,其中之一就是,"谁开发谁保护、谁受益谁补偿的利益调节格局还没有真正形成,在促进生态环境保护方面的作用还没有充分发挥"。[3] 单一的国家生态补偿模式不仅不利于提高生态建设地区、生态利益输出地区的积极性、保障所在地区人民的稳定生活,而且不利于生态安全的长久维持。

从理论上来讲,基于生态环境的跨区域属性,对于全国性的生态服务应由中央政府予以解决。[4] 而对于地域性的生态服务则应由区域内所有受益者共同承担相应成本,[5] 中央政府既无法解决地方性生态服务这种公共产品的提供问题,也不应对此负责,否则将违反公平负担的基本理念。通过适当地划分国家和受益地方的补偿责任,建立区际生态补偿(生态补偿的横向转移支付),既可以为生态建设地区的生态改善和经济发展提供更为强大的补偿能力,又能弥补中央财政对生态建设地区纵向转移支付的不足,减轻中央政府的财政负担。[6] 在实践中,地域属性的生态服务提供者与受益者往往分属于不同行政区划和财政级次,导致生态服务的收益外溢使现实中极易出现成本与收益的不对称问题,而对于该问题的解决,区际生态补偿则有其独特优势,可以在生态关系密切的区域建立起生态服务的市场交换关系,从而使生态服务的外部效应内

---

〔1〕 参见秦鹏:《论我国区际生态补偿制度之构建》,载《生态经济》2005 年第 12 期。

〔2〕 参见毕淑娟:《生态补偿机制"纵多横少"亟待破局》,载《中国联合商报》2013 年 5 月 14 日,D04 版。

〔3〕《生态补偿机制建设成效初显》,载中国日报网:http://www.chinadaily.com.cn/hqgj/jryw/2013-04-24/content_8850210.html,最后访问日期:2018 年 4 月 10 日。

〔4〕 有的研究者认为,中央政府应只负责重要水源地区、生态功能区、自然保护区和生态脆弱地区的补偿。参见王跃涛:《区域间生态转移支付的财政政策研究》,载《财会研究》2010 年第 4 期。

〔5〕 参见杨晓萌:《生态补偿横向转移支付制度亟待建立》,载《国土资源导刊》2013 年第 8 期。

〔6〕 参见秦鹏:《论我国区际生态补偿制度之构建》,载《生态经济》2005 年第 12 期。

在化。[1] 由此可见，中央政府在生态补偿上的力有不逮以及生态利益受益地区的应有生态补偿义务，是区际生态补偿得以提出的又一重要原因所在。

二、区际生态补偿的理论基础解读

生态补偿的正当性是生态补偿制度构建的基础所在，其直接关系生态补偿能否获得认可、能否得以实施，[2]而生态补偿的理论基础解读则是对生态补偿正当性依据的阐释。通说认为，生态补偿的理论基础主要有三种，即生态环境价值论、公共产(物)品理论以及外部性理论，而这三大理论亦是区际生态补偿实施的正当性基础所在，其直接关系区际生态补偿能否获得认可，并会对区际生态补偿具体制度的构建提供理论指导。

(一)区际生态补偿理论基础的一般性解读

1. 生态环境价值论

在很长一段时期内，生态环境的生态价值并未被人类认知、接受，生态环境所提供的环境资源仅被视为生产资料的一部分，仅对其经济价值有所考量，而对于生态环境所提供的以清新空气为代表的生态利益则被视为人类的应然所得。由此导致的后果就是，虽然生态环境建设(保护)行为产生巨大的社会经济效益，但建设(保护)者却一般不能获得相应的经济对价或补偿，"环境无价、资源低价、商品高价"的不合理状态长期存在。[3] 在工业文明高度发达的今天，尤其是在生态文明理念下，生态环境是有价值的，其同其他生产要素一样，是财富、效用或使用价值的重要源泉之一。生态环境价值论认为，作为人类生存的基本条件和经济、社会发展的客观基础，生态环境是有价值的，其价值主要体现为两个方面：一是环境资源价值，即生态环境能够直接为社会经济的发展提供所必需的自然资源；二是生态服务价值，即生态环境能够为人类的生产、生活提供必要的生态服务，由此产生的生态效益是可以被"量化"的，是有价值的。这是因为人类的生存与发展，既离不开木材、矿产、清洁水资源等环境资源，同样也离不开以清新空气、宜人气候、生物多样性等为代表的生态服务。一

---

〔1〕 参见杨晓萌：《生态补偿横向转移支付制度亟待建立》，载《国土资源导刊》2013 年第 8 期。

〔2〕 参见任世丹：《重点生态功能区生态补偿正当性理论新探》，载《中国地质大学学报》(社会科学版)2014 年第 1 期。

〔3〕 参见王星、陈泽伟：《生态补偿破解环境冲突》，载《瞭望》2007 年第 32 期。

般认为,生态服务的价值主要体现在以下方面:涵养水源(包括调节水量、净化水质),保育土壤(固土、保肥),碳汇服务(森林碳汇、湿地碳汇),改善空气质量(森林释放氧气、释放负氧离子、减少空气污染物),维持生物多样性,提供景观游憩服务等。[1] 并且,虽然人们长期以来主要关注环境资源价值,而忽略以生物多样性保持、气候调节等为代表的生态服务价值,但实际上对人类而言,生态服务价值要远远高于环境价值。[2] 因此,在面对生态环境问题时,一个基本的要求就是,"既要考虑人类的福祉,同时也要考虑生态系统的内在价值"。[3] 从一定意义上来讲,良好的生态环境是人类最大的社会福祉所在。生态环境是有价值的,因此,对于自然资源的利用、对于生态服务的享用,自然应由利用者或享用者向自然资源的输出者或生态服务的提供者支付相应的经济对价,这是区际生态补偿得以提出和实施的最有力的论据所在。[4] 此外,生态环境价值理论还为区际生态补偿标准的确定提供了理论支持,即对生态补偿标准的确定在很大程度上依靠对资源环境的价值进行评估。[5]

2. 公共产(物)品理论

从公共经济学的视角来看,生态环境及其所提供的生态服务具有典型的公共产(物)品性质,具有显著的非排他性和非竞争性。洁净的水、清新的空气、优美的环境,在消费上通常具有较强的非排他性。同时在一定的边界之内,其提供也具有边际生产成本为零的"非竞争性"。[6] 生态环境及其所提供的生态服务的公共产(物)品性质,决定其容易诱发"搭便车"问题,即消费者不愿去掏钱购买而等着他人提供并顺便享有其所带来的利益,而如果所有人都意图免费

---

〔1〕 参见冯俏彬、雷雨恒:《生态服务交易视角下的我国生态补偿制度建设》,载《财政研究》2014年第7期。

〔2〕 参见黄寰、肖霓、赵云名:《区际生态补偿的价值基础与评估》,载《当代经济》2011年第10期。

〔3〕 中国环境与发展国际合作委员会:《中国环境与发展国际合作委员会年度政策报告——中国环境与发展的战略转型》,中国环境科学出版社2006年版,第130页。

〔4〕 此外,生态资本理论亦从相同视角为生态补偿制度的确立及实施提供了立论依据。生态资本理论认为,通过加强生态投资是可以使生态资本增值,但这必须以获得相应回报为前提,否则这种带有公益特征的投资行为将无法持续,而通过生态补偿制度的创设及实施,由生态利益受益者对其获益行为支付相应对价以使生态投资者获得应有回报,有助于激励人们开展生态保护投资,进而保证生态资本的持续增值。相关论述可参见王亮亮:《流域生态补偿市场化的法律思考》,载《鄱阳湖学刊》2014年第6期。

〔5〕 参见黄寰、肖霓、赵云名:《区际生态补偿的价值基础与评估》,载《当代经济》2011年第10期。

〔6〕 参见冯俏彬、雷雨恒:《生态服务交易视角下的我国生态补偿制度建设》,载《财政研究》2014年第7期。

"搭车"则会造成公共产(物)品的供给不足。[1] 生态环境及其所提供的生态服务的公共产(物)品性质不仅容易诱发"搭便车"问题,而且易造成生态环境及生态服务的过度利用,进而导致"公地悲剧"的后果。无论是因"搭便车"而造成的供给不足,还是因过度利用而导致的"公地悲剧",都有害于生态环境的保护并最终影响人们生产生活的正常开展以及社会经济的可持续发展。因此,必须寻求在制度安排上予以相应创新,以规避这种后果的产生,而区际生态补偿的实施则可以使生态产(物)品的提供者获得相应的经济回报,实现生态产品提供和享有的公平,[2]进而能够成为化解"搭便车""公地悲剧"、解决生态产(物)品供给不足或过度利用的有效措施之一。因此,公共产(物)品是区际生态补偿的又一正当性依据所在。此外,公共产(物)品理论还为区际生态补偿主体的界定提供了理论指引,即在区域生态产品[3]的供给和消费关系中,生态产品的提供者应该成为区际生态补偿的接受主体,而生态产品的享受者则应该成为区际生态补偿的支付主体。

3. 外部性理论

外部性理论认为,行为具有显著的外部性,即一个主体(或地区)的行为会对另一个主体(或地区)产生外部影响,且这种影响不能通过正常的市场交易来加以消除或予以必要体现。依据英国经济学家庇谷的解释,"经济外部性的存在,是因为当 A 向 B 提供劳务时,往往使其他人获得利益或受到损害,可是 A 并未从受益者那里获得报酬,也未向受害者支付任何补偿"。[4] 外部性有正外部性和负外部性之分。所谓正外部性,又称为外部经济,是指某一主体(或地区)的行为会使其他主体(或地区)受益但自己却无法得到应有的补偿;而负外部性,又称外部不经济,是指某一主体(或地区)的行为会使其他主体(或地区)受损而自己却不必为此而承担任何成本或代价。生态环境行为具有显著

---

〔1〕 参见李宏伟:《形塑"环境正义":生态文明建设中的功能区划和利益补偿》,载《当代世界与社会主义》2013 年第 2 期。

〔2〕 参见国家发展和改革委员会国土开发与地区经济研究所课题组:《地区间建立横向生态补偿制度研究》,载《宏观经济研究》2015 年第 3 期。

〔3〕 这种公共产(物)品还有别于国家所提供的公共产(物)品,其从性质上来讲,应属于布坎南所主张的介于私人产(物)品和国家提供的公共产(物)品之间的"俱乐部"产品。相关论述可参见王广正:《论组织和国家中的公共物品》,载《管理世界》1997 年第 1 期。

〔4〕 [英]庇古:《福利经济学》(上册),朱泱、张胜纪、吴良健译,商务印书馆 2006 年版,第 156 页。

的外部性,并且有可能会产生正外部性,也有可能会产生负外部性。相关主体(或地区)的生态环境建设行为、生态环境保护行为能够为其他主体(或地区)提供必要的环境资源和良好的生态服务,因此具有突出的正外部性;而相关主体(或地区)的生态环境破坏行为则会导致生态环境的质量下降、生态环境问题的产生,进而使其他主体(或地区)利益受损,因此具有突出的负外部性。理论和实践均证明,外部性的存在会导致资源配置的低效率或无效率,[1]因此,应该通过相应的制度创设以实现外部成本的内部化,进而解决外部性问题。[2]而区际生态补偿就是这样一种制度安排,其以经济成本的必要支付为主要手段,以经济补偿的合理实施为核心内容,致力于彰显区域生态环境建设行为所带来的正外部性、消除区域生态环境破坏行为所带来的负外部性,[3]实现外部成本的内部化,进而促进资源配置的优化。因此,外部性理论应是区际生态补偿的又一正当性依据所在。

(二)区际生态补偿理论基础的进一步解读

1. 区域可持续发展理论

作为可持续发展理论的进一步引申,就生态环境的保护而言,区域可持续发展理论的基本认知有二:一是区域社会经济的发展不能超过区域环境资源的承载力,必须以区域整体生态环境的保护为基本前提,既要考虑当前发展的需要,又要考虑未来发展的需要,不能以牺牲后代人的利益为代价来满足当代人的利益,绝不能吃祖宗饭,断子孙路。二是处于同一生态环境或生态系统中的不同行政区域在实现自身社会经济发展时,必须要考虑到相邻其他区域的基本利益,即要实现区域社会经济的协调、可持续发展。若处于同一区域关系之中的各个地区,都不愿以牺牲自身社会经济发展为代价而保护生态环境,将生态

---

[1] 以生态环境行为的外部性为例,生态环境建设或生态环境保护所带来的正外部性虽然会使其他社会主体获益,但因导致生态环境建设者或生态环境保护者的利益受损,从而减弱其进行生态环境建设或生态环境保护的积极性,进而影响生态环境的治理与改善,因此,无论是对于生态环境建设者或生态环境保护者,还是对于整个社会而言,这无疑都会造成低效率、无效率。而生态环境破坏行为所带来的负外部性,其引致的资源配置低效或无效则更加明显。

[2] 参见任世丹:《重点生态功能区生态补偿正当性理论新探》,载《中国地质大学学报》(社会科学版)2014 年第 1 期。

[3] 一般认为,生态补偿主要解决生态环境行为正外部性的制度安排,而生态环境行为的负外部性则应由生态环境侵权或生态环境损害赔偿制度予以解决。

环境保护让位于经济发展，则不仅会造成区域生态环境的破坏，而且将导致区域间关系的恶化，并最终将影响区域经济的持续增长和区域的社会稳定。[1] 区域可持续发展理论与科学发展观高度契合，全面、协调、可持续发展是科学发展观的三个基本点，统筹区域发展则是科学发展观的基本要求之一。[2] 而在社会主义生态文明的视野下，区域社会经济的发展应是在人口、资源和环境的约束下，实现区域内与区域间经济、政治、文化、社会与生态"五位一体"的可持续发展。[3] 正如上文所述，在自然资源日渐稀缺、生态环境问题日益突出的今天，环境关系已成为区域社会经济关系的核心内容之一，且在总体上呈日趋紧张、尖锐之势。其中，因区域环境资源分配和生态利益分享不公所引发的利益冲突和纠纷已严重影响区域社会经济的协调发展和区域社会秩序的稳定。由此，亟须在制度安排上予以创新，以矫正区域环境资源分配和生态利益分享所存在的不公，消除由此而引发的利益冲突与纠纷，进而促进区域社会经济的协调发展和区域社会正常秩序的维护，而区际生态补偿无疑在此方面具有其独特的制度优势，是协调区域社会经济发展与生态环境保护的重要"抓手"，是推进区域可持续发展的关键所在。由此来看，区域可持续发展理论为区际生态补偿的实施提供了又一有力正当性依据。

2. 生态（环境）公平理论

生态（环境）公平理论是公平理念在环境资源分配、生态利益分享领域中的具体化，其核心意旨就在于，环境资源和生态利益应该在相关主体（或地区）之间实现合理分配和公平分享。环境资源的合理分配和生态利益的公平分享，并不意味着环境资源的平均分配和生态利益的平等分享。因为，在实践中，基于所处区域、历史传统、空间管制、经济管理等因素，环境资源和生态利益在分配、分享上无法做到平均、平等，这是合乎情理的，但这种分配的不平均、分享的不平等必须要以必要的补偿（以经济层面为主）为基础，否则将有违生态公平的基本要求。就区域环境资源的分配和生态利益的分享而言，其亦应如此，即环境资源分配的客观不平均和生态利益分享的现实不平等，必须以必要的经济

---

[1] 参见秦鹏：《论我国区际生态补偿制度之构建》，载《生态经济》2005年第12期。

[2] 参见郝潞霞：《科学发展观研究综述》，载《实事求是》2005年第2期。

[3] 参见孙鑫：《生态文明视野下东中西部的横向生态补偿研究》，载《云南行政学院学报》2014年第3期。

补偿为基础。从实践来看，区域环境资源分配和生态利益分享的不公现实存在，[1]并造成了区域间社会经济发展的不平衡。[2] 为矫正这种不公、调整这种失衡，亟须在制度层面上创新，而区际生态补偿则有其特殊优势。在区际生态补偿的实施中，通过由环境资源分配或生态利益分享的受益者（或地区）向环境资源分配或生态利益分享的受损者（或地区）支付相应经济对价，以矫正二者之间的利益失衡、平衡二者之间的权义关系，将有助于促进区域关系的和谐、区域社会经济的协调发展，进而达致公平目标。[3]

三、区际生态补偿实施的意义探讨

作为以经济利益再分配为核心手段而调整区域间环境资源分配和生态利益分享不公的制度安排，区际生态补偿的实施具有重大意义，其主要体现在以下方面：

（一）区际生态补偿实施的直接意义

1. 有助于矫正区际生态利益分享的不公

区际生态补偿以调整区域间生态利益分享不公为核心目标，而区际生态补偿实施最直接的意义，无疑是有助于矫正区域间在生态利益分享上所存在的不公。正如上文所述，区际生态利益分享不公系区际生态补偿得以提出的重要缘由之一，其在很多地区都存在，并易导致区域间生态利益冲突的加剧。回顾我国的经济发展历程，如此景象一直存在：一部分区域的经济发展是以占有、耗费其他相关区域的环境资源为代价的；一部分区域的经济发展是以牺牲其他区域的发展机会为代价的；一部分区域的生态利益享受是以牺牲其他区域的经济发展或生态利益享受为代价的。在计划经济时期，这种不公一直为体制所遮蔽，但在市场经济体制日益健全的今天，这种不公的负面效应则日渐显现，区域间因此而产生的冲突也愈发尖锐。[4] 而区际生态补偿的实施则有助于矫正区际生态不公并缓解由此引发的区域间生态利益冲突。在区际生态补偿的实施中，通过由区域生态利益受益者向区域生态利益受损者或区域生态环境建设者支

---

[1] 参见刘广明：《京津冀：区际生态补偿促进区域间协调》，载《环境经济》2007年第12期。
[2] 参见何雪梅：《生态利益补偿的法制保障》，载《社会科学研究》2014年第1期。
[3] 参见林凌：《建立和实施区域生态补偿机制》，载《发展研究》2009年第8期。
[4] 参见王清军、蔡守秋：《生态补偿机制的法律研究》，载《南京社会科学》2006年第7期。

付相应经济补偿,以弥补其在生态环境保护中所投入的经济成本或因生态环境保护而致经济发展受损的机会成本,将在一定程度上实现对区际生态利益分享不公的矫正。

2. 有助于促进区域整体生态环境的治理与改善

良好的生态环境,是社会生产力持续发展和人们生活质量不断提高的重要基础。[1] 而生态系统的区域分割性、环境问题的跨区域性,决定了依靠传统的管理模式难以解决日益严重的区域环境问题,由此造成区域生态环境的破坏、区域生态环境质量的下降,并会危及区域整体生态安全。理论和实践证明,区际生态补偿的实施、经济对价的支付以及由此而引发的区域间利益的再调整,有助于平衡生态利益受益地区和生态利益受损地区及生态环境建设地区的利益关系,矫正二者之间所存在的利益失衡状态,进而有助于区域生态环境的治理和改善以及区域生态安全的维护。[2] 相对于传统的行政管理模式(以扶贫、对口支援、短期性补偿协议和临时性补偿方案等为代表),作为一种正式制度安排,区际生态补偿不仅能够通过经济利益由生态利益受益者向生态利益受损者(或生态环境建设者)转移,以弥补后者在生态利益分享或生态环境建设上所遭受的损失,而且关键是能够给各方一个稳定、合理的预期,进而打消其种种顾虑和戒备、减少各种不良博弈,实现认识一致、行动统一,确保地区间环境合作得以切实地遵守和执行。[3] 在区际生态补偿的实施中,通过生态利益受益地区基于其生态利益获益行为而向生态利益受损地区或生态环境保护地区支付相应的经济对价,一方面,有助于增强后者的生态环境建设保护、生态环境治理的能力;另一方面,将激发后者保护生态环境、实施生态环境治理的动力。[4] 而这无疑都将促进区域生态环境的治理与改善。

3. 有助于推动生态补偿制度体系的完善

正如上文所述,作为典型公共产品的生态服务具有全国性和地域性之别。对于全国性的生态服务理应由中央政府来负责提供,而地域性的生态服务则应

---

〔1〕 参见谢晶莹:《建立生态补偿机制:推进生态建设的制度保障》,载《环渤海经济瞭望》2008 年第 7 期。

〔2〕 参见林凌:《建立和实施区域生态补偿机制》,载《发展研究》2009 年第 8 期。

〔3〕 参见王清军、蔡守秋:《生态补偿机制的法律研究》,载《南京社会科学》2006 年第 7 期。

〔4〕 参见秦鹏:《论我国区际生态补偿制度之构建》,载《生态经济》2005 年第 12 期。

由相应区域内的所有受益者共同承担。[1] 落实到生态补偿制度上，对于全国性的生态服务，应由中央政府主导的国家生态补偿予以提供和保障；对于地域性的生态服务，应由区域内生态补偿和区际生态补偿共同保障。其中，区域内生态补偿制度负责某一行政区域内地域性生态服务的提供和保障，区际生态补偿制度则负责涉及多个区域的地域性生态服务的提供和保障。

从目前的实践来看，生态补偿目前还是以中央政府主导的国家生态补偿为主。经多年的探索与实践，虽目前已经建立了较完善的制度体系，并取得显著的成效，但与我国的生态环境保护形势和生态补偿实际需求相比，仍显得捉襟见肘。[2] 对于地方性的区域内生态补偿，很多省市也进行了积极探索，相关实践日渐深入。而对于旨在解决涉及不同行政区域的地域性生态服务提供与保障问题的区际生态补偿，虽已有所实践，但总体进展缓慢，亟须进一步强化。生态补偿的实施是一个系统性工程，生态补偿制度的构建是一个多元性体系。作为国家生态补偿和区域内纵向生态补偿的重要补充形式，区际生态补偿的实施能够分担中央政府在生态补偿实施上的压力，弥补其在资金、人力等方面的不足，[3] 是构建多元化、网络化生态补偿体系的重要组成部分之一。[4] 区际生态补偿制度的建立将有助于填补现有生态补偿制度体系安排的空缺，有助于"纵横交织"的立体化生态补偿制度体系的形成。

（二）区际生态补偿实施的间接意义

1.有助于促进区域社会经济的协调发展

区际生态利益分享的不公，不仅会加剧区域间生态利益冲突、诱发环境问题、影响区域生态环境的治理与改善，而且也会影响区域间的和谐关系，使区域间发展失调，加剧区域间发展差距，甚至会影响区域社会稳定。[5] 从实践来

---

[1] 参见杨晓萌：《中国生态补偿与横向转移支付制度的建立》，载《财政研究》2013 年第 2 期；陶恒、宋小宁：《生态补偿与横向财政转移支付的理论与对策研究》，载《创新》2010 年第 2 期；郑雪梅：《生态转移支付——基于生态补偿的横向转移支付制度》，载《环境经济》2006 年第 7 期；李宁、赵伟：《我国区域生态补偿实践中的制度改进问题》，载《东北师大学报》（哲学社会科学版）2008 年第 4 期等。

[2] 参见李齐云、汤群：《基于生态补偿的横向转移支付制度探讨》，载《地方财政研究》2008 年第 12 期。

[3] 参见刘广明：《京津冀：区际生态补偿促进区域间协调》，载《环境经济》2007 年第 12 期。

[4] 参见胡熠、黎元生：《论流域区际生态保护补偿机制的构建——以闽江流域为例》，载《福建师范大学学报》（哲学社会科学版）2006 年第 6 期。

[5] 参见赵丽：《建立生态补偿机制刻不容缓》，载《社会科学研究》2009 年第 4 期。

看，生态补偿和区域协调发展一直是一个问题的两面。[1] 作为连接区域社会经济发展和区域生态环境建设的纽带，区际生态补偿则是解决区域间生态利益冲突、促进区域社会经济协调发展的关键。[2] 区际生态补偿的实施会带来区域间经济利益的再调整、再分配，即经济利益由生态利益受损地区或生态环境建设地区的输送，则可以在一定程度上平衡区域间的利益关系，进而促进区域关系的和谐和区域社会经济的协调发展。[3] 同时，区际生态补偿的实施，还有助于缓解区域之间的冲突和矛盾，推动形成新型区域关系，实现由"竞争"向"合作"的转型。[4]

2. 有助于缩小区域间社会经济发展的差距

正如上文所述，区域间社会经济发展的日益扩大，系区际生态补偿得以提出的最深层原因所在，而区际生态补偿的实施则有助于缩小区域间社会经济发展的差距。生态补偿的作用机制就在于把发达地区与欠发达地区、把整体时空上的"现在"和"未来"看作一个生态保持和发展的整体，并且从更长远的时间区间来看待和评估生态环境的"价值"，要求生态获益地区对为生态作出贡献的地区给予某种形式的"补偿"。并且，在大多数情况下表现为相关发达地区对欠发达地区进行"补偿"，以便换取欠发达地区停止以破坏生态为客观后果的经济发展方式，获得整体生态状况的优化。[5] 区际生态补偿的实施，有助于帮助落后地区跳出"贫困—人口膨胀—生态脆弱—环境恶化—贫困"恶性循环的怪圈，[6] 进而缩小区域间社会经济发展的差距。其中，"输血式"区际生态补偿方式的应用，则有利于逐步提升生态利益输出地或生态环境建设地的经济发展能力，[7] 进而缩小其与发达地区之间的发展差距。

---

〔1〕 参见孔志峰、高小萍：《〈生态补偿条例〉编制中的若干关键问题探讨》，载《行政事业资产与财务》2011年第1期。

〔2〕 参见戴朝霞、黄政：《关于生态补偿理论的探讨》，载《湖南工业大学学报》（社会科学版）2008年第4期。

〔3〕 参见林凌：《建立和实施区域生态补偿机制》，载《发展研究》2009年第8期。

〔4〕 参见王昱、丁四保、王荣成：《区域生态补偿的理论与实践需求及其制度障碍》，载《中国人口·资源与环境》2010年第7期。

〔5〕 参见黄晓艳：《环境负效应的生态补偿政策与策略分析》，载《污染防治技术》2014年第2期；梁丽娟、葛颜祥：《关于我国构建生态补偿机制的思考》，载《软科学》2006年第4期。

〔6〕 参见洪尚群、叶文虎等：《区域非均衡增长与协调发展的新思考》，载《生态经济》2001年第4期。

〔7〕 参见王萍：《生态补偿立法正当时》，载《中国人大》2010年第15期。

第二章　京津冀区际生态补偿制度构建的必要性与可行性

一、京津冀区际生态补偿制度构建的必要性

(一)京津冀区域生态环境的一体性为京津冀区际生态补偿制度构建提供了客观性基础

巍巍太行,莽莽燕山,滔滔海河。京津冀虽在行政区域划分上同为相互独立的省级行政区域,但却同处燕山之南、太行之东、海河之系。山同脉,水同源,属于同一生态单元,在生态环境呈现出显著的一体性特征,在生态系统构成、生物物种分布等方面具有高度一致性。生态因子交互作用明显,具体来说,主要体现在以下三个方面:(1)具有明确的生态环境协同保护与生物多样性一体维护的功能;(2)所属生态系统具有一定的自我循环维持、自我调控功能;(3)具有动态的、可持续交换与互相影响的生态特征,人类生产、生活对生态环境及生态系统作用的发生、形成和发展全过程具有区域共生演变特征。[1] 京津冀生态环境是一个整体,无论行政区划如何调整,其一体性都不会改变。[2] 生态环境的一体性决定对于生态环境必须要进行一体性保护与治理,这是京津冀区域社会经济发展中最重要的纽带,环境资源的合理分配、生态利益的公平分享,将直接决定未来三地发展目标的可达程度。实现京津冀生态环境的有效治理,构筑可持续发展屏障是推进京津冀区域社会经济持续、健康、快速发展的关键所

---

〔1〕 参见王双:《京津冀生态功能分异与协同的实现逻辑与路径》,载《生态经济》2015 年第 7 期。

〔2〕 参见李靖:《财政合作助推京津冀协同发展》,载《中国经贸导刊》2014 年第 21 期。

在。归根结底，京津冀三地山水相连，生态相依，你中有我、我中有你，是一个相互依存的生态共同体、利益共同体和命运共同体。[1] 尤其是河北北部地区的张家口市和承德市，其从西、北两个方向环绕京津，构成了京津的天然屏障，在防风固沙、涵养水源等方面发挥了至关重要的作用。

京津冀唇齿相依，地理相连，因同处于一个完整的生态单元，三地在生态环境治理、环境资源利用等方面具有不可分性，在同质性的生态功能前提下，以三地为一个生态整体进行生态保障体系建设将更好地发挥三地生态保护屏障作用，实现生态与经济可持续发展功能的最优化。在生态环境问题上，任何一方都不可能独善其身，而必须是"同呼吸、共命运"，采取统一行动，实行联防联治。[2] 当前亟须建立三地生态协同发展机制，以消除三地在生态环境治理问题上的"各自为政"，进而维护三地统一的生态保障系统功能，[3]而且关键内容就是建立京津冀区际生态补偿制度。因此，京津冀区域生态环境的一体性为京津冀区际生态补偿制度构建提供了强有力的客观性基础。

（二）京津冀区域生态利益分享的不公性为京津冀区际生态补偿制度构建提供了合理性基础

作为京津腹地，河北省对京津冀整体生态环境的维护发挥了至关重要的作用，尤其是河北省北部的张家口、承德地区更是京津的天然生态屏障和水资源地，在水资源供给、生物多样性维护、水土涵养、风沙治理等方面，发挥了至关重要的作用。[4] 以水资源的供给为例，作为严重缺水城市的北京市和天津

---

〔1〕 参见郭隆：《京津冀生态一体化　统一布局　恪守"红线"》，载《北京观察》2015 年第 6 期。

〔2〕 参见罗兰：《三地"拉手"生态治理"加速跑"》，载《人民日报》（海外版）2015 年 8 月 8 日，第 2 版。

〔3〕 参见王双：《京津冀生态功能分异与协同的实现逻辑与路径》，载《生态经济》2015 年第 7 期。

〔4〕 张家口市、承德市均为河北省的下辖地级市。其中，张家口市地处河北省西北部，东靠河北省承德市，东南毗连北京市，南邻河北省保定市，西部地区、西南部地区与山西省接壤，北部地区、西北部地区与内蒙古自治区交界，总面积为 3.68 万平方公里。承德市地处河北省北部，处于华北和东北两个地区的过渡地带，西南部地区与南部地区分别靠着北京市与天津市，背靠内蒙古自治区、辽宁省，省内与秦皇岛市、唐山市两个沿海城市以及张家口市相邻，总面积为 3.97 万平方公里。张承地区（张家口、承德地区）与北京平原是一个自然流域整体，其境内有大清河、潮白河、滦河、永定河、辽河、大凌河等诸多水系，是北京市、天津市的重要供水源地。例如，作为北京市主要水源地的密云水库，其潮白河上游流域面积为 15788 平方公里，集水面积的 80% 在承德市和张家口市。因此，作为上游地区张家口市、承德市两市生态环境建设（保护）状况直接关系到北京市、天津市的生态安全。

市，[1]其水资源保障严重依赖于河北。多年来，河北省向北京市和天津市提供了大量的优质水源，对缓解京津地区工农业及城市生活、生态用水紧张状况发挥了重要作用。有数据显示，天津市用水的93%、北京市用水的80%来源于河北省。[2] 其中，张承地区承担了为北京市、天津市供水的主要责任。“京城一杯水，半杯源赤城。”河北省赤城县65%的面积位于北京市水源保护区内，境内黑、白、红三条河全部流入北京市白河堡水库和密云水库，每年为北京市供水3.47亿立方米，供水量占密云水库进水量的一半，境内云州水库每年秋季为北京送水1700万立方米。[3] 1980年至2000年，承德市年均向潘家口、大黑汀、于桥水库提供地表径流22.12亿立方米。[4] 天津市每年通过引滦入津从潘家口水库分流10亿立方米滦河水，而滦河在枯水年可用水量仅19.6亿立方米，即滦河水的绝大部分被引入了天津市。[5] 而在向京津供水的同时，人均水资源量仅为全国平均水平的河北省又不得不耗费巨资调入黄河水，以保障工农业生产和生活用水之需。[6]

河北省（尤其是张承地区）在为京津生态安全保障和生态环境改善作出突出贡献的同时，也牺牲了自身的经济发展，付出了巨大的社会经济成本，主要体现在以下方面：

---

[1] 需要说明的是，作为“九河下梢”的天津市实际上属于一个“非典型”缺水城市，水资源总量不少，但多为苦咸水（用于景观或生态尚可），直接用于生产、生活的淡水资源严重缺乏。

[2] 参见袁刚、张小康：《政府制度创新对区域经济发展的作用——以京津冀地区为例》，载《行政与法》2014年第8期；赵培红：《城市周边区域跨行政区生态补偿机制探讨》，载《青岛科技大学学报》（社会科学版）2011年第2期。另有数据认为，河北省承担着北京市81%、天津市93.7%的工农业生产和生活用水。参见中共石家庄市委党校课题组：《河北生态补偿制度存在的问题及对策研究》，载《中共石家庄市委党校学报》2014年第7期。

[3] 参见王星、陈泽伟：《生态补偿破解环境冲突》，载《瞭望》2007年第32期。

[4] 参见斯兰：《建立区域生态补偿价值正当时——专访河北省承德市发改委副主任白晓峰》，载《中国改革报》2010年11月22日，第6版。

[5] 参见白丽、王健、刘晓东、张前：《环首都贫困带生态补偿标准探析》，载《广东农业科学》2013年第5期。

[6] 相关数据表明，河北省人均水资源量仅307立方米，为全国水平的1/7，低于500立方米的国际公认的极度缺水警戒线。为解决河北省水资源严重紧缺的问题，从1992年就开始出资兴建了跨省、跨流域引黄入冀工程，在其后的数十年间逐步确定了位山引黄、渠村引黄入冀补淀和潘庄引黄济津3条线路，年均引水数亿立方米。参见《引黄入冀16年　河北引入黄河水35亿立方米》，载中国新闻网：http://www.chinanews.com/df/2011/12-09/3522164.shtml，最后访问日期：2018年4月10日；《河北省将年引6.2亿立方米黄河水“解渴”》，载新华网：http://news.xinhuanet.com/local/2014-02/06/c_119220196.htm，最后访问日期：2018年4月10日。

1. 极大影响了工业发展。为给北京市、天津市提供充足、清洁的水资源及提高北京市、天津市的大气质量，河北省张承地区不断提高企业排污标准，关停众多效益可观而耗水严重和排污标准低的企业。以张家口市为例，其有44%的地域被划入水源保护区，进而严格控制大型工业项目和化工企业的上马。[1] 有数据显示，从1997年起，张家口因实施生态环境治理而停产了277家企业，取缔了517家企业。[2] 仅宣化造纸厂的关闭就使当地每年损失利税5000多万元，致使3000多职工下岗。[3] 在2014年，张家口市就取缔煤炭经营企业812家，关闭整顿矿山84家；压减炼铁产能426万吨、粗钢产能389万吨、水泥产能278.6万吨；削减二氧化硫7688吨、氮氧化物18,280吨；具有95年历史的宣钢一下子就改造淘汰了4座高炉、3座转炉、9台烧结机，投资十几亿元实施了35项节能减排项目。[4] 承德市也是如此，仅在潮白河流域，为保证给北京市提供清洁、充足的水源，先后禁止的工业项目就达800多项，压缩取缔了一大批污染和高用水项目，年减少税收过亿元。[5] 研究数据显示，为治理水污染、保障水安全，近10年来承德市强行关停近400家企业，财政收入损失每年超过1亿元；张家口市关闭600多家污染企业，停止项目20多个，损失几千万元。[6]

2. 造成巨大的农业损失。北京市、天津市风沙源治理、退耕还林还草、“稻改旱”等工程的实施，封山育林及禁牧政策的执行，也很大程度上影响了河北省张家口市、承德市地区农业和畜牧业的发展。[7] 全面禁牧和舍饲养殖政策的实施，使河北省赤城县农户养羊数量由2000年的56万只羊锐减至5万

---

〔1〕 参见牛建宏：《环京津贫困带如何改变?》，载《中国建设报》2006年3月10日，第1版。

〔2〕 参见杨连云：《以深化改革推动京津冀协同发展》，载《经济与管理》2014年第4期。

〔3〕 参见刘桂环、张惠远、万军等：《京津冀北流域生态补偿机制初探》，载《中国人口·资源与环境》2006年第4期。

〔4〕 参见雷汉发：《筑牢京津冀绿色屏障》，载《经济日报》2015年7月13日，第1版。

〔5〕 参见李齐云、汤群：《基于生态补偿的横向转移支付制度探讨》，载《地方财政研究》2008年第12期。另有专家认为，自20世纪80年代以来，承德因关停、放弃相关工业项目所带来的年利税损失达10多亿元。参见宋建军：《海河流域京冀间生态补偿现状、问题及建议》，载《宏观经济研究》2009年第2期。

〔6〕 参见王喆、周凌一：《京津冀生态环境协同治理研究——基于体制机制视角探讨》，载《经济与管理研究》2015年第7期。

〔7〕 参见张淑会：《合作共建维护京津冀区域生态环境》，载《河北日报》2009年8月7日，第2版。

只,[1]当地农户因此而减收5000万元以上。[2] 而“稻改旱”项目的实施,则使赤城县的水稻种植面积由原来的五六万亩削减至五六千亩,收入因此而大幅减少。[3] 承德市也是如此,2002年政府的一纸禁令(潮白河沿岸所有牛羊一律禁止放牧,只能在家圈养)导致山羊饲养总量由200多万只下降到不足100万只,因此造成的经济损失达5.5亿元。[4] 而在1999~2005年,为保护密云水库的水源,承德市损失农业粮食及经济作物达30亿千克,造成直接经济损失40亿元。[5] 另有数据显示,因调整农业生产结构,自2001年以来,承德市年均损失3.75亿元。[6]

3. 投入巨额治理资金,造成沉重财政负担。除工农业所承受的经济损失外,河北省在生态环境的治理上还投入了巨额资金。还以张承地区为例,有专家认为,2000年以来,张家口市仅在防沙治沙领域所投入的生态建设资金就达10多亿元;[7]而从1989年开始,承德市在生态环境治理方面的投入已到数十亿元,年均投入近2亿元。[8]

在环境资源价值观和生态环境价值论的视阈下,生态利益不是免费的公益品,必须要处理好“栽树”与“乘凉”、“打井”与“吃水”的关系。[9] 出于对京津冀整体生态安全的保护,河北省(尤其是张承地区)不仅在工农业生产方面遭受了巨额经济损失,而且投入了巨额资金,无论是基于朴素的公平理念,还是遵

---

[1] 参见王星、陈泽伟:《生态补偿破解环境冲突》,载《瞭望》2007年第32期。

[2] 参见王方杰:《环京津贫困带亟需扶持》,载《人民日报》2006年3月14日,第8版。

[3] 参见云帆:《为“环京津贫困带”指路》,载《中国文化报》2005年11月18日,第4版。

[4] 参见冉君、汪梃、马小玲:《“承德之水”不想再为北京“无私奉献”》,载《中国商报》2004年8月17日。

[5] 参见王喆、周凌一:《京津冀生态环境协同治理研究——基于体制机制视角探讨》,载《经济与管理研究》2015年第7期。

[6] 参见斯兰:《建立区域生态补偿价值正当时——专访河北省承德市发改委副主任白晓峰》,载《中国改革报》2010年11月22日,第6版。

[7] 参见毕树广、边玉花、陶小平:《冀西北贫困成因及完善补偿机制的研究——基于京张生态等合作中问题的调查分析》,载《改革与战略》2010年第8期。

[8] 参见《“承德之水”不想再为北京“无私奉献”》,载中国水网:http://www.hzo-china.com/news/30206.html,最后访问日期:2018年4月10日。因统计口径不同,另有数据显示,2001年以来,承德市年均生态建设投入1.1亿元。参见斯兰:《建立区域生态补偿价值正当时——专访河北省承德市发改委副主任白晓峰》,载《中国改革报》2010年11月22日,第6版。

[9] 参见马存利、陈海宏:《区域生态补偿的法理基础与制度构建》,载《太原师范学院学报》(社会科学版)2009年第3期。

循“谁保护谁受益，谁受益谁补偿”的基本原则，京津两市均应对作为生态环境建设者和生态利益受损者的河北（尤其是张承地区）及相应主体给予必要补偿。虽然从实践来看，北京市、天津市（尤其是北京市）确实也给了河北省一些补偿，[1]但这些补偿不仅是非正式的、临时性的，而且标准太低、远远低于应然之需，可谓“杯水车薪”。“百里潮河川，两岸稻花香。”作为北京市密云水库的主要水源，潮河源于河北省丰宁县，河流两岸地区以水稻种植为主要农业生产项目，高峰时高达12余万亩。为保证密云水库的水量和水质，从2006年开始实行“稻改旱”工程，其核心内容就是将高耗水的水稻种植改为玉米种植，实施面积达10.3万亩，“稻改旱”确实取得了显著的环境效益，承德市每年可节水3550万立方米，张家口市赤城县每年可节水2000多万立方米，每年总节水量相当于5个多西湖，同时也对密云水库二类水质的维护发挥了重要作用，[2]但水稻种植和玉米种植的收益每亩相差900元左右，扣除补贴后，[3]每亩还要减少收入500元，[4]农民每年每户减少2000元左右的收入，甚至导致部分农民出现政策性返贫。[5] 另有研究数据显示，仅3年时间里，承德市在水环境治理方面就实施了256个项目，累计投资达62亿元，而京津两市通过“稻改旱”工程、引滦水源保护治理工程等项目所给予承德市的支持仅为5亿元（其中，北京市支持近4亿元，天津市支持近亿元）。[6]

河北省（尤其是张承地区）为京津生态安全的保障、生态环境的改善以及自然资源的必要供给作出了巨大牺牲，舍弃了应有的发展机会、付出了相当的

---

〔1〕 例如，经多年努力与多轮谈判，2006年10月11日北京市、天津市签署了《北京市人民政府河北省人民政府关于加强经济与社会发展合作备忘录》，其中明确指出：北京市、天津市分两期合作实施密云、官厅水库上游张承地区18.3万亩水稻改种玉米等低耗水作物工程，北京市按照每年每亩450元的标准给予“稻改旱”农民经济补偿；从2005年至2009年5年内，北京市安排水资源环境治理合作资金1亿元，支持密云、官厅两水库上游张承地区治理水环境污染、发展节水产业等。

〔2〕 参见来洁：《从承德看京津冀“生态一体化”之难》，载《经济日报》2015年1月27日，第15版。

〔3〕 “稻改旱”实施之初补偿标准为450元/（亩·年），2008年补偿标准提高到550元/（亩·年）。

〔4〕 参见李齐云、汤群：《基于生态补偿的横向转移支付制度探讨》，载《地方财政研究》2008年第12期。另有研究者认为，“稻改旱”项目的实施，将使农民每亩减少400元左右。参见来洁：《从承德看京津冀“生态一体化”之难》，载《经济日报》2015年1月27日，第15版。

〔5〕 参见王喆、周凌一：《京津冀生态环境协同治理研究——基于体制机制视角探讨》，载《经济与管理研究》2015年第7期。

〔6〕 王思力、李建成：《承德加快京津冀跨区域生态文明建设》，载《河北经济日报》2017年2月25日，第1版。

经济成本、投入了巨大精力，依据基本的公平理念和“谁受益谁补偿，谁保护谁受偿”的基本原则，作为受益者的北京市、天津市理应对河北省（尤其是张承地区）予以应有补偿。[1] 目前，所实施的以行政调控为主要特征的区域资源分配模式不仅不能实现外部效应的内部化，反而会削弱京津冀地区实施生态建设、优化产业结构的能力，而且有违社会公正。[2] 为改变这种状况，亟须建立正式的京津冀区际生态补偿制度，以矫正生态利益分享的不公。

（三）京津冀区域生态空间的狭小性及局部生态环境的恶化之势为京津冀区际生态补偿制度构建提供了紧迫性基础

地处环渤海区域“心脏”地带、位于中国版图“咽喉”部位的京津冀，以不到全国2.3%的国土面积承载了8%的人口，贡献了11%的经济量，[3]是一个了不起的成绩。但同时，也深受生态空间狭小、资源供给不足的羁绊。较之于长三角、珠三角，作为中国区域经济发展第三极的京津冀，其生态环境承载力最脆弱，环境资源问题已成为制约京津冀协同发展的“最大的短板”，其生态压力已临近或超过生态系统承受阈值。[4] 这一认识已越来越明确，制约京津冀协同发展的最大“瓶颈”就在于生态环境压力。[5] 以水资源为例，京津冀区域属于资源型缺水地区，是我国缺水最严重的地区之一，水资源负荷严重超载，人们的吃水和工农业用水正在与环境争水、与生态争水、与后代争水。[6] 2010年京津冀地区水资源总量为171.2亿立方米，占全国水资源总量的0.56%，人均水资源拥有量为163.75立方米，不足国际人均水资源占有量（1000立方米）的

---

〔1〕 参见于彦梅、耿保江：《论京津冀区际生态补偿制度的构建》，载《河北科技大学学报》（社会科学版）2012年第4期。

〔2〕 参见焦跃辉、李婕：《环京津区域生态补偿机制的创新》，载《经济论坛》2008年第4期。

〔3〕 京津冀地区土地面积21.6万平方公里，占全国面积的2.3%；2014年京津冀地区常住人口1.11亿人，占全国的8.1%；2014年京津冀三地GDP总量达到66,474.5亿元，占全国的10.4%，地方公共财政预算收入为8863.8亿元，占全国的11.7%。参见北京市统计局、国家统计局北京调查总队：《京津冀协同发展稳步推进产业、交通、生态一体化初见成效》，载北京统计信息网：http://www.bjstats.gov.cn/zxfb/201601/t20160129_335558.html，最后访问日期：2018年4月10日。

〔4〕 参见彭文英：《构建京津冀生态环保一体化格局》，载《中国环境报》2014年6月24日，第2版。

〔5〕 参见商棠：《对话、对接，京津冀走向深度融合》，载《河北经济日报》2014年5月17日。

〔6〕 参见杜芳：《三地互动　共护一泓清水——京津冀协同治水调研》，载《经济日报》2014年9月26日，第15版。

20%。[1] 地表水严重不足使地下水成为京津冀最主要的水源。“京津冀地区平均年供水量为278亿立方米,一般枯水年约255亿立方米,其中,地下水占供水量的70%。”[2]1980年以来,京津冀平原地区地下水累计超采1550亿立方米,目前北京市、天津市、河北省每年分别超采达65亿立方米、2.5亿立方米、59.6亿立方米;最近10年,京津冀平原区地下水平均埋深从11.9米下降到24.9米,年均下降1.1米。过度超采导致京津冀乃至整个华北平原已形成世界上最大的地下水漏斗,地下水应急储备功能严重受损。[3] 除地下水严重亏空外,地表水同样告急,作为京津冀东北部区域的4条重要河流,滦河、蓟运河、潮白河、北运河在20世纪60年代年均干涸天数为4天,而到21世纪初年均干涸天数骤增至321天,年均河道干涸长度占河道总长度的比例由8.6%上升到56%,年均河道断流天数由44天增加到345天,基本出现“有河皆干”的局面。20世纪90年代,滦河和海河水系年均入海水量分别为19.9亿立方米和14.2亿立方米,与20世纪50年代相比分别减少了49.2亿立方米和40.6亿立方米。[4]

除生态空间狭小、环境资源约束持续加大外,京津冀环境污染问题十分严重,且局部地区生态环境有趋于恶化的趋势。2014年3月25日中国环境保护部发布的《2013年重点区域和74个城市空气质量状况》指出,京津冀区域共13个地级及以上城市,空气质量平均达标天数比例为37.5%,比74个城市平均达标天数比例低23个百分点,有10个城市达标天数比例低于50%,首要污染物为$PM_{2.5}$,其次是PM_{10}和O_3。京津冀区域所有城市$PM_{2.5}$和PM_{10}年平均浓度均超标,区域内$PM_{2.5}$年平均浓度为106微克/立方米,PM_{10}年平均浓度为181微克/立方米;SO_2年平均浓度为69微克/立方米,6个城市超标;NO_2年平均浓度为51微克/立方米,10个城市超标;CO按日均标准值评价有7个城市超标;

---

〔1〕 参见王坤岩、臧学英:《京津冀地区生态承载力可持续发展研究》,载《理论学刊》2014年第1期。

〔2〕 杜芳:《三地互动　共护一泓清水——京津冀协同治水调研》,载《经济日报》2014年9月26日,第15版。

〔3〕 参见吴斌:《关于京津冀生态保护和建设的几点思考——北京生态文化体系建设的战略思考》,载《绿色与生活》2015年第4期。

〔4〕 参见斯兰:《建立区域生态补偿价值正当时——专访河北省承德市发改委副主任白晓峰》,载《中国改革报》2010年11月22日,第6版。

O_3按日最大8小时标准评价有5个城市超标。可以说京津冀地区是全国空气污染最为严重的区域。[1] 除空气污染、雾霾锁城外,水污染、水环境恶化也是京津冀区域所存在的重要环境问题之一。京津冀是海河流域水资源开发程度最高且水污染最严重的区域,水污染问题已成为制约京津冀社会经济发展的最大短板之一。除上游山区及滦河水系之外,基本上没有自然径流,国控断面中劣Ⅴ类断面占到44.3%,断面60%以上超标。[2] 20世纪90年代,官厅水库就因水质恶化而不得已从城市生活饮用水体系中退出,[3]而如今潘家口、大黑汀水库的水质恶化则直接危及下游地区饮用水安全。[4] 此外,沙尘问题及局部地区土地沙漠化问题也值得关注。例如,距离北京72公里,处于北京市近郊官厅水库附近的河北省怀来县龙宝村的天漠沙丘,每年降沉10万吨的黄沙,形成近1万平方公里的沙丘,沙尘直接影响北京市。[5] 而到北京直线距离只有100多公里的丰宁坝上沙漠化地区,现在正以每年3公里多的速度向北京市方向推进。[6]

污染问题严重、生态环境恶化的原因是多方面的,但其中,一个制度层面的

---

〔1〕 参见《环境保护部发布2013年重点区域和74个城市空气质量状况》,载环境保护部网:http://www.mep.gov.cn/gkml/hbb/qt/201403/t20140325_269648.htm,最后访问日期:2018年4月10日。

〔2〕 参见郭倩倩、耿海清、任景明:《以一体化破解京津冀环境问题》,载《中国环境报》2014年6月17日,第2版。

〔3〕 官厅水库在位于河北省张家口市和北京市延庆县界内,于1951年10月动工,1954年5月竣工,是新中国成立后建设的第一座大型水库;主要水流为河北怀来永定河,水库运行40多年来,为防洪、灌溉、发电发挥了巨大作用。官厅水库曾经是北京主要供水水源地之一。20世纪80年代后期,库区水受到严重污染,90年代水质继续恶化,1997年水库被迫退出城市生活饮用水体系。

〔4〕 潘家口水库位于河北省唐山市与承德市的交界处,是整个引滦工程的源头,总库容为29.3亿立方米。一期工程自1975年10月主体工程动工,至1985年基本竣工。大黑汀水库位于唐山市迁西县城北5000米的滦河干流上,是跨流域向天津市、唐山市及其所属县区引水的大型骨干工程之一,其作用是承接上游潘家口水库调节水量,抬高水位,下接引滦入还、引还入陡及引滦入津渠道,为唐山市、天津市及滦河下游工农业及城市用水提供水源。引滦入津工程及潘家口、大黑汀两座水库自建成以来,从国家到河北、天津各级政府均对水源地保护工作高度重视,在污染源治理、水功能区监督管理、库区管理等方面采取了多项措施,但水源地生态环境一直未见有显著好转,甚至近年来,局部还有恶化趋势。其根本性原因就在于,因京津冀区际生态补偿机制尚未建立而致上下游利益不仅一直未予理顺,而且有矛盾日益尖锐的趋势。一个典型的例证就是,因生态环境建设(保护)行为和环境资源输出未得到应有补偿,库区居民生态环境建设(保护)的积极性极大受挫,"为外人保水"的观念虽明显错误但也是客观事实。

〔5〕 参见赵培红:《城市周边区域跨行政区生态补偿机制探讨——以环京津贫困带为例》,载《青岛科技大学学报》(社会科学版)2011年第2期。

〔6〕 参见冉君、汪梃、马小玲:《"承德之水"不想再为北京"无私奉献"》,载《中国商报》2004年8月17日。

关键原因就在于,京津冀三地之间在生态利益分享和环境资源配置上存在显著不公、在生态环境治理上缺乏应有协同,生态利益受益者未支付相应对价不仅有失公平且助长其对生态利益的过度利用,生态环境保护(建设)者或生态利益受损者未获得应有补偿不仅会挫伤其保护生态环境的热情,而且会促使其为获得生存与发展之需追求经济发展而置生态环境破坏于不顾。"环境污染无地界。"在环境污染的防治上,京津冀三地不应各自为政、画地为牢,任何一地都无法靠自己的力量独善其身,环境污染治理并非一城一地可以解决的,[1]因此,必须要实现生态环境的协同治理,否则,不仅会导致治理成本的大幅提高,而且会因污染物的传输而极大抵消治理的成效。[2]《京津冀发展报告(2015)》指出,基于缓解经济发展与生态保护之间尖锐矛盾的考虑,亟须从完善制度入手,尽快建立京津冀生态环境共建共享机制。[3] 而实现京津冀区域生态环境协同治理的关键环节之一、建立京津冀生态环境共建共享机制核心内容之一,就是要建立健全京津冀区际生态补偿制度。[4]

(四)京津冀区域社会经济发展差距过大及区域协调不力为京津冀区际生态补偿制度构建提供了现实性基础

京津冀一直被视为继长三角、珠三角之后中国区域经济发展的第三极。2015 年 7 月 9 日北京市统计局、国家统计局北京调查总队,首次发布的京津冀三地社会经济发展统计数据显示,2014 年京津冀三地 GDP 总量达到 66474.5 亿元,占全国的 10.4%;京津冀地区常住人口为 1.11 亿人,占全国的 8.1%;京津冀三地地方公共财政预算收入为 8863.8 亿元,占全国的11.7%。[5] 但与经济、人口、财政收入总量呈显著对比的是,京津冀区域社会经济发展呈显著不平衡性,三地差距较大,尤其是河北省与京津两市发展差距过大,远没有实现一体化:从人均 GDP 看,2014 年北京市、天津市人均 GDP 均超 1.6 万美元,而河北

---

〔1〕 参见宋涛:《运用市场机制推进京津冀环保一体化》,载《中国环境报》2014 年 6 月 11 日,第 2 版。

〔2〕 参见刘杨:《京津冀治理一体化需有区域性法规》,载《中国环境报》2014 年 6 月 20 日,第 2 版。

〔3〕 参见史波涛:《京津冀生态环境应"共建共享"》,载《首都建设报》2015 年 4 月 20 日,第 3 版。

〔4〕 参见王星、陈泽伟:《生态补偿破解环境冲突》,载《瞭望》2007 年第 32 期。

〔5〕 参见北京市统计局、国家统计局北京调查总队:《京津冀协同发展稳步推进产业、交通、生态一体化初见成效》,载北京统计信息网:http://www.bjstats.gov.cn/zxfb/201601/t20160129_335558.html,最后访问日期:2018 年 4 月 10 日。

省仅为6500余美元，不足北京市、天津市的1/2；从产业结构来看，北京市以三产为主，比重达到77.9%，并呈明显的高端化趋势，天津市、河北省二产比重仍在一半左右，分别为49.4%和51.1%；从城镇化率来看，京津冀三地城镇化率分别为86.4%、82.3%和49.3%。综合判断，北京市已进入后工业化阶段，天津市处于工业化阶段后期，而河北省尚处于工业化阶段中期。[1] 更甚者，在环京津的河北省部分地区还形成了一条贫困带。2004年8月17日亚洲开发银行公布的《河北省经济发展战略研究》首次提出，"环京津地区目前还存在大规模贫困带"。这条环京津贫困带位于河北省境内，分布于张家口市和承德市的燕山与坝上、保定铁路以西的太行山区及沧州市的黑龙港流域，包括32个贫困县、3798个贫困村，总面积为8.3万平方公里，贫困人口达272.6万，其中，国家扶贫工作重点县（区）26个，省级扶贫工作重点县6个。改革开放初期，该32个环京津贫困带的县域经济与北京市、天津市的远郊15县基本处于同一发展水平，但是在改革开放20多年后，两者之间的经济社会发展水平形成了巨大落差。2004年环京津贫困带31个县的县均GDP仅为北京市、天津市远郊15县区的16.3%，而农民人均纯收入、人均GDP、人均地方财政收入仅分别为北京市的30.2%、16.0%、1.9%，为天津市的33.1%、18.7%、2.3%。从北京市到河北省张承地区，不过百公里的路程，但在那里看到的是与北京市、天津市天壤之别的景象：住的还是土坯房、茅草房，粮食种植还基本是"靠天收"，小病扛着、大病拖着，等等。[2] 此外，由于北京市、天津市"大都市病"的扩散，环京津贫困带还在相当程度上被动承担了北京市、天津市两市的"垃圾箱功能"：大量来自北京市、天津市的固体废物（城市垃圾）催生了固体废物处置（再生资源）产业，但因环保监管不力而普遍存在规模小、能耗高、污染重等问题，进而恶化

---

〔1〕 参见北京市统计局、国家统计局北京调查总队：《京津冀协同发展稳步推进产业、交通、生态一体化初见成效》，载北京统计信息网：http://www.bjstats.gov.cn/zxfb/201601/t20160129_335558.html，最后访问日期：2018年4月10日。

〔2〕 相关论述可参见孙东辉：《"环京津贫困带"凸显区域经济发展障碍》，载《中国经济时报》2005年8月19日，第1版；范军利、晓晰：《"环京津贫困带"难题待解》，载《中国改革报》2005年8月22日，第7版；黄春景：《"环京津贫困带"考验政府善治能力》，载《中国信息报》2005年8月26日，第2版；张蕾：《"环京津贫困带"敲响和谐发展警钟》，载《农民日报》2005年8月27日，第2版；鲁达、潘海涛：《"环京津贫困带"发出警示之言》，载《中国改革报》2005年9月19日，第2版；王方杰：《环京津贫困带亟需扶持》，载《人民日报》2006年3月14日，第8版等。

了当地的生态环境。[1]

京津冀区域社会经济发展差距过大、环京津贫困带的现实存在与持续恶化不仅导致京津冀区域生态环境治理“内卷化”效应明显，而且对京津生态安全的维护构成巨大威胁：

(1)区域社会经济发展巨大差距的存在导致身为贫困落后地区的生态环境支撑区无力进行大规模生态建设。[2] 因经济发展滞后、政府财力有限，河北省(尤其是张承地区)无力进行大规模的生态环境治理工程，无力践行京津冀区域生态环境支撑区、京津生态屏障、京津生态涵养功能区的区域定位。生态建设具有投资大、周期长、短期内难以见效的特点，京津冀区域生态环境的建设与改善亦是如此，作为京津冀生态环境支撑区、作为京津生态屏障、自然资源供给地，因经济发展滞后、贫困问题尚存，仅靠河北省及其所辖地区的力量是无法完成京津冀生态环境治理重任的，经济发展不力将使其生态环境治理工作难以为继。例如，按照《京津冀协同发展生态环境保护规划》要求，河北省重点生态修复工程项目初步匡算，投资就在万亿元以上，仅靠河北省的财力远远不够。[3] 为确保京津冀区域空气质量得到不断提升、有效防治京津冀区域大气环境污染，河北省于 2014 年提出了以压缩产能为核心内容的“6643”工程，即“2017 年前，压减钢铁产能 6000 万吨、水泥 6000 万吨、煤炭 4000 万吨、平板玻璃 3000 万标准重量箱”。粗略估算，河北省将因“6643”工程的实施而减少几千亿元的 GDP 和几百亿元的财政收入，流失约 100 万个工作岗位，而这些损失仅由河北省来承担恐怕是不行的。[4] 对于环京津的河北省经济欠发达地区更是无法仅仅依靠自身力量来承担日益提高的生态建设任务要求。[5] 因此，应建立京津冀区际生态补偿制度，由作为生态利益受益者且经济发达的北京市、天津市分担京津冀区域生态环境的建设成本，以解决生态建设所需资金、缓解

[1] 参见张化冰：《三人行——京津冀城市圈生态一体化之再生资源产业链协作》，载《资源再生》2015 年第 3 期。

[2] 从京津冀区域内发展的实际情况来看，作为京津冀生态环境支撑区、生态涵养区的张家口市、承德市等地又多为京津冀贫困落后地区。

[3] 参见王胜男、田新程：《京津冀协同应建立生态环保基金》，载《中国绿色时报》2015 年 3 月 17 日，A02 版。

[4] 参见曾宪植：《打破思维定式 实现京津冀协同发展》，载《求知》2014 年第 9 期。

[5] 参见焦跃辉、李婕：《略论环京津区域生态补偿机制的创新》，载《商场现代化》2009 年第 6 期。

生态环境支撑区的压力，进而助推京津冀区域生态环境建设工作的深入，并最终实现京津冀区域社会经济的协同发展。

(2)区域社会经济发展巨大差距的存在会危及区域生态安全。因促进经济发展、改变贫困状态、提升生活质量的需求，河北省个别地方政府、部分群众可能会将经济发展置于生态保护之优先地位，由此导致区域生态环境恶化、区域生态安全受损。京津冀社会经济发展差距过大，尤其是环京津贫困带的存在，直接影响京津冀整体生态环境的改善，甚至会危及京津的生态安全。研究发现，环京津贫困带在经济上已经与京津地区拉开很大差距，成为中国东部沿海最贫困的地区之一。并且，贫困带所带来的不仅仅是贫困，其不但对区域经济发展不利，甚至对京津生态安全也不利。环京津贫困带已经造成了区域环境恶化、河湖干枯断流、湿地山泉消失等严重生态问题，导致京津冀区域生态环境持续恶化，进而严重威胁着京津冀供水安全和大气环境质量改善。如果没有周边的发展，北京市、天津市就是一片孤岛，其长期、持续发展是不可能的。[1] 北京市多次供水危机和应急调水，天津市、唐山市频繁出现供水水荒，官厅水库失去饮用水质功能等，均与环京津贫困带的贫困性生态问题有直接关系。[2] 只有京津冀社会经济发展差距缩小，区域社会经济实现协调发展，才能巩固生态环境治理已取得的成果，才能遏制京津冀区域生态环境的恶化，才能提升京津冀区域生态环境治理水平，进而助推京津冀区域社会经济可持续发展目标的实现。北京市、天津市生态危机的化解、生态安全的维护必须与河北省社会经济的发展、生态保护区人民的脱贫致富相结合，唯有此，才能有效巩固生态环境治理的成果，并有效提升京津冀区域生态环境的治理水平。[3] 由此决定，基于实现京津冀区域协同发展的考虑，回应消除环京津贫困带、提高生态涵养功能区民众生活质量水平的现实需求，当前亟须建立京津冀区际生态补偿制度及其他区域生态环境协同治理相关机制，以调动有关地区投身生态建设的积极性、提

---

〔1〕 参见鲁达、潘海涛:《"环京津贫困带"发出警世之言》，载《中国改革报》2005 年 9 月 19 日，第 2 版。

〔2〕 参见郭倩倩、耿海清、任景明:《以一体化破解京津冀环境问题》，载《中国环境报》2014 年 6 月 17 日，第 2 版。

〔3〕 参见刘娟、刘守义:《京津冀区域生态补偿模式及制度框架研究》，载《改革与战略》2015 年第 2 期。

高有关地区进行生态环境治理的能力、保障其应有的发展权利，进而推进京津冀区域生态环境的治理与改善。

环京津贫困带是我国少有的经济贫困、水源保护、生态脆弱等多重耦合区。地处京津上风上水的冀北、冀西地区是京津的生态屏障、水源涵养地、风沙重点治理区，其贫困形成原因复杂，但其因保护生态环境所造成的损失未得到应有补偿，应是经济发展受到影响、差距逐渐扩大的重要原因所在。作为京津冀生态环境支撑区，河北省在生态环境治理方面的责任重大，河北省为改善京津冀区域生态环境、保障京津生态安全作出了巨大贡献。尤其张承地区，其承担北京市、天津市治沙防沙、涵养水源等重任，为保护北京市、天津市生态安全、提供充足水资源和清洁空气，不仅投入了巨额治理资金，而且对资源开发和工农业生产进行了严格限制，以限制自身发展的方式承担了环境保育和生态建设责任，这在客观上严重制约了其经济和社会的正常发展。〔1〕 但是，北京市、天津市对此并未给予应有的补偿，为生态建设所付出的社会经济成本、牺牲经济发展机会的代价未得到相应体现，〔2〕并由此导致经济发展差距的拉大和环京津贫困带的形成。“引滦入京”就是典型的例子。30 多年前，为了让天津人民不再喝苦咸水，“引滦入津”工程启动，这是我国第一个跨区域引水工程。在将清澈的滦河水引入天津市的同时，成千上万的库区居民却不得已放弃了赖以生存的优质良田，举家搬迁，但其并未因此得到应有的补偿，如今，在“引滦入津”工程起点的潘家口水库，留守在库区的几万渔民生活仍然处于极度贫困中。〔3〕而多年来，为北京市、天津市生态安全保障、社会经济发展作出巨大贡献的张承地区，却因生态环境治理重任而不得放缓经济发展的步伐。据统计，目前张家口市还有 94.76 万贫困人口，11 个县区被列入国家扶贫开发重点县（区），9 个县属于燕山—太行山特殊困难片区，急需加快脱贫致富。〔4〕 而承德市 8 个县仍然还是国家和省扶贫开发重点区域，发展经济与保护生态环境矛盾突出。〔5〕

---

〔1〕 参见于彦梅、耿保江：《论京津冀区际生态补偿制度的构建》，载《河北科技大学学报》（社会科学版）2012 年第 4 期。

〔2〕 参见秦夕雅、郑娜、薛丹丹：《大气污染倒逼京津冀“环保一体化”先行》，载《第一财经日报》2014 年 7 月 16 日，A04 版。

〔3〕 参见来洁：《从承德看京津冀“生态一体化”之难》，载《经济日报》2015 年 1 月 27 日，第 15 版。

〔4〕 参见端然：《京津冀生态补偿制度亟待完善》，载《经济日报》2014 年 9 月 2 日，第 14 版。

〔5〕 参见贺勇：《碳交易能否破解生态补偿难题？》，载《环境经济》2014 年 Z2 期。

"想让马儿跑,又不给马儿吃草,是不行的";"保护优先并不等于完全牺牲发展"。[1] 当前,在京津冀区域,生态利益的分享和环境资源的分配仍然是由行政调控和行政命令主导,生态利益和环境资源的价值未得到应有的体现,呈低价甚至无偿配置状态,为区域生态环境建设(保护)作出贡献、蒙受损失的重点生态功能、生态涵养区并未得到应有补偿。这种以行政调控为主导的区域生态利益分享和环境资源配置模式,是以牺牲生态利益受损地区、生态环境建设(保护)地区的发展权乃至生存权为代价的。其不能实现外部效应的内部化,由此不仅会削弱生态利益受损地区、环境资源输出地区优化产业结构、实施生态建设、发展社会经济的能力,而且最终可能会导致该地区陷入经济贫困、生态恶化、社会不稳定的积重难返境地。[2] 从一定意义上来讲,经济利益是环境保护的基础和保障,就京津冀而言,若三地不能形成京津冀利益共同体,其很难真正实现生态环境的协同治理(一体化)。[3] 由此决定,当前亟须遵循公平的基本理念和依据"谁受益谁补偿,谁保护谁受偿"的基本原则建立京津冀区际生态补偿制度,对生态保护区的经济付出及发展机会丧失予以应有补偿,以调动生态保护区的积极性、强化区域生态环境承载能力,进而实现京津冀区域的繁荣发展。[4]

(五)京津冀区域生态环境治理效益显著的地区差别为京津冀区际生态补偿制度构建提供了经济性基础

京津冀地缘相接,人缘相亲,共处同一个生态单元,由此决定,在生态环境保护问题上,任何一方都不可能独善其身。[5] "要想实现京津冀地区天蓝水净、地绿山青的生态目标,修复河北省的生态是成本最低、成效最大的路径选

〔1〕 端然:《京津冀生态补偿制度亟待完善》,载《经济日报》2014 年 9 月 2 日,第 14 版。

〔2〕 参见焦跃辉、李婕:《略论环京津区域生态补偿机制的创新》,载《商场现代化》2009 年第 6 期。

〔3〕 参见张化冰:《三人行——京津冀城市圈生态一体化之再生资源产业链协作》,载《资源再生》2015 年第 3 期。

〔4〕 参见赵培红:《城市周边区域跨行政区生态补偿机制探讨——以环京津贫困带为例》,载《青岛科技大学学报》(社会科学版)2011 年第 2 期。

〔5〕 参见毕淑娟:《城市空气质量达标率低　倒逼京津冀协同发展》,载《中国联合商报》2014 年 8 月 18 日。

择。”中国农工民主党中央提交的一份提案这样写道。[1] 其原因主要有三：(1)较之于北京市、天津市，河北省的地域范围要广阔许多，由此决定其生态空间更大，在生态环境保护和治理方面可回旋的余地、提升的空间更大。(2)河北省在京津冀中区位特殊，河北省是京津腹地，以张家口市、承德市等为代表的河北省部分地区则系京津冀的生态涵养地和生态功能支撑区，由此决定，在河北省(尤其是张承地区)大力开展生态环境治理与建设的成效更为显著。另外，因北京市、天津市面积十分有限且完全被河北省环绕其中，若在治霾等方面无法做到京津冀一体化，那么北京市、天津市的巨额投入也会被河北省的污染消化殆尽。[2] (3)河北省在社会经济发展方面与北京市、天津市还存在较大差距，产业结构和工业化水平严重滞后，由此决定，河北省在调整产业结构以促进生态环境治理问题上的投入与产出比更高。具体而言，当前，以钢铁、水泥、化工等为代表的第二产业在河北省产业结构仍处于主导地位，且产业现代化水平还较低，第一产业的比重和总量也比北京市、天津市高出不少，第三产业发展则较北京市、天津市要滞后许多。产业结构的不合理、产业结构的滞后，也就意味产业现代化改造和产业结构优化调整的空间更大，体现在生态环境保护方面则意味着较之于北京市、天津市，对于河北省同样的财力投入会取得更高生态效益。以燃煤污染控制为例，燃煤是京津冀大气污染的主要来源之一，但在煤炭利用方面，京津冀之间存在巨大差别：从利用总量来看，公开的数据显示，2012年京津冀煤炭利用高点时，北京市年利用煤炭2200万吨，天津市年利用煤炭5000万~6000万吨，而河北省年利用煤炭则接近3亿吨；[3] 从利用工艺来看，北京市的燃煤机组基本上已采取了最先进的技术，天津市的设备水平也相当先进，而河北省的燃煤小锅炉和用煤小工业还很多。由此决定，河北省在燃煤方面的污染物排放量要比北京市、天津市大很多倍。也正因如此，在“气改煤”等

---

〔1〕 参见王胜男、田新程：《京津冀协同应建立生态环保基金》，载《中国绿色时报》2015年3月17日，A02版；吕林：《农工党中央建议：建立京津冀协同发展生态环境保护基金》，载《中国冶金报》2015年3月14日，第2版。

〔2〕 参见吕斌：《雾霾下的京津冀》，载《法人》2014年第4期。

〔3〕 参见《发改委：2017京津冀煤炭消费量比2012年减16.49%，有助淘汰落后产能》，载网易财经：http://money.163.com/15/0114/13/AFU41R6B00253B0H.html，最后访问日期：2018年4月10日。

燃煤减量措施上的运用方面,[1]关键在于河北省,因为即使北京市每年所用煤炭全部替换成天然气,但只要河北省的情况没有改善,那么北京市污染依旧。[2] 此外,在其他方面也是如此。2012年北京的人均二氧化硫排放量在全国处于较低水平,仅次于西藏自治区和海南省,而天津市、河北省则分别比北京市高2.5倍和3.1倍;人均氮氧化物排放量,北京市仅次于四川省,天津市、河北省比北京市高1.8倍左右,属于全国排放强度比较高的水平。[3] 京津冀区域生态环境的治理是一个系统性工程,而其重点和难点无疑应在河北省。[4]较之于北京市和天津市,河北省在生态环境治理方面空间较大,且投入与产出的效益较高。因此,基于提升京津冀区域生态环境治理整体效率的考虑,在北京市和天津市生态环境治理提升空间日渐缩小、生态环境治理成本显著增加而河北省生态环境治理难度日益加大、生态环境治理负担较沉重的情况下,在明确河北省生态环境治理任务、设定河北省生态环境治理目标的基础上,通过建立京津冀区际生态补偿制度,由北京市和天津市对河北省予以经济补偿以帮助进一步深入推进生态环境治理,进而实现京津冀区域生态环境的整体改善,显然是非常合理、有效的选择。

二、京津冀区际生态补偿制度构建的可行性

作为生态补偿的新类型、区域生态环境治理的新模式、协调区域社会经济关系的新探索,区际生态补偿通过经济利益的再调整、再分配以矫正地区间环境资源分配和生态利益分享的不公,对区域生态环境的治理与改善具有十分重要的意义。但从实际情况来看,区际生态补偿实践虽早已启动,但总体上处于“说多做少”的状态,并且陷入基本上“跨不出省”的尴尬境地。这是对区际生态补偿实践的整体描述。就京津冀区际生态补偿而言,正如上文所述,京津冀

---

[1] 《北京市2013~2017年清洁空气行动计划》中提出“实现电力生产燃气化”来关停现有的燃煤机组,意味着天然气将优先供应北京市。但因为北京市的燃煤机组已经采用了最先进的工艺,污染物排放量相对于河北省的小锅炉和小工业的散烧煤炭要小得多,所以,即便这一计划完全落实,对于京津冀大气治理的贡献度也不会太大。相反,天然气如果优先供应河北省,那么治霾可以起到事半功倍的效果。

[2] 参见吕斌:《雾霾下的京津冀》,载《法人》2014年第4期。

[3] 参见宋强:《京津冀协同发展背景下的环境问题及解决对策》,载《中国经贸导刊》2014年第24期。

[4] 参见雷汉发:《京津冀协同发展河北如何做》,载环球网:http://finance.huanqiu.com/data/2014-04/4963402.html,最后访问日期:2018年4月10日。

区域生态环境的一体性为京津冀区际生态补偿制度的构建奠定了客观性基础，而京津冀区域生态利益分享的不公、京津冀生态空间狭小及局部生态环境的恶化、京津冀区域社会经济发展的巨大差距以及京津冀区域生态环境治理效益显著的地区差别，则为京津冀区际生态补偿制度的构建提供了合理性、紧迫性、现实性以及经济性基础。总之，无论是从理论上还是从实践上讲，都亟须建立正式的京津冀区际生态补偿制度。但“理想很丰满，现实却很骨感”，与区际生态补偿实践的整体状况相同，京津冀区际生态补偿实践虽早已启动，但受区域分割与自立、政策模糊且缺乏连续、法律依据缺失、区域协同发展意识薄弱等因素所限，京津冀区际生态补偿一直是问题多多，更为关键的是京津冀区际生态补偿制度的建立长时间处在谋划阶段，在制度上尚未正式破题。突出表现为，目前，京津冀三地之间尚缺乏固定的、常态化的利益分享和补偿机制，大部分合作以协议、项目或一事一议的形式进行，并多以支持和补偿“名目”实施，有很大的不稳定性。[1] 从京津冀三方的态度来看，作为区域生态利益受益者的北京市和天津市坐享现有的诸多环境便利，却未向作为区域生态利益受损者和生态环境建设者的河北省（尤其是张承地区）主动进行应有补偿；而作为区域生态利益受损者和区域生态环境建设者的河北省虽对区际生态补偿极其渴望和迫切，但因制度保障缺位而在与北京市和天津市博弈过程中缺少必要的筹码和实力，其诉求缺乏有效回应。即便就京津冀区域生态环境保护与治理的总体状况而言，社会经济发展与生态环境保护之间的矛盾亦十分尖锐，突出体现为尚未建立完善的生态环境共建共享有效机制，未能实现成本共担、收益共享的良好效应，进而影响区域的和谐发展。其根本原因就在于，受行政区划障碍所限，地方利益分割化制约了系统性的生态治理，区域内统一协调机制的缺失及较高的地方自发协商成本使很多已有的国家级生态工程的可持续性得不到有效保障，各类区域性政策的实施效果也并不显著。[2] 就京津冀区域社会经济协同发展而言，京津冀是全国省级行政区划切割最严重、体制性障碍最突出的地区之一，不仅生态环境建设长期以来一直处于各自为战的状态，而且在社会经济发展方

---

〔1〕 参见崔向华、王喆：《探索体制机制创新推进京津冀协同发展》，载《中国经贸导刊》2014 年第 34 期。

〔2〕 参见王喆：《协同治理京津冀生态困局：中央政府、地方政府各负其责》，载《中国经济导报》2015 年 5 月 16 日，B01 版。

面，三地基本上各自为界，没有形成优势互补，联合也没有出现实质性的进展，致使京津冀区域经济社会协调发展较之珠三角、长三角要滞后许多。[1] 有专家曾尖锐地指出，京津冀区域在协同发展问题上之所以长期裹足不前，其原因在于三地没有突破利益的纠葛，在认识上还远没有到位：作为京津冀区域发展主导者的北京市，主要关注于区域环境资源分配和生态利益的分享，突出表现为需要河北提供其发展所需的优良生态环境和充足清洁水资源；作为京津冀区域发展重要力量的天津市，则更多地关注自身社会经济的发展，一个典型的表现就是一心一意只想向东发展滨海新区；作为京津冀区域发展中处于从属地位的河北省，虽然对协同发展最热心、最积极，迫切希望得到北京市和天津市在资金、项目和人才等方面的大力支持，但始终是一厢情愿。[2]

总之，当前来看，京津冀区域社会经济协同发展这一"宏观命题"、京津冀区域生态环境协同治理这一"中观命题"以及京津冀区际生态补偿实施这一"微观命题"都存在不少的问题，但这是否就意味着这些"命题"无法化解？答案显然是否定的。命题的提出实际上就已经迈出了解决问题的"第一步"，而京津冀协同发展这一重大国家战略的确立则为问题的解决提供了顶层设计并指明了方向。在这里，无法对京津冀区域社会经济协同发展和京津冀区域生态环境协同治理这两个命题的化解进行深入探讨，但仅就京津冀区际生态补偿而言，目前其已经具备了建立正式制度的坚实基础，主要体现在以下几个方面：

（一）前期探索奠定经验基础

京津冀区际生态补偿虽在正式制度层面还没有"破题"，但在实践中却早有探索。从开始时间来看，一般认为，京津冀区际生态补偿实践起源于 20 世纪 90 年代中期，如在 1995 年，北京市与承德市共同组建经济技术合作协调小组及水源保护合作等 7 个专业合作小组，建立对口支援关系。从适用范围来看，京津冀区际生态补偿以水资源保护和利用为核心，涉及农业节水、水污染治理、小流域治理、水源涵养、水资源节约与水环境治理等多个项目，同时在风沙源治理方面也有所实践；从实践主体来看，京津冀区际生态补偿实践主要存在京冀

---

[1] 参见王玫：《京津冀协同发展背景下河北生态环境建设思路及建议》，载《共产党员》2015 年第 14 期。

[2] 参见李正豪：《暗战京津冀：河北渴望高端产业　北京不放弃》，载网易财经网：http://money.163.com/14/0519/11/9SJUHMTE00253BOH.html，最后访问日期：2018 年 4 月 10 日。

之间，津冀之间的实践起步较晚，补偿项目较少、补偿规模较小；从补偿方向来看，在京津冀区际生态补偿实践中，由京津冀三地之间生态功能定位及自然资源输送方向等因素所决定，无一例外的是由京津向冀的"单向"补偿。回顾京津冀区际生态补偿实践，主要体现在以下方面：

1. 1996～2004 年，北京市每年向承德市的丰宁、滦平 2 县各提供资金 100 万元，1997 年向张家口市赤城县提供资金 50 万元，用于局部小流域综合治理工程。

2. 2005 年 10 月北京市与河北省的张家口市、承德市分别组建了水资源环境治理合作协调小组，制定了《北京市与周边地区水资源环境治理合作资金管理办法》，依据该办法，实施了以下生态补偿：(1) 从 2005 年到 2009 年，北京市每年安排 2000 万元资金，用于支持张承地区水资源保护项目；[1] (2) 北京出部分资金营造生态保护林，并联合向国家申请扩大河北省生态公益林补偿范围，加大对国有林场的支持力度；(3) 北京市提供部分建设资金，重点支持河北省丰宁、滦平、赤城、怀来 4 县营造生态水源保护林，并根据实施效果，支持河北省逐步扩展保护林范围，双方共同加强沙尘天气的监测、预警及防御能力建设。[2]

3. 2006 年 10 月北京市政府与河北省政府签署《加强经济与社会发展合作备忘录》，旨在加强在交通基础设施、能源开发等方面的合作。其中，在水资源和生态环境合作方面，北京市将安排资金支持张承地区的水源环境治理和生态水源保护林营造。[3] 关涉生态补偿的内容主要包括：(1) 实施"稻改旱"生态补偿项目。该备忘录提出，在潮白河流域上游的河北地区实施"稻改旱"生态补偿项目，双方分两期合作实施密云、官厅水库上游承德、张家口地区 10.3 万亩水稻改种玉米等低耗水作物工程（通称"稻改旱"项目），北京市按照每年每亩 450 元的标准给予补偿。[4] (2) 实施张承地区水污染治理项目。该备忘录

---

〔1〕 参见宋建军：《海河流域京冀间生态补偿现状、问题及建议》，载《宏观经济研究》2009 年第 2 期；徐键：《论跨地区水生态补偿的法制协调机制——以新安江流域生态补偿为中心的思考》，载《法学论坛》2012 年第 4 期。

〔2〕 参见王振东：《河北省张承地区生态补偿机制探讨》，载《社会科学论坛》2008 年第 11 期。

〔3〕 参见《北京与河北签署加强经济与社会合作备忘录》，载中国政府网：http://www.gov.cn/jrzg/2006－10/13/content_412724.htm，最后访问日期：2018 年 4 月 10 日。

〔4〕 在之后的 2008 年，北京市与承德市又签订潮河流域水源保护退稻还田项目补充协议，对潮河流域实施的"稻改旱"工程提高补助标准，由每亩 450 元提高到每亩 550 元。截至 2009 年，仅河北省承德市已有 7.1 万亩土地"稻改旱"。

提出，从2005年至2009年5年内，北京市安排水资源环境治理合作资金1亿元，支持密云、官厅两水库上游张承地区治理水环境污染、发展节水产业。（3）实施生态保护林营造项目。该备忘录提出，继续共同实施京津风沙源治理工程、“三北”防护林建设工程、太行山绿化工程，双方联合向国家申请扩大河北省生态公益林补偿范围，加大对国有林场的支持力度，北京市予以必要资金支持。（4）实施流域生态水资源保护林建设项目。该备忘录提出，双方共同规划密云、官厅上游生态水资源保护林建设项目，在争取国家支持的同时，“十一五”时期北京市提供部分建设资金，重点支持河北省丰宁、滦平、赤城、怀来四县营造生态水源保护林，并根据实施效果，支持河北省逐步扩展保护林范围。[1] 2006～2007年，北京市安排支持资金2200万元，实施了第一批7个工程项目，包括潮河流域万亩节水灌溉、潮河流域农村生活垃圾填埋场、丰宁县九龙集团环境治理技改、白河流域万亩节水灌溉、黑河源头治理、宣化区羊坊污水处理和桑干河流域万亩节水防渗工程，这些工程建设取得了良好的生态、经济和社会效益。2008年北京市计划安排支持资金5800万元，实施第二批6个项目，包括跨区域水环境保护与信息共享体系建设、湿地保护、排污管网改造、节水灌溉、垃圾填埋场建设、潮河生态恢复治理工程等。[2] 其中，“稻改旱”工程的实施，使承德市每年可节水3550万立方米，张家口市赤城县每年可节水2000多万立方米，每年总节水量相当于5个多西湖，且对密云水库二类水质的维护发挥了重要作用。[3]

4.2008年11月天津市政府与河北省政府联合召开了经济与社会发展合作座谈会，签署了《关于加强经济与社会发展合作备忘录》，其中，将“关于加强水资源和生态环境保护合作”列为核心内容之一，不仅提出了要依据“谁污染谁治理，谁受益谁补偿”的原则建立两地跨界水污染治理补偿机制和联动机制，而且具体提出，“天津市在2009年至2012年每年安排2000万元资金，用于

---

〔1〕 参见王朝才、刘军民：《中国生态补偿的政策实践与几点建议》，载《经济研究参考》2012年第1期。

〔2〕 参见宋建军：《海河流域京冀间生态补偿现状、问题及建议》，载《宏观经济研究》2009年第2期。

〔3〕 参见来洁：《从承德看京津冀“生态一体化”之难》，载《经济日报》2015年1月27日，第15版。

河北省境内滦河上游污水处理厂建设、改善滦河上游及潘家口、大黑汀水库水质”。[1]

5.2008 年 12 月北京市政府和河北省政府签订的《关于进一步深化经济社会发展合作的会谈纪要》，约定在 2009 年至 2011 年，北京市安排资金 1 亿元，支持河北省丰宁、滦平、赤城、怀来 4 县营造生态水源保护林 20 万亩；在 2009 年至 2011 年，北京市每年安排水资源环境治理合作资金 2000 万元，用于张家口、承德 2 市治理水环境污染、发展节水产业等。[2] 后来，北京市拟继续投入 8 亿元建设资金，在丰宁、滦平、赤城、怀来原有 4 县的基础上扩展范围，将琢鹿、沽源、崇礼、承德、兴隆 5 县新纳入工程建设范围，共营造 5.3 万立方米生态水源保护林。[3]

6.2010 年 5 月河北省政府与天津市政府在天津联合召开关于进一步加强经济与社会发展合作座谈会，共同签署了《关于进一步加强经济与社会发展合作会谈纪要》，对“共同推动实施水源地保护”问题作出明确规定：在 2011 ~ 2014 年，天津市每年安排专项资金 3000 万元，用于河北省境内引滦水源保护工程；河北省安排相应配套资金用于城市污水治理、水库网箱养鱼治理等改善滦河及潘家口、大黑汀水库水质的工程建设，确保 2014 年完成工程建设任务，使入库水质得到明显改善；完善两地水资源保护和水污染防治的联动机制，逐步改善引滦水源水质；共同呼吁水利部和海河水利委员会尽快启动潘家口、大黑汀水库水源地保护规划重新修订工作，比照北京市水规划的模式，共同推动和实施。[4]

7.2013 年年底，北京市会同天津市、河北省、内蒙古自治区等(直辖市、自治区)签订了《关于开展跨区域碳排放权交易合作研究的框架协议》。2014 年 12 月 18 日北京市、河北省两地宣布率先启动跨区域碳排放交易试点。截至

---

〔1〕《关于印发〈天津市人民政府河北省人民政府关于加强经济与社会发展合作备忘录〉工作分工方案的通知》，载天津市政府网：http://www.tj.gov.cn/zwgk/wjgz/szfbgtwj/200904/t20090423_93884.htm，最后访问日期：2018 年 4 月 10 日。

〔2〕参见李忠峰：《流域生态补偿艰难破题》，载《中国财经报》2010 年 7 月 17 日，第 4 版。

〔3〕参见白丽、王健、刘晓东、张前：《环首都贫困带生态补偿标准探析》，载《广东农业科学》2013 年第 5 期。

〔4〕参见《落实〈河北省人民政府天津市人民政府关于进一步加强经济与社会发展合作会谈纪要〉工作分工方案》，载天津市政务网：http://www.tjzfxxgk.gov.cn/tjep/ConInfoParticular.jsp?id=22005，最后访问日期：2018 年 4 月 10 日。

2015年6月15日，河北省承德市的6家水泥企业已全部纳入北京碳排放交易系统。[1]

8. 从2014年开始，环境保护部（现为生态环境部）开始把开展滦河流域生态补偿作为推进京津冀协同发展的重大事项予以推进。2014年4月17日环境保护部向财政部、天津市政府、河北省政府发函，签署了《引滦水源保护协调会议纪要》，将参照国内水环境补偿做法，建立上下游补偿机制，中央财政对补偿机制予以适当资金支持。初步方案是先建立补偿试点，国家以国土江河流域综合整治试点形式予以资金支持，天津市、河北省再各自支付一部分，以充分体现"谁受益、谁补偿"的原则。[2]

京津冀区际生态补偿在实践中存在以下问题：

（1）补偿期限较短。多属于短期工程，没有建立长效机制，基本上处于"今天补，明天不补"的尴尬状况，存在以"一次性补偿替代持续性补偿"的导向。生态建设是一个长期的综合系统工程，不可能一蹴而就，无论是前期推进还是后期深化都需要持久。基于保持生态环境健康持续发展的要求，当前亟须从根本上改变"今天补，明天不补"的状况，探索建立一种生态补偿的长效机制。[3] 目前对此虽有所探索，但主要采取三地政府协商或签订合作备忘等方式，对相关问题予以规制的多为政府部门所公布的一些通知与办法，临时性、短期性的弊病并未从根本上改变，且具有多变性的特点，这显然不利于生态补偿机制的真正建立与完善，由此造成京津冀区际生态补偿工作难以稳定有效地开展。[4]

（2）补偿标准太低。没有充分考虑生态系统恢复或生态环境保护所需的实际成本，不能从根本上解决问题，与合理的补偿标准差距甚远，"以象征性补偿回避实质性补偿"的现象明显。作为生态利益受益者的北京市、天津市，对生态利益受损地区或生态环境建设地区的索取远大于投入。[5] 以京津冀区际

---

[1] 参见吕昱江：《横向生态补偿：政府主导太慢太艰辛　必须引入市场交换关系》，载《中国经济导报》2015年8月19日，B02版。

[2] 参见来洁：《从承德看京津冀"生态一体化"之难》，载《经济日报》2015年1月27日，第15版。

[3] 参见张淑会：《合作共建维护京津冀区域生态环境》，载《河北日报》2009年8月7日，第2版。

[4] 参见王芳芳：《浅析京津冀地区资源生态补偿实践探索》，载《法制与经济》2012年第10期。

[5] 参见刘娟、刘守义：《京津冀区域生态补偿模式及制度框架研究》，载《改革与战略》2015年第2期。

水资源补偿为例，北京市、天津市虽在此方面进行了一定补偿，但其为保护水源而做出的补偿微乎其微，根本无法弥补损失的成本，更远不及贫困带为北京市、天津市的发展所作出的生态贡献。例如，潘家口水库修建30年来，库区广大农民饱尝了淹没之苦，每人平均占地仅有$22m^2$，更有34414人舍下"鱼米之乡"，远迁异地，为引滦入津作出了巨大牺牲。且广大库区农民移民他乡的失落、挫折与孤独，更是水源补偿项目所没有考虑到的。环首都贫困带水源补偿的实践标准与目标值之间的差异充分体现了水源保护补偿的不公平性。[1] 生态补偿标准太低的一个严重后果就是，使生态补偿效率和效果打了折扣。[2] 例如，在水源林保护合作项目的开展中，因补偿标准低，而不得已营造了很多低质低效林。有数据显示，在承德市3310万亩有林地中，中幼林面积达2900多万亩。[3]

(3)补偿领域过窄。京津冀区际生态补偿实践主要集中于流域、森林领域，对于大气、固体废物处置等领域并未涉及。适用领域过窄在很大程度上抑制了京津冀区际生态补偿应有功效的充分发挥，无法改变京津冀区际生态利益分享和环境资源配置中所存在不公现象，难以调动生态利益受损地区、生态环境建设(保护)地区以及环境资源输出地区的积极性，不仅直接影响京津冀区域生态环境的治理与改善，而且严重制约京津冀区域社会经济的持续健康协调发展。

由上述可知，京津冀区际生态补偿的实践可谓艰难曲折、问题多多，但总体而言，京津冀区际生态补偿还是已经迈出了可贵的一步，这对弥补中央政府主导的国家生态补偿不足、促进京津冀区域生态环境治理与改善、缓解京津冀区域社会经济发展不平衡具有十分重要的意义。[4] 且更为重要的是，前期探索为京津冀区际生态补偿正式制度的构建奠定了十分重要的经验基础。

---

〔1〕 参见白丽、王健、刘晓东、张前：《环首都贫困带生态补偿标准探析》，载《广东农业科学》2013年第5期。

〔2〕 参见巩志宏：《京津冀生态补偿多是临时性政策》，载《经济参考报》2015年7月13日，第7版。

〔3〕 同上。

〔4〕 参见葛颜祥、王蓓蓓、王燕：《水源地生态补偿模式及其适用性分析》，载《山东农业大学学报》(社会科学版)2011年第2期。

(二)意识强化奠定观念基础

环境保护,意识为先。[1] 政府、公众、社会环保意识的提升是实现生态环境有效治理的关键所在,在京津冀区际生态补偿制度的建立问题上,亦是如此。有研究者曾就“京津唐三市为承德市森林资源支付补偿资金的认可和接受度”问题进行调研,问卷调查结果显示,在893份有效调查问卷中,有76.2%的受访者认为,承德市森林资源对改善北京市生态环境具有非常重要的作用,认为应按受益大小确定各方政府分担比例对承德市森林资源生态价值进行补偿的受访者占到44.3%;愿意为承德市森林资源保护而支付补偿金的受访者占到92.0%;平均支付意愿为803.21元/年。由此说明,建立京津冀区际生态补偿制度的条件初步具备、共识初步达成。[2] 另有调查数据显示,有83.4%的受访者认为京津两地应该适当加强对河北省的生态补偿。[3]

实际上对这一问题,笔者也曾做过相应调研。2006年笔者曾承担过一项关于京津冀区际生态补偿问题的研究课题,就京津冀区际生态补偿制度的建立问题做过调研,调研范围主要包括张家口市、承德市和北京市3地,调研主要采取了以问卷调查和访谈座谈相结合的方式。在问卷调查环节,共收回569份有效试卷(共发放600份问卷,3地各200份),对于“北京市是否应就水源涵养与水资源供给、风沙防治等生态建设项目而向河北省提供资金补偿”问题的回答上,有73.8%的受访者选择“应该”。其中,在承德市共收回196份有效问卷,有175位受访者选择了“应该”,占比为89.3%;在张家口市共收回193份有效问卷,有171位受访者选择了“应该”,占比为88.6%;在北京市共收回180份有效问卷,有74位受访者选择了“应该”,占比为41.1%。2014年笔者就该问题进行了再次调研,此次在张家口市、承德市和北京市3地共收回有效调查问卷851份(共发放900份,3地各300份),对于“北京市是否应就水源涵养与水资源供给、雾霾治理等生态建设项目而向河北省提供资金补偿”问题的回答上,有82.8%的受访者选择“应该”。其中,在承德市共收回286份有效问卷,

---

[1] 参见郭隆:《京津冀生态一体化　统一布局　恪守“红线”》,载《北京观察》2015年第6期。

[2] 参见斯兰:《建立区域生态补偿机制正当时——专访河北省承德市发改委副主任白晓峰》,载《中国改革报》2010年11月22日,第6版。

[3] 孟庆瑜、梁枫:《京津冀生态环境协同治理的现实反思与制度完善》,载《河北法学》2018年第2期。

有 272 受访者选择了“应该”，占比为 95.1%；在张家口市共收回 283 份有效问卷，有 265 位受访者选择了“应该”，占比为 93.6%；在北京市共收回 282 份有效问卷，有 168 位受访者选择了“应该”，占比为 57.4%。2 次问卷调查虽均属于小范围内的不完全统计，但通过对比发现，对于区际生态补偿的适用，越来越多的人选择了支持，尤其是在近年来京津冀局部生态环境恶化、“雾霾锁城”的背景下，北京民众也越来越认识到实施区际生态补偿对河北省予以必要资金补偿的重要性和合理性。京津冀地区民众环保理念和生态补偿意识的增强、环保知识的增加为京津冀区际生态补偿制度的建立奠定了关键的观念基础。并且，可以预见的是，若京津冀区际生态补偿制度能够有效发挥其制度功效，进而推进京津冀区域生态环境的改善，必然会有更多的民众认同、支持这一机制。

（三）政策频出奠定思路基础

“生态兴则文明兴，生态衰则文明衰。”建设生态文明，是关系人民福祉、关乎民族未来的长远大计。党中央、国务院历来高度重视包括生态补偿在内的生态文明建设，尤其是自党的十八大以来，生态文明建设被提升到了新的高度，对于生态补偿制度的设计也愈加完善，其中就包括区际生态补偿问题。党的十八大报告将推进生态文明建设独立成篇集中论述，并系统性提出了今后 5 年大力推进生态文明建设的总体要求，强调要把生态文明建设放在突出地位，要纳入社会主义现代化建设总体布局。“制度是行为的保障”，生态环境的保护与治理离不开制度的护航。[1] 要实现“努力建设美丽中国，实现中华民族永续发展”这一伟大目标的关键举措就是要加强生态文明制度建设，而“建立反映市场供求和资源稀缺程度、体现生态价值和代际补偿的资源有偿使用制度和生态补偿制度”则是其核心内容之一。而党的十八届三中全会通过的《中共中央关于全面深化改革若干重大问题的决定》则对“实行资源有偿使用制度和生态补偿制度”进行了专题规定，并具体指出，要“坚持谁受益、谁补偿原则，完善对重点生态功能区的生态补偿机制，推动地区间建立横向生态补偿制度”，进而明确提出了区际生态补偿制度的建立问题。党的十八届五中全会通过的《中共中央关于制定国民经济和社会发展第十三个五年规划的建议》再次强调，要“加大对农产品主产区和重点生态功能区的转移支付力度，强化激励性补偿，

---

〔1〕 参见孔祥武、魏贺等：《美丽中国　永续发展》，载《人民日报》2012 年 11 月 14 日，第 1 版。

建立横向和流域生态补偿机制”。

2015年4月25日中共中央、国务院发布了《关于加快推进生态文明建设的意见》,以专题形式对“健全生态保护补偿机制”进行系统规定,不仅强调,要“科学界定生态保护者与受益者权利义务,加快形成生态损害者赔偿、受益者付费、保护者得到合理补偿的运行机制”,而且具体指出,要“建立地区间横向生态保护补偿机制,引导生态受益地区与保护地区之间、流域上游与下游之间,通过资金补助、产业转移、人才培训、共建园区等方式实施补偿”。2015年9月21日中共中央、国务院印发了《生态文明体制改革总体方案》,不仅将“资源有偿使用和生态补偿制度”明确为生态文明制度体系的核心内容之一,提出到2020年,要“构建反映市场供求和资源稀缺程度、体现自然价值和代际补偿的资源有偿使用和生态补偿制度,着力解决自然资源及其产品价格偏低、生产开发成本低于社会成本、保护生态得不到合理回报等问题”,而且以专题形式对“完善生态补偿机制”问题进行了系统性规定,不仅再次强调要“探索建立多元化补偿机制,逐步增加对重点生态功能区转移支付,完善生态保护成效与资金分配挂钩的激励约束机制”,而且具体指出要“制定横向生态补偿机制办法,以地方补偿为主,中央财政给予支持”,“推动在京津冀水源涵养区等开展跨地区生态补偿试点”。2016年5月国务院办公厅发布了《关于健全生态保护补偿机制的意见》,以专题形式对“推进横向生态保护补偿”问题作出了全面规定,不仅明确提出,要“研究制定以地方补偿为主、中央财政给予支持的横向生态保护补偿机制办法”,而且具体指出,要“推动在京津冀水源涵养区、广西广东九洲江、福建广东汀江—韩江、江西广东东江、云南贵州广西广东西江等开展跨地区生态保护补偿试点”。总之,生态文明理念的确立、利好政策的频出以及相关思路的明确为京津冀区际生态补偿的实施奠定了有力的政策基础。

(四)协同发展奠定战略基础

京津冀协同发展最早可以追溯到20世纪80年代。1986年时任天津市市长的李瑞环同志倡议召开环渤海地区经济联合市长联席会议。2004年国家发展和改革委员会正式启动了“京津冀都市圈”区域规划编制。但是多年来,京津冀一体化并没有实质性的进展。[1] 2014 年 2 月 26 日习近平总书记在北京主持召开座谈会，专题听取京津冀协同发展工作汇报，并做重要讲话，[2] 京津冀协同发展得以被明确为重大国家战略。习近平总书记指出，"京津冀地缘相接、人缘相亲，地域一体、文化一脉，历史渊源深厚、交往半径相宜，完全能够相互融合、协同发展"，"实现京津冀协同发展，是面向未来打造新的首都经济圈、推进区域发展体制机制创新的需要，是探索完善城市群布局和形态、为优化开发区域发展提供示范和样板的需要，是探索生态文明建设有效路径、促进人口经济资源环境相协调的需要，是实现京津冀优势互补、促进环渤海经济区发展、带动北方腹地发展的需要，是一个重大国家战略"。习近平总书记还就推进京津冀协同发展提出了 7 项重点任务，其中之一，就是"要着力扩大环境容量生态空间，加强生态环境保护合作，在已经启动大气污染防治协作机制的基础上，完善防护林建设、水资源保护、水环境治理、清洁能源使用等领域合作机制"。[3] 此后，国务院京津冀协同发展领导小组成立，并有常设的办公室，京津冀协同发展由此驶入快车道。

2014 年 9 月 4 日京津冀协同发展领导小组第三次会议在北京召开，时任中共中央政治局常委、国务院副总理、京津冀协同发展领导小组组长的张高丽同志在会上指出，"要加快实施交通、生态、产业三个重点领域率先突破"。[4] 2015 年 3 月 5 日李克强总理在《政府工作报告》中提出，要"推进京津冀协同发展，在交通一体化、生态环保、产业升级转移等方面率先取得实质性突破"。中共中央政治局于 2015 年 4 月 30 日召开会议，审议通过《京津冀协同发展规划纲要》。该纲要不仅对京津冀三地的功能定位、发展目标予以了明确，而对京

---

〔1〕 参见储信艳：《张高丽任京津冀领导小组组长　协调三地利益格局》，载人民网：http://politics.people.com.cn/n/2014/0812/C70731-2544626.html，最后访问日期：2018 年 4 月 10 日。

〔2〕 实际上，习近平总书记一直十分关心京津冀协同发展问题。早在 2013 年 5 月，习近平总书记在天津调研时就提出，要谱写新时期社会主义现代化的京津"双城记"。2013 年 8 月习近平在北戴河主持研究河北发展问题时，又提出要推动京津冀协同发展。此后，习近平多次就京津冀协同发展作出重要指示，强调解决好北京发展问题，必须纳入京津冀和环渤海经济区的战略空间加以考量，以打通发展的大动脉，更有力地彰显北京优势，更广泛地激活北京市要素资源，同时天津市、河北省要实现更好发展也需要连同北京市发展一起来考虑。

〔3〕 《习近平在京主持召开座谈会　专题听取京津冀协同发展工作汇报》，载新华网：http://news.xinhuanet.com/politics/2014-02/27/c_126201296.htm，最后访问日期：2018 年 4 月 10 日。

〔4〕 《张高丽主持召开京津冀协同发展领导小组第三次会议》，载《人民日报》2014 年 9 月 5 日，第 1 版。

津冀协同发展的重点领域予以了清晰界定。在三地的功能定位上,河北省被定位于“京津冀生态环境支撑区”;在发展目标的确定上,近期、中期、远期 3 项目标都对生态环境保护提出了明确要求;在重点领域的界定上,明确要求,“在生态环境保护方面,打破行政区域限制,推动能源生产和消费革命,促进绿色循环低碳发展,加强生态环境保护和治理,扩大区域生态空间”。2015 年 12 月 30 日国家发展和改革委员会、环境保护部(现为生态环境部)发布《京津冀协同发展生态环境保护规划》,明确了未来几年京津冀生态环境保护目标任务,提出了京津冀生态环境保护的六大重点任务,对于京津冀生态保护与修复,该规划提出了 3 条制度建设要求,其中之一,就是要“建立健全京津冀生态保护补偿机制”。[1] 京津冀协同发展,生态环境保护是率先突破之域,是核心内容所在。推动京津冀生态环境协同治理,要以生态文明理念为引领,以改善环境质量为目标。[2]

生态协同,核心是共利,关键是建立生态补偿机制。[3] 京津冀协同发展国家战略的定位、京津冀区域生态环境治理任务的明晰,不仅极大地增强了构建京津冀区际生态补偿制度的必要性和紧迫性,更为正式制度的构建提供了战略指引。京津冀协同发展国家战略的确立,意味着河北省在京津冀的生态保护中不再是“配角”而是主角,京津冀三地在生态环境保护中处于平等地位,呈现协同、互动的关系。[4] 这也为京津冀区际生态补偿制度的构建扫除了最为主要的障碍。[5] 京津冀区际生态补偿制度的建立必须要做好顶层设计,京津冀协同发展这一重大国家战略的确定则为其提供了历史性拐点和坚实基础。

---

〔1〕 刘育英:《京津冀生态环保规划出台　明确五大区域六大任务》,载中国新闻网:http://finance.chinanews.com/gn/2015/12-30/7695468.shtml,最后访问日期:2018 年 4 月 10 日。

〔2〕 参见方烨、梁倩:《携手共创京津冀美好生态》,载《经济参考报》2015 年 5 月 20 日,第 6 版。

〔3〕 参见刘建刚、何玲:《京津冀治霾协同联手留住“APEC 蓝”》,载《中国改革报》2014 年 12 月 8 日,第 5 版。

〔4〕 参见中共石家庄市委党校课题组:《河北生态补偿制度存在的问题及对策研究》,载《中共石家庄市委党校学报》2014 年第 7 期。

〔5〕 从区际生态补偿的实践来看,已有的案例多发生于省域之内,区际生态补偿基本上“跨不了省”,为人们所津津乐道的首例跨省流域生态补偿案例(新安江流域区际生态补偿)还是在中央政府的推动和参与下,才得以落地。其中,一个重要原因就在于行政隶属关系及有效沟通协商平台的缺失,京津冀区际生态补偿制度长期缺失的主要原因也在于此,河北省作为寻求补偿方缺少谈判的筹码和会谈的实力,其提出的生态补偿要求缺乏回应。

第三章　京津冀区际生态补偿制度构建的基本理念与基本原则

一、京津冀区际生态补偿制度构建的基本理念

(一)利益均衡保护理念

1. 秉持利益均衡保护基本理念的原因

从利益的角度来看,现代社会就是一个利益共同体。利益结构是社会结构的物质基础,且表现出多元利益冲突与整合的复杂情势。[1] 作为一种重要的研究方法,利益分析法是理解并探析各种社会主体本性及其运行趋势的重要工具。正确的利益分析有助于解析所涉问题背后繁杂的利益关系,找到因势利导和定分止争的问题解决途径。从利益主体[2]的视角来看,制度变迁就是各利益主体博弈的结果,制度变迁能否成功的一个关键就在于,制度变迁所带来的收益能否由利益相关主体合理分享,制度变迁所需要的成本是否由利益相关主体所公平负担。[3] 就京津冀区际生态补偿而言,其正式制度的构建及实施,首先需秉持利益均衡保护的基本理念,即对京津冀区际生态补偿相关主体(尤其是生态补偿支付主体和生态补偿接受主体)的应有权利、应然利益予以均衡保护,不能畸轻畸重、厚此薄彼,其原因在于:

---

〔1〕 参见伊媛媛:《论我国流域生态补偿中的公众参与机制》,载《江汉大学学报》(社会科学版)2014年第5期。

〔2〕 所谓利益主体,又称利益集团,是指在社会经济发展中具有相同或近似利益的个人或团体相互依赖和影响,进而形成的具有共同利益的非正式的组织。

〔3〕 参见张晓山:《中国农村改革30年的基本经验》,载《中国乡村建设》2009年第1期。

(1)这是由生态补偿的本质所决定的。生态补偿不仅是保护生态环境的重要经济手段,更是以公共决策为形式、以公共利益为旨归的利益分配与共享的社会性措施,其本质是利益诉求的全面协调与重新配置。事实上,生态补偿制度在设立之初即以协调、衡平多元利益冲突为己任。作为在一定历史时期和环境条件下所产生的制度创设,生态补偿的实施即意味着对既有社会利益格局在一定范围内予以改变,通过经济利益和生态利益的重新分配以影响并波及不同利益主体的边际私人收益和边际社会收益,进而实现利益的衡平。[1] 经济利益与生态利益的冲突系造成环境问题、引发生态危机的根源所在,而外部性内化则是解决利益冲突的制度路径。生态补偿以实现生态环境建设(保护)行为正外部性的内化为核心,通过生态利益受益者对生态利益受损者或生态环境建设(保护)者的经济补偿,以保障生态利益和环境资源的有效供给,进而可以针对性破解经济利益与生态利益冲突的困境,[2]并最终有助于社会经济发展与生态环境保护的协调。从利益主体的视角来看,生态补偿的实施就是包括生态补偿支付主体、生态补偿接受主体等利益相关者之间的一种利益"交互",是一个利益表达、分配、整合、补偿、平衡的过程,[3]意味着对多元利益的识别、确认、表达、维护与增进机制的开启。加之,生态补偿因生态要素的多元价值而涉及多种利益关系,[4]围绕生态补偿的支付与接受这一核心关系而形成了纵横交错的利益网络,极易引发错综复杂的利益冲突。[5] 生态补偿的本质就是对所涉主体之间的失衡利益进行重新调适与配置,[6]其实施是一个涉及多方利

---

〔1〕 参见李奇伟、李爱年:《论利益衡平视域下生态补偿规则的法律形塑》,载《大连理工大学学报》(社会科学版)2014年第3期。

〔2〕 参见汪海燕、张霄:《基于制度供给与需求理论的生态补偿立法问题——以公益林补偿为例》,载《江苏警官学院学报》2014年第6期。

〔3〕 参见洪尚群、何兴民、戴云:《走出生态补偿困境》,载《中国改革》2007年第7期。

〔4〕 这种利益冲突包括国家利益与社会利益、个体利益的冲突,社会利益与个体利益的冲突,中央利益与地方利益、部门利益的冲突,地方利益与地方利益的冲突,个体利益与个体利益的冲突;既有生态利益与经济利益的冲突,也有不同的经济利益之间的冲突。

〔5〕 参见伊媛媛:《论我国流域生态补偿中的公众参与机制》,载《江汉大学学报》(社会科学版)2014年第5期。

〔6〕 参见韩卫平、黄锡生:《利益视角下的生态补偿立法》,载《理论探索》2014年第1期;宋煜萍:《长三角生态补偿机制中的政府责任问题研究》,载《学术界》2014年第10期;程亚丽:《生态补偿法律制度构建的基本理论问题探析》,载《安徽农业大学学报》(社会科学版)2011年第4期;刘军民:《财政转移支付生态补偿的基本方法与比较》,载《环境经济》2011年第10期;郭峰:《关于生态补偿涵义的探讨》,载《环境保护》2008年第10期。

益主体的复杂运行过程。生态补偿不是简单的自然问题,而是一个复杂的经济社会问题。[1] 生态补偿的核心内容在于对不同主体的不同利益冲突和利益诉求进行动态的利益协调,具体表现为对生存利益和发展利益的协调、对生态利益和经济利益的协调以及对域际、区际利益的协调。[2] 唯有对各利益相关者予以均衡保护,充分协调各利益相关者的合理利益诉求,使其获得公平合理的发展机会,保证各利益相关者应有权益的有效实现,[3]才能确保生态补偿的顺利开展、有效实施,进而最终实现生态环境保护和治理目标。

(2)这是由区际生态补偿的特性所决定的。区域生态环境治理的核心在于,在地方政府、社会、企业之间实现生态利益最大限度的普惠性与共享性。[4] 而区际(域)生态补偿的核心目标就是要平衡不同区域之间生态、环境和经济利益的失衡。[5] 作为生态补偿的一种具体类型,区际生态补偿的本质亦是对相关主体利益的重新调适与配置,但相对于由中央政府主导的国家生态补偿和地方政府主导的区域内生态补偿而言,区际生态补偿所关涉的是不具有领导与被领导关系的平等行政区之间的利益重新调适与配置问题,因此,其利益关系更复杂、利益调整难度更大,成为区际生态补偿实施所必须要解决的关键问题。区际生态补偿关涉多层次的生态利益和多种经济利益,所存在的利益差别极易引发利益冲突,亟须引入利益平衡机制以矫正当前所存在的利益失衡。[6] 基于区际生态补偿的特性,在京津冀区际生态补偿的实施中,更应以利益均衡保护为基本理念。

(3)这是由京津冀区域发展的实际情况所决定的。较之于长三角、珠三角,京津冀在协同发展方面要滞后很多。导致这种结果的一个重要原因就在于,由区域行政管理体制障碍等因素所决定,京津冀区域的利益分割与冲突更

---

〔1〕 参见李忠峰:《流域生态补偿艰难破题》,载《中国财经报》2010 年 7 月 17 日,第 4 版。

〔2〕 参见王清军、蔡守秋:《生态补偿机制的法律研究》,载《南京社会科学》2006 年第 7 期。

〔3〕 参见刘光明:《完善洞庭湖生态经济区生态补偿制度的思考》,载《岳阳职业技术学院学报》2014 年第 5 期。

〔4〕 参见余敏江:《论区域生态环境协同治理的制度基础》,载《理论探讨》2013 年第 2 期。

〔5〕 参见王昱、丁四保、卢艳丽:《中国区域生态补偿中的补偿标准问题研究》,载《中国发展》2011 年第 6 期;潘佳:《区域生态补偿的主体及其权利义务关系——基于京津风沙源区的案例分析》,载《哈尔滨工业大学学报》(社会科学版)2014 年第 5 期。

〔6〕 参见伊媛媛:《论我国流域生态补偿中的公众参与机制》,载《江汉大学学报》(社会科学版)2014 年第 5 期。

为激烈。区际经济利益的非均衡性已成为京津冀协同发展面临的最大障碍，京津冀区域社会经济一体化发展的客观要求与京津冀区域行政边界的严格分割之间的矛盾日益突出，而其根本原因就在于，京津冀三地政府的有限理性以及京津冀区域市场的不完全性。就京津冀协同发展这一重大国家战略的落实而言，必须以深化结构性改革和体制机制创新为突破口和切入点，全力破除当前在行政管理、资源配置、功能布局等方面存在的体制机制障碍，积极探索建立市场调节与政府引导相结合、横向与纵向相结合、公平与效率兼顾的跨域治理机制，进而构建优势互补、互利共赢的区域一体化发展制度体系。〔1〕而这一目标的实现必须要以利益均衡保护为最基本的要求，要实现对京津冀三地及相关主体利益的均衡保护。作为京津冀协同发展的重要内容之一，京津冀区际生态补偿正式制度的构建及实施亦应如此。可以大胆断言，若无利益均衡保护的基本理念，以利益再调整、再分配为核心机制的京津冀区际生态补偿将"寸步难行"，更遑论正式制度的建立及全面实施。

2. 落实利益均衡保护理念的路径

生态补偿所涉利益复杂，涉及不同内容、不同层次。以涉及的利益主体划分，包括国家利益、地方利益、公众利益、私人利益；以时间维度划分，包括当前利益和长远利益。〔2〕若有效协调上述利益，需在实施生态环境保护和促进社会经济发展的过程中实现生态利益与经济利益、生存利益与发展利益、当代人利益与后代人利益的衡平。而若要实现这一"共赢"目标，则需在京津冀区际生态补偿制度的构建和实施中，全面落实利益均衡保护理念，其基本路径如下：

(1)科学界定区际生态补偿利益相关者。利益相关者理论产生于20世纪20年代，是在经济发展、人力资本不断提升前提下，对主流企业理论的发展。而一般认为，利益相关者是指那些能影响组织目标的实现或被组织目标的实现所影响的个人或群体。〔3〕广义的利益相关者，不仅包括那些"能够影响一个组织目标的实现，或者受到一个组织实现其目标过程影响的人"，〔4〕还包括各类

〔1〕参见崔向华、王喆：《探索体制机制创新推进京津冀协同发展》，载《中国经贸导刊》2014年第23期。

〔2〕参见韩卫平、黄锡生：《利益视角下的生态补偿立法》，载《理论探索》2014年第1期。

〔3〕参见汪若玫、靳云汇：《企业利益相关者理论与应用研究》，北京大学出版社2009年版，第4页。

〔4〕Freeman R. E. , *Strategic Management: A Stakeholder Approach*, Boston, MA: Pitman, 1984.

对企业活动有直接或间接影响的利益相关者。[1] 就区际生态补偿而言，有效协调诸多利益相关者之间的利益关系，构建完整的利益补偿框架和机制是实施区际生态补偿的重要条件，[2]能否维护利益相关者的合理利益诉求是衡量生态补偿是否公正的重要标准。但从已有实践来看，区际(域)生态补偿顺利开展、有效实施的主要障碍之一就是利益相关者的不明晰。[3] 因此，科学界定区际生态补偿利益相关者是落实利益均衡保护理念的前提。

(2)合理分析区际生态补偿利益相关者的正当利益诉求。作为利益主体的辨识规则和利益关系的塑造机制，生态补偿的实施过程同时也是对社会利益结构和利益图景进行调试和规划的过程，不同层级的政府机构、社会组织、群体和个人通过充分表达、沟通、论辩、协商探讨共同关心的事务，在利益碰撞中妥协平衡，进而达成价值共识。[4] 无论是从理论研究还是从制度实践来看，生态补偿涉及诸多利益相关者，而且这些利益相关者在利益诉求上往往存在着自我利益与公共利益、近期利益与长远利益、经济利益与环境利益、地方利益与整体利益等冲突和矛盾。[5] 利益的有效保护需以利益的准确识别为基础。若实现各利益相关者的均衡保护，关键就是要对各利益相关主体的正当利益诉求予以合理分析，并在此基础上，划定公共利益范畴和个体利益底线。简言之，合理分析区际生态补偿利益相关者的正当利益诉求是落实利益均衡保护理念的基础。

(3)重视商调机制的应用。作为一个有机联系、不可分割的整体，区域生态环境关系区域内所有主体的共同福祉，保护生态环境、增加生态利益系区域内所有主体所追求的共同目标，同时也直接关系区域内所有主体的切身利益。不同于其他社会关系，在区际生态补偿的实施过程中，所涉主体或利益相关者具有共同的利益基础，并非处于绝对、简单对立的状态。就京津冀区际生态补偿的实施而言，京津冀三地政府的利益诉求具有双重性，即既有区域利益的根

[1] 参见付俊文、赵红:《利益相关者理论综述》，载《首都经济贸易大学学报》2006年第2期。

[2] 参见肖加元、席鹏辉:《跨省流域水资源生态补偿:政府主导到市场调节》，载《贵州财经大学学报》2013年第2期。

[3] 参见王昱、王荣成:《我国区域生态补偿机制下的主体功能区划研究》，载《东北师大学报》(社会科学版)2008年第4期。

[4] 参见李奇伟、李爱年:《论利益衡平视域下生态补偿规则的法律形塑》，载《大连理工大学学报》(社会科学版)2014年第3期。

[5] 参见杨道波:《民族地区生态补偿机制研究》，载《贵州民族研究》2006年第1期。

本一致性,又有各自利益的相对独立性。[1] 由此决定,区际(横向)生态补偿实施的一个重要落脚点就是要促进区域的协调发展,即在保障区域生态产品有效供给的同时,确保区域生态安全得以有效维护和区域社会经济得以持续发展。[2] 因此,在对待区际生态问题上,要具有系统观念和整体观念,要兼顾生态利益受益地区和生态利益受损地区或生态环境建设(保护)地区的双方利益,这也是落实利益均衡保护理念的应有之义。而落实利益均衡保护理念的关键举措之一,就是重视商调机制的应用,即将生态利益受益地区与生态利益受损地区或生态环境建设(保护)地区、生态补偿支付主体和生态补偿接受主体置于平等定位,强调通过平等协商的方式以"谈判"形式解决区际生态补偿标准、区际生态补偿方式等关键问题,进而推进区际生态补偿的顺利开展、有效实施。

(二)政策法律协同理念

1. 秉持政策法律协同理念的原因

生态补偿的核心意旨,在于通过经济利益的再调整与分配,以矫正生态利益分享的不公,进而实现生态环境治理与改善目标。"利益触动每个人的神经","人们奋斗所争取的一切,都同他们的利益有关"。由此决定,利益的再调整与分配很难通过利益主体的自发、自觉行为实现,因此,需要带有强制力的制度约束作为保障,而两大社会规范力量——政策与法律对此皆有发挥作用的空间,并有发挥作用的必要。理论和实践均证明,作为两大社会规范力量,政策和法律各有其优势,对于社会经济的发展都具有重要的推动作用。从历史维度来看,在过去特定时段,政策作用的发挥甚至大过法律。我国生态补偿的实施亦是如此,生态补偿的已有实践基本上是在政策和法律协同作用下得以实施的,并且政策因其灵活性、迅捷性的优势往往成为推进生态补偿的"急先锋"。在依法治国方略不断推进、社会主义法治进程日渐深化的今天,法律的作用注定会也必须要极大强化,但这并不意味着政策不再重要,恰恰相反的是在改革进入"深水区"的当下,在某些领域内,改革的推进仍需仰赖政策的作用,京津冀

---

〔1〕 参见刘娟、刘守义:《京津冀区域生态补偿模式及制度框架研究》,载《改革与战略》2015 年第 2 期。

〔2〕 参见贾若祥、曹忠祥:《地区间横向生态补偿的总体思路》,载《中国经贸导刊》2014 年第 30 期。

区际生态补偿就是如此。政策注定会成为京津冀区际生态补偿正式制度构建及实施的重要助推剂。在京津冀区际生态补偿正式制度构建及实施这一问题上,必须合理处置政策和法律的关系。要实现政策制定与法律颁布的良性互动、有机协调,要坚持并促进政策与法律的协同,这是京津冀区际生态补偿正式制度构建及实施所必须秉持的基本理念。哪些问题需要通过制定政策予以解决,哪些问题又需要通过颁布法律加以规范,这需要科学论证、妥适分析。

2. 逐步实现由政策推进向法律主治的转变

京津冀区际生态补偿正式制度的构建及实施需秉持政策法律协同的基本理念,同时需要指出的是,从发展的角度来看,若要深入推进区际生态补偿,则必须在坚持政策推进的基础上,强化法律作用的发挥。因为,区际生态补偿的实施终将要回到法治的轨道,实现法律主治,并最终实现政策与法律的有机协同、实现政策推进与法律主治的无缝衔接。唯有此,才能给生态补偿相关利益者以稳定预期,才能有效保障生态补偿相关主体的合法权益,才能使生态补偿相关制度设计得以真正落地,进而才能确保区际生态补偿的顺利开展、有效实施。

京津冀区际生态补偿正式制度的构建及实施应在坚持政策推进的基础上,实现法律主治,其主要原因在于:

(1)实现法律主治是全面推进依法治国的应有之义。2014 年 10 月 23 日党的十八届四中全会通过了《中共中央关于全面推进依法治国若干重大问题的决定》,这是自党的十五大明确提出依法治国基本方略以来,对依法治国所作出的最全面、最深刻的规定。该决定不仅强调提出,“依法治国,是坚持和发展中国特色社会主义的本质要求和重要保障,是实现国家治理体系和治理能力现代化的必然要求,事关我们党执政兴国,事关人民幸福安康,事关党和国家长治久安”,而且明确提出,要“实现立法和改革决策相衔接,做到重大改革于法有据”,“实践证明行之有效的,要及时上升为法律”。生态补偿目标的实现,仅靠政策作用难以达到,必须要以法律为强力保障。[1] 基于此,区际生态补偿的实施必须要纳入法制的轨道,这是全面推进依法治国的应有之义。

---

〔1〕 参见卢艳丽、丁四保:《国外生态补偿的实践及对我国的借鉴与启示》,载《世界地理研究》2009 年第 3 期。

(2)实现法律主治是区际生态补偿顺利开展的应然之需。区际生态补偿的实质就是在同一生态区域内,受益者因保护者的生态保护行为而获得生态利益,而对保护者予以必要经济补偿,以弥补保护者的付出和所遭受的损失,进而实现区域生态环境的有效保护,确保区域生态利益的有效、持续供给。由于生态补偿涉及对原有利益格局的调整,所以这一新型生态保护手段的实施必将面临一系列的阻力。对于生态环境保护的受益者而言,由于长期以来无偿享受生态系统的服务功能,要让其承担补偿义务往往存在较强的排斥性,[1]受益者的主动补偿意愿往往不强,依靠双方的协商和博弈也很难实现有效补偿。[2] 区际生态补偿因此更多地停留在一种自觉行为而非长期行为,若一方不愿承担补偿责任或协商未果,则生态补偿就难以达成或继续。[3] 其重要原因就在于,已有的区际生态补偿实践基本上是由政策在推进实施的,其稳定性、权威性、规范性和约束性不足。生态补偿本质上是对利益的再调整,系对既有利益格局的再分配。如果没有具有强制性规范的介入,则很有可能会陷入"只说不做"的困境。[4] 较之于政策,法律具有规范性、程序性、特殊强制性、效率性以及高度理性等特点,因此,要保证生态补偿的延续性,确保生态补偿工作得以长期、稳定实施,就必须保证生态补偿依法有序的实施,[5]从法律上明确各责任主体的责任和权益,对相关主体的不同利益诉求及由此引发的利益冲突予以相应调整,进而推进生态补偿的规范化运行。补偿关系也只有转化为法律上的权利义务关系,才能使之常态化,并获得制度保障。[6] 实现区际生态补偿的法律主治,就是通过带有强制性的法律对区际生态补偿的实施予以规制,对受益者予以必要约束以促使其承担应有的补偿责任,使生态受益者对生态建设和保护者的补偿成为一种常态,以法律的形式对无偿享受生态系统服务功能的传统观念进行否定性宣示,引导人们正确认识生态服务的价值,从而鼓励更多主体自觉从事

---

〔1〕 参见张钧、王希:《生态补偿法律化:必要性及推进思路》,载《理论探索》2014 年第 3 期。

〔2〕 参见姜妮:《流域生态补偿期待破冰》,载《环境经济》2013 年第 12 期。

〔3〕 参见李志萌:《流域生态补偿:实现地区发展公平、协调与共赢》,载《鄱阳湖学刊》2013 年第 1 期。

〔4〕 参见王社坤:《"生态补偿"亟须法律护航》,载《当代广西》2012 年第 7 期。

〔5〕 参见刘广明:《京津冀:区际生态补偿促进区域间协调》,载《环境经济》2007 年第 12 期。

〔6〕 参见徐键:《论跨地区水生态补偿的法制协调机制——以新安江流域生态补偿为中心的思考》,载《法学论坛》2012 年第 4 期。

生态建设和生态保护行为。[1]

（3）实现法律主治是落实京津冀协同发展这一重大国家战略的必然之举。2014年2月26日习近平总书记在京津冀协同发展专题座谈会上发表重要讲话，将京津冀区域协同发展明确提升为重大国家战略，并指出，京津冀协同发展"是探索生态文明建设有效路径、促进人口经济资源环境相协调的需要"，推进京津冀协同发展的基本要求之一就是要"着力扩大环境容量生态空间，加强生态环境保护合作，在已经启动大气污染防治协作机制的基础上，完善防护林建设、水资源保护、水环境治理、清洁能源使用等领域合作机制"。京津冀协同发展国家战略的定位、京津冀区域生态环境治理任务的明晰，不仅极大地增强了构建京津冀区际生态补偿制度的必要性和紧迫性，更为制度的具体构建提供了战略指引。京津冀协同发展系在区域社会经济协调发展领域的重大制度改革创新，需在法治轨道内进行。相应地，京津冀区际生态补偿制度的构建及其实施亦应遵循法律主治的基本原则。

（4）实现法律主治是基于京津冀区际生态补偿实践的经验所得。正如前文所述，京津冀区际生态补偿实践早于20世纪90年代就已发轫，20余年来，虽成绩显著，但问题同样存在，突出体现为区际生态补偿的非制度化、生态补偿项目的短期化，长期处于"今天补，明天可能不补"的不稳定状况。京津冀区际生态补偿因涉及多个不同利益诉求的行政主体，仅靠各行政主体之间的无约束性协商很难达成统一，更谈不上形成长效机制。[2] 要改变这一状况，除需在政策方面予以创新、在规划方面科学制定外，关键是要将其纳入法治的轨道。唯有如此，方能真正建立京津冀区际生态补偿长效机制。

（5）实现法律主治是对生态补偿政策制度固化需求的满足。目前，我国生态补偿实践的开展，主要依据的是中央和地方出台的相关政策。其针对的大都是项目和工程（如天然林保护工程、退牧还草工程），而这些项目和工程短期性特征明显，与生态建设的长期性特征不符。当项目期限过后，农牧民的利益得不到补偿，为了基本的生活和发展需求，他们就不再会从保护生态环境的角度去限制自己的生产和开发，从而持续对当地的生态环境造成压力，不仅不能改

---

〔1〕 参见张钧、王希：《生态补偿法律化：必要性及推进思路》，载《理论探索》2014年第3期。
〔2〕 参见刘杨：《京津冀治理一体化需有区域性法规》，载《中国环境报》2014年6月20日，第2版。

善当地的生态环境,还可能会造成更为严重的生态破坏或生态灾难。[1] 生态补偿的顺利进行需要相关制度为其提供切实可行的运行规则。目前,有关生态补偿的相关政策难以为生态补偿提供明确的运行规则,这严重阻碍了生态补偿实践的顺利进行。生态补偿政策经验的固化需要法律提供运行规则。生态补偿政策在一定条件下应及时转变为法律,以便政策所要达到的目的有法律保障。生态补偿法律化的任务就是通过生态补偿法律规范的创设,促进生态补偿的开展,规范生态补偿的运作,使生态补偿的各环节都有法律制度的支撑,从而确保通过生态补偿达到保护生态环境之目的、实现公平正义之法律价值。[2]

3. 法律主治的现实障碍及化解

从发展的角度来看,京津冀区际生态补偿正式制度的构建及实施须在坚持政策推进的基础上,实现向法律主治的转变,就实际情况而言,法律主治的实现还存在一定障碍。法律主治是区际生态补偿的基本遵循,而健全的法律法规体系则是生态补偿的基础,但目前相关法律规定还呈缺位状态。[3] 我国目前没有生态补偿专门立法,与生态补偿有关的规定零星地散布在环境保护基本法和一些单行法中。这些关于生态补偿的规定都过于原则,仅仅表明了进行补偿的要求,但对于如何补偿缺乏详细的规定。[4] 例如,《中华人民共和国水污染防治法》(2008 年修订)仅对水环境生态保护补偿机制进行了规定,即"国家通过财政转移支付等方式,建立健全对位于饮用水水源保护区区域和江河、湖泊、水库上游地区的水环境生态保护补偿机制"。此外,《中华人民共和国森林法》《中华人民共和国水土保持法》等也对生态补偿进行了相应规定。2014 年第十二届全国人大常委会第八次会议通过的《环境保护法》首次在环境基本法的层面对生态补偿问题进行了规定,该法第 31 条第 1 款不仅规定,"国家建立、健全生态保护补偿制度",而且第 3 款规定,"国家指导受益地区和生态保护地区人民政府通过协商或者按照市场规则进行生态保护补偿"。但总体而言,环境基本法对于生态补偿的规定过于原则,而环境单行法则呈现"部门化""碎片化"

---

[1] 洪荣标、郑冬梅:《海洋保护区生态补偿机制理论与实证研究》,海洋出版社 2010 年版,第 35 页。

[2] 参见张钧、王希:《生态补偿法律化:必要性及推进思路》,载《理论探索》2014 年第 3 期。

[3] 参见洪尚群、何兴民、戴云:《走出生态补偿困境》,载《中国改革》2007 年第 7 期。

[4] 参见张钧、王希:《生态补偿法律化:必要性及推进思路》,载《理论探索》2014 年第 3 期。

“冲突化”特征，[1]系统性欠缺，可操作性不强，不能满足生态补偿（尤其是区际生态补偿）的实际需要。此外，在地方立法的实践中，部分地区也制定并颁布了一些实施办法、细则，但其层级低、效力范围相对狭小，尤其是缺少生态补偿标准、补偿方式、补偿机制的规定。[2] 总之，目前我国关于区际生态补偿的法律法规还比较少且过于原则，法律规定的缺位、滞后已成为建立健全区际生态补偿机制的“绊脚石”。[3]

实现区际生态补偿法治化，将生态补偿提到法律的高度，有助于弥补政策的不稳定性，有助于避免行政命令调整的随意性，[4]是实现区际生态补偿公平、合理、有效进行的重要保障。法治化是保障生态补偿机制实施和运行的前提，[5]而实现区际生态补偿法治化的关键是要强化区际生态补偿的立法保障，要以法律形式将生态补偿的基本原则、主要领域、补偿范围、补偿对象、资金来源、补偿标准、相关利益主体的权利义务、考核评估办法、责任追究等确立下来，[6]明确各主体在生态建设中的环境目标和责任，明确区际生态补偿规则，避免生态补偿制度的短期化，进而为区际生态补偿活动提供有力的制度保障，使区际生态补偿活动在法律指引下有条不紊地进行。[7] 当前亟须出台有关区际生态补偿的专门法律法规，通过完善立法，实现生态补偿的制度化和法制化，将生态补偿的基本框架及配套措施等以法律形式确定下来，使生态补偿从“道义要求”变为“制度约束”，[8]进而推动生态补偿长效机制的建立健全。[9] 就区际生态补偿的实施而言，以法律法规来调整区际生态补偿所引致的利益再分

---

[1] 参见李奇伟、李爱年：《论利益衡平视域下生态补偿规则的法律形塑》，载《大连理工大学学报》（社会科学版）2014 年第 3 期。

[2] 参见才惠莲：《我国跨流域调水生态补偿法律制度的构建》，载《安全环境与工程》2014 年第 2 期。

[3] 参见王天雨、钟振宇：《推动建立国家层面生态补偿机制》，载《四川日报》2014 年 11 月 17 日，第 2 版。

[4] 参见覃甫政：《论生态补偿转移支付的法律原则——基于生态补偿法与财政转移支付法耦合视角的分析》，载《北京政法职业学院学报》2014 年第 2 期。

[5] 参见曹光辉：《生态补偿机制：环境管理新模式》，载《环境经济》2005 年第 11 期。

[6] 参见谢素芳：《生态补偿亟须制度“给力”》，载《中国人大》2013 年第 8 期。

[7] 参见盖凯程：《二次大开发中的西部生态环境与经济协调发展区际生态补偿》，载《商业时代》2011 年第 27 期。

[8] 参见谢素芳：《生态补偿亟须制度“给力”》，载《中国人大》2013 年第 8 期。

[9] 参见王萍：《生态补偿：期待制度建设“加速跑”》，载《中国人大》2013 年第 9 期。

配与调整,可以使生态补偿机制在法制框架之内依法有序地运行,保证区际(域)生态补偿机制的公平性和科学性,使生态补偿机制得以长期、稳定的实施。[1] 就京津冀区际生态补偿而言,无论是基于现实需要,还是出于制度构造本身所要求的规范性需求,都要求构建科学有效的区际(域)生态补偿法律制度。[2]

最后,需要指出的是,因京津冀区际生态补偿的实施涉及不具有直接行政管理和隶属关系的京津冀三地,因此,在立法模式的选择上要坚持中央立法与地方立法有效结合的方式。一方面,要促进中央立法在此方面的突出,即以国家立法的形式对京津冀区际生态补偿问题予以规范,这并非不可能;另一方面,要重视地方立法作用的发挥,关键是要实现京津冀三地的协同立法。地方立法虽然在整个立法体系中所处的层次不高,却在我国的法制建设和整个国家、社会、公民生活中发挥着重大作用,对于建设中国特色社会主义法治体系、加快建设社会主义法治国家不可或缺。地方立法是宪法、法律、行政法规和国家大政方针得以有效实施的有力保障,是解决中央立法不能独力解决或暂时不宜由中央立法解决问题的重要途径所在。地方立法对中国经济、政治、法制、文化和其他事业的发展切实发挥了不可或缺的积极作用。就区际生态补偿而言,其对中央立法的需求并不排斥地方立法。实际上,近几年关于生态补偿的地方立法已在一些省市开展,这为全面开展中央立法积累了一定经验。[3] 就京津冀区际生态补偿而言,有效推进京津冀协同立法,需以达成协同立法共识为前提基础,以建立健全协同立法机制为基本保障。

二、京津冀区际生态补偿制度构建的基本原则

(一)权义公平配置原则

在现代法治社会中,权利的公平享有和义务的合理承担,是所有主体在社

---

〔1〕 参见林凌:《建立和实施区域生态补偿机制》,载《发展研究》2009 年第 8 期。

〔2〕 参见刘娟、刘守义:《京津冀区域生态补偿模式及制度框架研究》,载《改革与战略》2015 年第 2 期。

〔3〕 如福建省于 2012 年颁布的《福建省重点流域水环境综合治理专项资金管理办法》第 3 条规定:鼓励流域上下游各设区市通过协商、签订协议等方式,以保护流域水环境,改善水质为考核要求,明确双方的补偿责任和治理任务,确保资金发挥效益。同时,对各市每年承担的流域补偿的资金额作了明确规定。

会经济活动中得以正常行为的基本前提，也是社会经济良好秩序得以维护的必要条件。生态补偿的实践形式就是公平的分配权利与义务，并以权利与义务的分配为形式而融于社会整体公平诉求中，进而成为一项与中国转型期的社会利益结构变迁、利益分化和利益冲突休戚相关的制度安排。[1] 从权利享有和义务承担的角度来看，生态补偿就是多个利益主体（利益相关者）之间的一种权利与义务的重新配置与平衡的过程，实施生态补偿必须明确各利益主体之间权利与义务的关系，[2]而各利益主体（利益相关者）身份和角色的确定，也是以其权利与义务的明确为基础的。[3] 要确保生态补偿的顺利开展、有效实施，其前提就是要科学分析、合理界定区域之间、社会利益主体之间在环境资源分配和生态利益分享中的权利义务关系，并在此基础上，确保利益相关者责、权、利的均衡统一。[4] 由此决定，权义公平配置应是区际生态补偿制度构建所需遵循的基本原则。

从已有实践来看，权义公平配置原则的确立亦有其现实必要性。从我国的现实情况来看，因自然条件、资源禀赋等客观条件的不同以及发展政策等制度设计区别对待，我国社会经济发展的地区差距还广泛存在，体现在生态环境保护层面，就是地处偏远、经济落后的地区往往又是生态环境保护的重点地区。正是基于这样的现实国情，在生态补偿已有实践，经常将生态补偿的实施与落后地区的援助、扶贫相联系，甚至将生态补偿置于“经济援助”“地区扶贫”的政策之下实施，在项目的设计突出“援助”“扶贫”，而非“补偿”。其直接负面后果就是，生态补偿的应有“面貌”被“援助”“扶贫”遮蔽，生态补偿的价值被错误认识，作为生态利益受益地区的生态补偿支付主体的法定义务被异化为对生态利益受损地区或生态环境建设（保护）地区的“恩赐”。这不仅制约了生态补

---

〔1〕 参见李奇伟、李爱年：《论利益横平视阈下生态补偿规则的法律形塑》，载《大连理工大学学报》（社会科学版）2014 年第 3 期。

〔2〕 参见才惠莲：《我国跨流域调水生态补偿法律制度的构建》，载《安全环境与工程》2014 年第 2 期；万军、张惠远等：《中国生态补偿政策评估与框架初探》，载《环境科学研究》2005 年第 2 期；李静云、王世进：《生态补偿法律机制研究》，载《河北法学》2007 年第 6 期；陈晓勤：《我国生态补偿立法分析》，载《海峡法学》2011 年第 1 期。

〔3〕 参见王朝才、刘军民：《中国生态补偿的政策实践与几点建议》，载《经济研究参考》2012 年第 1 期。

〔4〕 参见孔凡斌：《基于主体功能区划的我国区域生态补偿机制研究》，载《鄱阳湖学刊》2012 年第 5 期。

偿支付主体参与生态补偿的积极性,而且降低了生态补偿接受主体获得生态补偿的认同感,并最终影响了生态补偿的正常开展和既定目标的顺利实现。正如有的研究者所指出的那样,如果离开了"生态服务提供"这个核心议题来讨论生态补偿问题,最终将损害生态补偿制度的建立。[1]

生态补偿最终应回到对"人"本身补偿的问题上来。[2] 因此,与其他制度设计一样,区际生态补偿制度的构建也应以保障相关主体基本权利和明确相关主体应有义务为前提。从主体的角度来看,权义公平配置原则适用的关键在于公平配置生态补偿接受主体和支付主体的权利与义务。对生态补偿实施的核心利益者,即生态补偿接受主体和生态补偿支付主体而言,权义公平配置意味着其权利享有和义务承担应做到对等;对于生态补偿接受主体而言,受区域功能所限,其在区域生态环境保护和治理方面应承担主要义务或在区域环境资源分配和生态利益分享中处于不利地位,但同时,其也有权要求对其经济付出和发展损失而主张相应的经济补偿;而对于生态补偿支付主体而言,虽可以在区域生态环境保护与治理方面承担较轻的义务或在区域环境资源分配和生态利益分享上处于有利地位,但相应地,其应承担对生态补偿接受主体支付相应经济对价的基本义务,以补偿后者的付出和所遭受的损失。从京津冀区际生态补偿的实际情况来看,权义公平配置原则落实的关键在于赋予生态补偿接受主体以求偿权利并明确生态补偿接受主体的补偿义务,以使生态补偿接受主体与生态补偿支付主体之间的权利义务走向平衡、对等,以矫正生态补偿接受主体和生态补偿支付主体在区域环境资源分配和生态利益分享中所处的不对等地位,进而实现区域生态环境得以维护和改善的最终目的。其中,尤其是要着重保护生态补偿接受主体的应有权利,其权利不仅包括要求给予生态补偿的这一实体性权利,包括参与生态补偿决策(如生态补偿标准的制定)的权利,还包括相应的救济权,即当其求偿权和决策参与权受到侵犯时,生态补偿接受主体有权以提出建议,进行举报和检举,或者提出行政复议、行政诉讼、民事诉讼等方式进

---

〔1〕 参见王翊:《跨区域生态服务提供与补偿的理论分析》,载《求索》2011 年第 6 期。

〔2〕 参见郭少青:《论我国跨省流域生态补偿机制建构的困境与突破——以新安江流域生态补偿机制为例》,载《西部法学评论》2013 年第 6 期。

行救济。[1]

需要特别说明的是，权义公平配置原则的落实，不仅意味着需要从法律或政策层面对生态补偿接受主体和生态补偿支付主体的基本权利、义务予以明确，也意味着允许生态补偿接受主体和生态补偿支付主体，通过协议的形式以协商的方式确定其在具体生态补偿项目中的权利和义务。例如，在流域生态补偿的实施中，允许生态补偿接受主体和生态补偿支付主体通过协议约定其具体权利义务，进而有可能呈现这样的图景：在上游地区完成生态环境治理任务使流域水质水量达到约定标准时，位于下游地区的生态补偿支付主体应按照协议约定向上游地区的生态补偿接受主体提供经济补偿；但如果上游地区没有按照约定使流域水质水量达到约定标准时，上游地区的生态补偿接受主体则不会获得约定的经济补偿，甚至会因给下游造成损失而须承担相应的赔偿责任。

（二）平等互利原则

平等是区际生态补偿制度构建及其实施所必须遵循的基本原则，其原因在于，不同于国家生态补偿和区域内生态补偿，区际生态补偿是由所涉区域的相关主体通过平等协商、互助合作而得以实施的，区际生态补偿中的关键主体——生态补偿支付主体和生态补偿接受主体之间并没有行政管理或行政隶属关系，而是处于平等地位。[2] 平等原则的确立和落实，意味着生态补偿的直接利益相关方可以依托于协商机制而实现对生态补偿的充分参与，有助于最大限度地发挥各主体的能动性，使其在利益机制的引导下，作出最符合社会效率的博弈选择。[3] 尤其是对于区际生态补偿所涉的地方政府而言，平等原则的确立和落实尤为重要，唯有各地方政府之间具有相对平等地位，才可能在激烈的竞争中形成互相妥协、协商与合作。总之，平等是一个非常重要的前提，平等是相关地方政府在激烈竞争中形成互相妥协、协商与合作的重要前提。[4] 区际生态补偿若不恪守平等这一原则，将使其失去存在的基础。就京津冀区际生

---

〔1〕 参见汪海燕、张霄：《基于制度供给与需求理论的生态补偿立法问题——以公益林补偿为例》，载《江苏警官学院学报》2014 年第 6 期。

〔2〕 参见徐键：《论跨地区水生态补偿的法制协调机制——以新安江流域生态补偿为中心的思考》，载《法学论坛》2012 年第 4 期。

〔3〕 参见邓晓兰、黄显林、杨秀：《完善生态补偿转移支付制度的政策建议》，载《经济研究参考》2014 年第 6 期。

〔4〕 参见宣晓伟：《京津冀一体化究竟难在哪》，载《中国经济时报》2014 年 5 月 12 日，第 11 版。

态补偿的实施而言，平等原则的确立和落实，意味着河北省在京津冀的生态保护中不再是“配角”而是主角，京津冀三地在生态保护中是平等、协同、互动的关系。[1] 同时，基于平等原则，对于区际生态补偿标准的制定、区际生态补偿方式的确定以及区际生态补偿实施的其他事项，需由区际生态补偿支付主体和接受主体在平等的基础上在法律规定的范围内通过自主协商加以确定。

需要指出的是，除需遵循平等这一基本原则外，区际生态补偿的制度构建及其实施还必须遵循互利的基本原则。区际生态补偿实施的根本目的就在于促进区域协调，因此，相关机制和制度的建立要在确保生态利益受损地区或生态环境建设地区应有利益的同时，实现对生态受益地区生态安全和可持续发展的维护。[2] 如果说平等是区际生态补偿得以存在的基础，那么互利则是区际生态补偿既定目标得以实现的基本保障，是区际生态补偿制度构建及其实施的基本遵循。互利原则主要体现在以下两个方面：(1)明确区际生态补偿制度构建及其实施的目标在于实现区域整体生态环境的维护和改善。这是区域发展的依托所在，也是区域最大的福利所在。在区际生态补偿实施中，任何举措都不得违背这一要求。(2)区际生态补偿的制度构建及其实施须以维护相关利益者的合理利益诉求为基本条件。其中，尤其要注重维护生态补偿接受主体的合理利益。区际生态补偿的实施是要对生态环境建设(保护)者或生态利益受损者予以必要的经济补偿，以弥补其在生态环境建设方面所投入的经济成本或在区域生态利益分享中所遭受的不公正待遇。

(三)“谁受益谁补偿，谁保护谁受偿”原则

京津冀区际生态补偿制度的构建还需遵循“谁受益谁补偿，谁保护谁受偿”的基本原则，也就是说在京津冀区际生态补偿的实施中，生态利益受益者应当予以相应补偿，而生态环境建设(保护)者和生态利益受损者则有权接受这一补偿。这一原则的确立，对于京津冀区际生态补偿正式制度的合理构建，对于京津冀区际生态补偿的顺利实施，对于京津冀区域(尤其是受益地区)相关主体环保意识的有效提升，对于京津冀生态功能支撑区(受益地区)相关主

---

[1] 参见中共石家庄市委党校课题组：《河北生态补偿制度存在的问题及对策研究》，载《中共石家庄市委党校学报》2014 年第 7 期。

[2] 参见贾若祥、曹忠祥：《地区间横向生态补偿的总体思路》，载《中国经贸导刊》2014 年第 30 期。

体应有权益的全面维护，都具有至关重要的意义。之所以将“谁受益谁补偿，谁保护谁受偿”确立为京津冀区际生态补偿正式制度构建及实施的基本原则，主要基于以下考虑：

1. 这一原则的确立是公平正义价值目标的具体体现。一方面，在现代市场经济条件下，生态利益和自然资源并非是可以任意索取的“免费”午餐，基于公平原则，生态受益方理应与生态利益的供给者共担生态建设和保护的成本，[1]而“谁受益谁补偿”原则的确立，则可以有效地避免在生态利益分享和环境资源分配上所存在的“搭便车”现象和生态环境保护上的“公地悲剧”，是生态利益享有和环境资源有偿使用的外在表现，是公平正义价值目标的具体体现。[2]另一方面，生态利益和环境资源输出地区往往因生态环境保护和治理而限制了自身经济的发展、付出了相当的经济代价，由受益者对其予以应有补偿系公平正义价值目标的应有之义，否则，将有失公平、有违正义。[3] 就京津冀区际生态补偿的实施而言，其显然应遵循“谁受益谁补偿，谁保护谁受偿”的基本原则。

2. 这一原则的确立是由区际生态补偿的本质所决定的。从本质上来讲，区际生态补偿就是生态受益地区对生态保护地区因保护生态所进行的投入以及损失的发展机会等方面的补偿，其实质是生态产品在不同地区间的平等市场交换。因此，必须坚持“谁受益谁补偿，谁保护谁受偿”的基本原则，以形成对生态供给者的长效激励和对生态受益者的应有约束，改变以往受益区普遍存在的公共消费“搭便车”心理，帮助其树立“谁受益，谁就必须付费”的生态消费观念。[4]

3. 这一原则的确立有其政策法律依据。早在1997年，国家环保局（现为生态环境部）所发布的《关于加强生态保护工作的意见》就明确提出，“按照‘谁开发谁保护，谁破坏谁恢复，谁受益谁补偿’的方针，积极探索生态环境补偿机制”。而1998年11月国务院所颁布的《关于印发全国生态环境建设规划的通

---

〔1〕 参见张钧、王希：《生态补偿法律化：必要性及推进思路》，载《理论探索》2014年第3期。

〔2〕 参见何雪梅：《生态利益补偿的法制保障》，载《社会科学研究》2014年第1期。

〔3〕 参见于彦梅、耿保江：《论京津冀区际生态补偿制度的构建》，载《河北科技大学学报》（社会科学版）2012年第4期。

〔4〕 参见贾若祥、曹忠祥：《地区间横向生态补偿的总体思路》，载《中国经贸导刊》2014年第30期。

知》则对此予以再次强调，该通知指出，“按照‘谁受益、谁补偿，谁破坏、谁恢复’的原则，建立生态效益补偿制度”。党的十六届五中全会通过的《中共中央关于制定国民经济和社会发展第十一个五年规划的建议》则从中央政策层面明确提出，要“按照谁开发谁保护、谁受益谁补偿的原则，加快建立生态补偿机制”。2013 年 11 月 12 日党的十八届三中全会通过的《中共中央关于全面深化改革若干重大问题的决定》则以专题形式对“资源有偿使用制度和生态补偿制度”作出全面规定，并明确提出，要“坚持谁受益、谁补偿原则，完善对重点生态功能区的生态补偿机制，推动地区间建立横向生态补偿制度”。同时，我国相关法律也确立了“谁开发，谁保护；谁污染，谁治理；谁破坏，谁恢复”的原则。例如，2005 年 5 月颁布实施的《国务院实施〈中华人民共和国民族区域自治法〉若干规定》第 8 条第 3 款就明确规定：“国家加快建立生态补偿机制，根据开发者付费、受益者补偿、破坏者赔偿的原则，从国家、区域、产业三个层面，通过财政转移支付、项目支持等措施，对在野生动植物保护和自然保护区建设等生态环境保护方面作出贡献的民族自治地方，给予合理补偿。”由此可见，“谁受益谁补偿，谁保护谁受偿”这一原则的确立是有其明确的政策与法律依据的。

第四章　京津冀区际生态补偿制度构建的基本模式

补偿模式系生态补偿的核心问题之一。从已有的研究来看,虽对生态补偿模式涉及较多,但对生态补偿模式的概念认知还存有分歧。因此,有必要对生态补偿模式进行必要界定。生态补偿模式,简言之,就是指生态补偿由何种力量主导实施以及遵循何种基本规则开展。从实践来看,生态补偿主要有政府补偿模式和市场补偿模式之别。从理论研究来看,生态补偿主要有政府主导和市场主导之争。一般认为,政府补偿模式,是指在政府干预作用下,以国家生态安全、社会稳定、区域协调等为目标,通过财政补贴、政策倾斜、项目实施、税费改革和人才技术投入等手段实现生态补偿目的的补偿模式;[1]市场补偿模式,是指在市场机制作用下,相关主体通过平等协商达成生态利益或自然资源交易协议,进而实现生态补偿目的的补偿模式。政府补偿模式具有补偿形式的控制性、受益者补偿的间接性以及资金来源的财政性等特点,而市场补偿则具有补偿主体的多元性、平等性以及补偿实施的自愿性等特点。政府补偿的具体形式包括:财政转移支付、政策补偿、生态保护项目实施等;市场补偿的具体形式包括"一对一"交易、产权市场交易、生态标记等。从生态补偿的发展历程来看,生态补偿实施之初均是以政府补偿为主导的,市场补偿是生态补偿在发展到一定阶段后才出现的。

无论是从理论研究来看,还是从实践探索来看,在生态补偿的实施中,政府

---

〔1〕 参见毛圆:《地方政府在流域生态补偿中政策工具的选择——以九龙江流域为例》,载《改革与开放》2013 年第 8 期。

和市场都能够发挥重要作用。但是,是由政府主导还是由市场主导是生态补偿实施、生态补偿制度构建必须要首先回答的问题。就区际生态补偿而言,亦是如此,这同样是区际生态补偿制度构建及其实施所需首先解决的问题,其直接关系区际生态补偿的实施效果,甚至影响区际生态补偿的成败。[1]

一、京津冀区际生态补偿应明确政府主导模式

(一)京津冀区际生态补偿政府主导的原因

就京津冀区际生态补偿制度构建而言,政府主导无疑是其当然之选,主要原因如下:

1. 基于我国生态补偿实践的分析

较之欧美发达国家,我国的生态补偿实践起步较晚,与此伴生的就是生态补偿的市场化程度也较低。总体来看,政府仍是生态补偿实践中当仁不让的“主角”,生态补偿具有明显的政府主导特征。作为生态补偿的倡导者和主导者,政府在生态补偿的实施中、在生态补偿制度的构建上发挥着至关重要的作用。政府在建立和推动实施生态补偿方面发挥了主导性的作用,[2]天然林保护工程、退耕还林还草工程、防沙治沙工程、自然保护区工程、三北防护林工程等生态补偿项目莫不是在政府主导下得以实施的,每一个成功的生态补偿实践都与政府本身及政府间合作紧密相关。[3] 就目前我国生态补偿的实际情况而言,政府将始终是建立和完善生态补偿机制的主导者。[4] 生态补偿基本完全由政府来承担,生态效益以政府购买为主,政府规划在生态补偿机制中起着关键作用,政府是生态补偿机制的政策制定者、生态补偿机制的管理者、生态补偿机制的激励者和生态补偿机制的监督者。[5]

因此,基于我国现实国情考虑,尤其是从生态补偿的时代背景和阶段性特

---

〔1〕 刘广明:《协同发展视域下京津冀区际生态补偿制度构建》,载《哈尔滨工业大学学报》(社会科学版)2017 年第 4 期。

〔2〕 参见尤艳鑫:《构建我国生态补偿机制的国际经验借鉴》,载《地方财政研究》2007 年第 4 期。

〔3〕 参见卢艳丽、丁四保:《国外生态补偿的实践及对我国的借鉴与启示》,载《世界地理研究》2009 年第 3 期。

〔4〕 参见聂倩、匡小平:《公共财政中的生态补偿模式比较研究》,载《财经理论与实践》2014 年第 2 期。

〔5〕 参见孟姝瑱:《政府规划视角下生态补偿机制的建立与发展》,载《理论学习》2012 年第 6 期。

征来看,应确立政府在区际(域)生态补偿实施中的主导地位,以使区际(域)生态补偿机制更加合理,进而促进区际生态补偿的稳步实施。[1] 京津冀区际生态补偿制度的构建亦不应也无法脱离这一现实情况,因此,应明确政府的主导地位。

2. 基于生态环境公共产品属性及生态补偿本质的分析

从经济学的视角来看,生态环境属于典型的公共产品,具有消费的非竞争性和非排他性两个典型特征。[2] 非竞争性易造成生态利益和环境资源的过度使用,进而导致"公地悲剧"的形成;而非排他性则易诱发"搭便车"行为,进而导致生态利益和环境资源的供给不足。生态补偿的核心目的在于通过利益的调整与分配以解决生态环境保护问题。基于生态环境的公共产品属性,其无法凭借市场机制进行交易、实现供给,因此,必须确立政府在生态补偿中的主导地位,通过政府干预的适时介入,[3]以确保生态环境的有效保护与治理。政府作为生态环境这一公共产品的提供者、支付方符合理性人假定,既可以激励生态环境的供给,又可以最大限度减少"搭便车"现象,实现资源的最优配置。[4] 在生态补偿的实施中,政府主导作用和主体责任主要体现在两个方面:一是政府应承担起生态环境这一公共产品的供给责任;二是政府要引导其他社会主体参与生态环境的治理中并提供相应的制度保障。[5] 总之,生态环境的公共产品属性和生态利益的公益属性决定生态补偿应由政府主导,以政府补偿为主。[6]

此外,从生态补偿的本质来看,亦应确立政府的主导地位。生态补偿的本质在于解决生态环境保护所具有的正外部性内化的问题。生态环境的特性致使生态保护者所带来的边际社会收益大于边际私人收益,而生态破坏所造成的边际社会成本远高于边际私人成本,这种外部性特征造成私人对生态保护的投

---

〔1〕 参见林凌:《建立和实施区域生态补偿机制》,载《发展研究》2009 年第 8 期。

〔2〕 参见聂倩、匡小平:《公共财政中的生态补偿模式比较研究》,载《财经理论与实践》2014 年第 2 期。

〔3〕 参见李静云、王世进:《生态补偿法律机制研究》,载《河北法学》2007 年第 6 期;曹光辉:《生态补偿机制:环境管理新模式》,载《环境经济》2005 年第 11 期。

〔4〕 参见张媛、支玲:《优化中国森林生态补偿机制的契机分析》,载《林业经济问题》2014 年第 5 期。

〔5〕 参见张建伟:《新型生态补偿机制构建的思考》,载《经济与管理》2011 年第 3 期。

〔6〕 参见史玉成:《生态补偿制度建设与立法供给——以生态利益保护与衡平为视角》,载《法学评论》2013 年第 4 期。

入或生态服务的供应量减少，导致社会福利损失。要解决生态环境的外部性问题，政府应发挥主导作用，采取必要的干预政策。[1]

3. 基于政府独有优势的分析

政府主导具有体系化、层次化和组织化的优势，对于生态补偿的实施有其独特优势，主要体现在以下几个方面：

其一，关注社会整体效益。就生态环境保护事业而言，生态环境的治理、生态环境质量的改善需要投入巨大的物力、财力，且经济回报较低、回报周期较长，经济效益较低，由此决定多数微观市场主体没有投资环保、改善生态的动力。[2] 生态补偿亦是如此，虽社会效益显著，但经济效益低下，由此导致市场主体参与生态补偿的动力不足。但政府在此方面则具有其独特优势，因其更关注生态环保的整体社会效益而非短期的经济效益。

其二，在生态补偿主体难以确定以及短期性的生态补偿项目方面优势明显。在很多生态补偿项目中很难确定生态利益受益者和生态利益受损者，或者虽可对生态利益受益者和生态利益受损者予以界定但交易成本高昂，由此导致，以市场机制为核心的生态补偿模式难以落实。而政府补偿模式在此方面则具有其独特优势，政府在生态补偿可兼具生态补偿支付主体、生态补偿接受主体、生态补偿实施主体以及生态补偿监督主体等多重角色，由此不仅能够使生态补偿得以启动实施，而且能够在一定程度上降低生态补偿的实施成本。此外，对于周期短的生态补偿项目，政府主导亦有其特别优势，政府凭借其强制力有助于使各种补偿政策在项目周期内能够顺利落实（退耕、生态移民、环境治理等），在较短的时间内就可能会产生显著的现实效应（项目区域生态系统的恢复、环境质量的提升）。

其三，在大型生态补偿项目方面优势明显。较之于其他主体，政府具有良好的组织基础和动员能力，能够集中力量推进重大生态补偿工程的开展。[3] 对于某些规模较大、补偿主体分散、产权界定模糊的领域，政府仍是生态补偿的

---

〔1〕 参见刘英奎：《京津冀生态协作机制建设研究》，载《中国特色社会主义研究》2015 年第 1 期。

〔2〕 参见曹光辉：《生态补偿机制：环境管理新模式》，载《环境经济》2005 年第 11 期；苏禹：《环境行政中的生态补偿》，载《知识经济》2009 年第 18 期。

〔3〕 参见宋煜萍：《长三角生态补偿机制中的政府责任问题研究》，载《学术界》2014 年第 10 期。

主要承担者，为生态服务提供者提供直接的资金补偿。[1]

其四，能够提供稳定的资金来源。目前，在生态补偿的实施中还未形成切实有效的实施机制，主要依靠政府部门的投入推动。[2] 因此，从生态补偿的实践来看，政府具有支配数额可观的财政资金的能力，能够为区际生态补偿提供稳定的资金来源。

4. 基于政府法定职责的分析

京津冀区际生态补偿的政府主导系由政府的法定职责所决定的。2014 年《环境保护法》第 6 条第 2 款明确规定："地方各级人民政府应当对本行政区域的环境质量负责。"该法第 8 条则进一步规定："各级人民政府应当加大保护和改善环境、防治污染和其他公害的财政投入，提高财政资金的使用效益。"由上述规定可推知，保护本地区生态环境系地方政府的法定职责所在，而通过运用财政手段对与之毗邻并对其地区环境保护作出贡献的地区及相关主体予以经济补偿，进而实现本地区生态环境保护与改善目的亦应是对其环境保护法定职责的合理解读。作为区域生态环境保护和治理的关键主体，地方政府应在生态补偿的实施中发挥协调、组织、管理和推动的主导作用，[3] 这是其不可推卸的法定职责。

5. 基于生态补偿发展阶段特性及借鉴欧美发达国家经验的分析

无论是从理论研究还是从实践探索来看，政府和市场都能够成为生态补偿实施的重要力量，但在市场机制发育尚未成熟的现阶段，生态利益受损主体和生态利益受益主体难以界定，市场机制作用发挥的基本条件缺失，由此导致以生态利益受益主体向生态利益受损主体实施直接补偿为核心特征的市场补偿模式难以实行。[4] 与之形成鲜明对比的是，政府补偿模式则不受此限，其对于生态补偿实施的条件要求远低于市场补偿模式。正如有的研究者认为的那样，只要政府对生态补偿予以应有重视并具备相应财力，生态补偿机制就能迅速进

〔1〕 参见聂倩、匡小平：《公共财政中的生态补偿模式比较研究》，载《财经理论与实践》2014 年第 2 期。

〔2〕 参见夏云娇：《矿产开发生态补偿法律制度研究》，载《国土资源科技管理》2014 年第 1 期。

〔3〕 参见王喆：《协同治理京津冀生态困局：中央政府、地方政府各负其责》，载《中国经济导报》2015 年 5 月 16 日，B01 版。

〔4〕 参见李静云、王世进：《生态补偿法律机制研究》，载《河北法学》2007 年第 6 期。

入正常轨道,[1]进而发挥应有作用。由此决定,至少在建立生态补偿机制的初期阶段,政府主导作用的发挥至关重要。

从世界范围来看,尤其是从发达国家的生态补偿实践来看,政府主导仍是生态补偿的基本模式,政府购买仍是生态补偿实施的主要方式。例如,在法国、马来西亚的林业基金中,国家财政拨付占有很大的比重;[2]德国政府仍是生态效益的最大"购买者";[3]美国政府一直采取以"土地休耕计划"为代表的保护性退耕政策手段来实施生态补偿政策,即由政府购买生态效益、提供补偿资金,对为开展生态保护放弃耕作的农民进行机会成本补偿,以提高农民退耕还林的积极性,进而提高全国森林覆盖率和生态质量,或由政府购买生态敏感地区土地建立自然保护区直接实现生态环境保护目标。[4]

6. 基于京津冀区际生态补偿现实情况的分析

自20世纪80年代发轫以来,京津冀区域合作现已历经30余年,但在2014年京津冀协同发展这一重大国家战略明确之前,一直没有获得突破性进展。京津冀合作长期乏力、迟滞不前的原因复杂众多,但"两市一省"格局导致的行政主导型社会经济特征应是阻碍京津冀区域协同发展的梗阻所在,[5]"政府介入社会经济发展的程度过深、京津冀地区之间的行政权力差别过大"是障碍京津冀一体化的重要原因所在。一个典型的例证就是,在京津冀地区,北京市作为首都在权力等级上有着绝对的优势,北京市与天津市、河北省的关系,经常因其首都的身份地位而在某种程度上从一种"地方与地方之间的关系"转变为"中央与地方之间的关系"。可想而知,在一个地方政府构成主要角色的地区竞争模式中,参与其中的不同政府如果在行政权力上相差过大,甚至就直接构成上下级关系,其很难形成互相之间"有商有量、互相妥协"的局面,更容易产生的现象是以行政命令代替市场力量、以政治觉悟代替经济冲动。[6] 因此,我们在

---

〔1〕 参见董小君:《主体功能区建设的"公平"缺失与生态补偿机制》,载《国家行政学院学报》2009年第1期。

〔2〕 参见金三林:《国外生态补偿的政策实践及启示》,载《中国税务报》2007年6月25日,第8版。

〔3〕 参见卢艳丽、丁四保:《国外生态补偿的实践及对我国的借鉴与启示》,载《世界地理研究》2009年第3期。

〔4〕 参见尤艳鑫:《构建我国生态补偿机制的国际经验借鉴》,载《地方财政研究》2007年第4期。

〔5〕 参见孙久文、原倩:《京津冀协同发展的路径选择》,载《经济日报》2014年6月4日,第7版。

〔6〕 参见宣晓伟:《京津冀一体化究竟难在哪》,载《中国经济时报》2014年5月12日,第11版。

讨论包括区际生态补偿在内的京津冀协同发展问题时，应对京津冀地区行政力量失衡这一基点予以明确，这一前提为当前的许多现状构建了基础性的背景。[1] 与长三角、珠三角不同，京津冀利益关系更复杂，不仅政企、企业间存在利益冲突，为实现经济发展目标而相互竞争的各个行政区之间也需要在发展权利和生态利益之间进行协调，这是市场和一般社会主体现阶段无法做到的。[2]

京津冀区际生态补偿制度构建必然会涉及相关各方经济利益的再调整，以矫正其在生态利益分享和环境资源配置中所存在的不公，而作为公共利益的代表，政府的主要职责之一便是维护社会各方权益，创造性地整合和分配公共利益，京津冀生态补偿相关利益主体众多、关系复杂，这是一般市场主体和社会主体现阶段无法做到的，唯有政府予以适时介入、适当干预，方能实现区际生态补偿的既定目标。

最后，区际生态补偿政府主导模式的确立也是由市场补偿的缺陷所决定的。对于区际生态补偿而言，市场的缺陷是非常明显的，如果只通过市场来完成区际生态补偿，那么其缺陷将会一一暴露，而且市场低效率甚至无效率将进一步导致生态恶化。因此，对于区际生态补偿注定需要行政干预，即政府应承担主导这一机制体系的重任。[3]

（二）京津冀区际生态补偿中政府的作用

正如上文所言，京津冀区际生态补偿应确立政府主导的基本模式，而政府在京津冀区际生态补偿的实施中，主要具有以下作用：

1. 制定京津冀区际生态补偿规则

不以规矩，不能成方圆。京津冀区际生态补偿的实施需以相应规则的制定为前提，这种规则在形式上可能表现为法律，也可能表现为政策，而无论是制定法律还是出台政策，政府无疑都是一个非常重要的规则制定者。对于京津冀区际生态补偿法律的制定，设区的市及其以上政府拥有相应的立法权，因此，能够成为京津冀区际生态补偿法律的制定者之一；对于京津冀区际生态补偿政策的

---

〔1〕 参见孙爱东、梁恒等：《长三角与珠三角带给京津冀的启示》，载新华网：http://www.gd.xinhuanet.com/newscenter/2014－04/25/c_1110406145.htm，最后访问日期：2018年4月10日。

〔2〕 参见宋煜萍：《长三角生态补偿机制中的政府责任问题研究》，载《学术界》2014年第10期。

〔3〕 参见刘诗宇、张雪娇：《生态经济化视角下跨区域生态补偿机制研究》，载《商业时代》2014年第15期。

出台,政府则更有其先天优势。并且,从既有实践和现有研判来看,因区际生态补偿的实施属于一个新事物且京津冀协同发展战略的落实正处在探索阶段,因此,政策应该会成为京津冀区际生态补偿的主要规则形式,而政府则在此方面拥有更大的空间和作用力。在京津冀区际生态补偿规则的制定问题上,应注意两点:一是要切实推进京津冀三地协同,即由京津冀三地政府在平等协商、有效沟通的基础上制定适用于三地的京津冀区际生态补偿规则;二是要力争实现上位法或中央政策层面的突破,即要推动区际生态补偿在法律层面的规定或中央政策的出台。

2. 筹集京津冀区际生态补偿资金

从生态补偿的既往实践来看,政府财政系生态补偿资金的核心来源甚至是唯一来源。虽然从生态补偿的实际需求以及生态补偿的未来发展来看,要实现生态补偿资金筹集的多元化,生态补偿资金的来源决不能仅限于政府财政拨款,但就京津冀区际生态补偿而言,受所涉主体的多元性、发展阶段的初始性以及市场环境的羸弱性所限,政府财政应该成为京津冀区际生态补偿的核心来源,至少在未来很长一段时期内,应坚持这一基本原则。由此决定,筹集京津冀区际生态补偿资金应是政府主导作用发挥的重要途径之一。

3. 建立京津冀区际生态补偿协商沟通机制及相应平台

因区际生态补偿实施的横向性以及所涉主体的平等性,其无法像国家生态补偿、区域内生态补偿等纵向生态补偿凭借行政管理关系、依托行政权威而实施,而应建立在平等协商的基础上,因此,区际生态补偿协商沟通机制及相应平台的建立至关重要。在京津冀区际生态补偿的实施中,亦应坚持这一原则,且相应沟通协商机制及平台的建立应主要在政府层面。由此决定,建立京津冀区际生态补偿沟通协商机制及相应平台是政府主导作用发挥的又一重要途径所在。

4. 培育京津冀区际生态补偿市场环境

从长远来看,市场机制应在生态补偿的实施中发挥越来越重要的作用,这是生态补偿发展的主要方向。就京津冀区际生态补偿的实施而言,亦是如此。虽目前及今后很长一段时期内,政府机制应该成为京津冀区际生态补偿的主导模式,但从发展的眼光来看,随着生态补偿市场环境的完善、市场机制作用条件的完备,市场无疑会发挥越来越大的作用,市场在京津冀区际生态补偿的地位无疑会越来越高。因此,生态补偿市场环境的培育就显得尤为重要,而为促进生态补偿市场环境的尽早完善,政府应该在此发挥应有作用。总之,京津冀区际生态补偿市场环境的培育应成为政府主导作用发挥的重要途径之一,同时也是政府的职责所在。

二、京津冀区际生态补偿应充分发挥中央政府的重要作用

(一)京津冀区际生态补偿离不开中央政府作用的有效发挥

在确立政府主导模式的基础上,除须充分发挥京津冀三地各级政府的力量外,京津冀区际生态补偿的实施亦离不开中央政府作用的有效发挥,其原因如下:

1. 这是由京津冀特殊的区域关系所决定的

正如上文所述,京津冀协同发展长期合作乏力、迟滞不前的根本性原因就在于,三地深受“行政困境”束缚。与长三角、珠三角不同,京津冀区域发展从表面上来看是解决京津冀三方关系,但实际上是解决“三地四方”的关系。北京市一身二任,既是一个独立的直辖市,又是中央政府所在地,因此,中央政府成了关系京津冀区域协同发展关键的第四方。就京津冀发展而言,除区域间社会经济发展差距明显外,政治考量往往要大于经济判断也是京津冀区域发展的一个显著特点。由北京市的特殊地位所决定其在资源配置和行政协调的关系上都处于主动地位;而相对于北京市、天津市的直辖市地位,河北省则仅仅是一个省级行政区域。由此导致,河北省在京津冀协同发展中处于从属、被动地位。[1] 有研究者进一步指出,“三地四方”的特殊定位既导致京津冀区域关系界限的模糊,又阻断了京津冀三方解决问题的市场通道,严重地影响了区域之间的合作和协调。[2] 当前虽受益于京津冀协同发展这一重大国家战略的提出,在包括生态环境保护在内的京津冀协同发展问题上,河北省不再是“配角”而成为“主角”之一,京津冀平等、协同、互动的关系得以强化,但因协同发展所涉利益复杂、关系主体众多,若仅仅依靠市场和地方政府作用而缺乏中央政府

---

〔1〕 参见魏进平、刘鑫洋、魏娜:《京津冀协同发展的历程回顾、现实困境与突破路径》,载《河北工业大学学报》(社会科学版)2014 年第 2 期。

〔2〕 参见孙爱东、梁恒等:《长三角与珠三角带给京津冀的启示》,载新华网:http://www.gd.xinhuanet.com/newscenter/2014-04/25/c_1110406145.htm,最后访问日期:2018 年 4 月 10 日。

层面的协调推动,注定难以实现"互利共赢"的目标。因此,有专家指出,若没有中央政府的有效参与和国家层面的顶层设计,很多难题是无法得到有效解决的,京津冀协同发展的终极目标也难以实现。[1] 作为一个重大国家战略,京津冀协同发展已经远远超越了单纯区域发展的范畴,[2]其关涉京津冀两市一省及中央政府四方关系,而要打破长期存在的区域壁垒、突破现存的行政困境,只能由中央政府出面,并从国家的层面建立相应的政策机制。[3]

2. 这是由区际生态补偿已有实践经验所导出的

随着区域社会经济的发展,区域间的交流日益频繁,许多问题都涉及跨行政区层次,对于该类问题,单靠某一行政区域力量是无法解决的,而协商谈判机制又因各方分歧太大(尤其是对于涉及重大利益的跨区域问题)而难以达成共识。[4] 在此情况下,上级政府的适时介入就显得尤为必要,其依托行政管理关系、凭借行政权威,有助于促进分歧各方就所涉问题积极磋商、管控分歧。从已有实践来看,"上提一级"也是区际生态补偿得以成功实施的基本做法和重要经验,[5]即主要依靠上级政府的权威力量来主导推动生态补偿工作的开展。这一模式的广泛应用与我国行政体制密切相关。在我国现行行政体制下,上级政府通常能通过财政、人事等手段对下级政府实施有效的控制,[6]因此上级政府的权威有助于推动包括区际生态补偿在内的相关政策的实施。[7] 而从省际生态补偿的实践进展来看,得以成功实施的生态补偿案例则往往都离不开中央政府或其相关职能部门的推动。一个典型的例子就是新安江流域省际生态补偿的实施,2011 年启动的新安江流域跨省生态补偿试点工作,即是在财政部、环境保护部(现为生态环境部)等中央部门的组织协调下才得以在安徽和浙江

---

[1] 参见杨连云:《以深化改革推动京津冀协同发展》,载《经济与管理》2014 年第 4 期。

[2] 参见耿雁冰、张梦洁:《京津冀论一体化 建议成立国家级协调发展委员会》,载凤凰网:http://finance.ifeng.com/a/20140515/12335904_0.shtml,最后访问日期:2018 年 4 月 10 日。

[3] 参见周守财:《关于京津冀协同发展下生态文明建设的研究》,载刘邦凡主编:《中国社会科学研究论丛》(2015 卷第 2 辑),世界图书广东出版公司 2015 年版,第 33 ~ 38 页。

[4] 参见崔向华、王喆:《探索体制机制创新推进京津冀协同发展》,载《中国经贸导刊》2014 年第 34 期。

[5] 参见冷永生、李敏:《生态补偿机制建设的财政政策建议》,载《经济研究参考》2012 年第 42 期;武永义、熊圩清、方明媚:《陕北矿产资源地生态补偿横向转移支付探讨》,载《西部财会》2014 年第 12 期。

[6] 参见周映华:《流域生态补偿的困境与出路——基于东江流域的分析》,载《公共管理学报》2008 年第 2 期。

[7] 参见陈晓勤:《流域生态补偿中的地方政府合作》,载《发展研究》2008 年第 10 期。

两省之间顺利展开。[1] 在新安江流域生态补偿试点中,中央政府略带强制力的参与,更类似于一个“中间人”,在其中起到了必要的“协调”作用,使双方政府间的信息更加公开和对称。[2] 兼具“中间人”、监督者以及激励者等多重角色的中央政府通过对省际利益的协调,有助于促使省际关系从竞争、对抗走向合作、共赢。[3] 总之,在区(省)际生态补偿的实施中,中央政府发挥着非常重要的组织、引导、协调作用,中央政府的积极参与,对于减少地方政府间博弈的环节、降低谈判成本以及疏通地方政府间的沟通漏洞和争议点具有十分重要的意义,[4]能够为区(省)际生态补偿的顺利开展、有效实施提供重要保障和关键支撑。

3. 这是由区际生态补偿的特点所导致的

区际生态补偿的核心机制就在于通过由生态利益受益地区向生态利益受损地区或生态环境建设(保护)地区进行经济补偿,以弥补后者在生态利益分享或环境资源分配上所承受的不公平待遇或者是对其生态建设(保护、增益)行为予以必要激励,进而实现区域生态环境保护的最终目的。但基于“理性经济人”的假设,生态利益受益地区的补偿支付主体往往不愿意主动为其生态利益获益行为支付相应对价,实施生态补偿的内在动力显著不足,因为,在生态利益受益地区及相关主体看来,生态补偿的实施显然是以牺牲自身利益为代价的。而生态利益受益地区及相关主体(如地方政府)的有限理性则会引致地方利益固化,进而不仅导致区域生态公共产品供给的不足,而且还会造成区域生态环境的恶化。[5] 由于地方政府在区际生态环境保护与补偿政策中的利益追求不完全一致,所以地方政府的博弈往往会导致政府失灵。[6] 此外,因区际生态补偿所涉区域(生态利益受益地区和生态利益受损地区或生态环境建设、保

---

〔1〕 参见王树华:《长江经济带跨省域生态补偿机制的构建》,载《改革》2014 年第 6 期。

〔2〕 参见郭少青:《论我国跨省流域生态补偿机制建构的困境与突破——以新安江流域生态补偿机制为例》,载《西部法学评论》2013 年第 6 期。

〔3〕 参见杨晓萌:《中国生态补偿与横向转移支付制度的建立》,载《财政研究》2013 年第 2 期。

〔4〕 参见李齐云、汤群:《基于生态补偿的横向转移支付制度探讨》,载《地方财政研究》2008 年第 12 期。

〔5〕 参见齐子翔:《我国区际生态补偿机制研究——以京冀地区流域生态补偿为例》,载《生态经济》2004 年第 10 期。

〔6〕 参见安虎森、周亚雄、颜银根:《新经济地理学视阈下区际污染、生态治理及补偿》,载《南京社会科学》2013 年第 1 期。

护地区)之间没有直接隶属关系,因此无法像纵向生态补偿(国家生态补偿和区域内生态补偿)那样依托行政管理之权、凭借行政权威而实施生态补偿。由此决定,在区际生态补偿的实施中,仅仅依靠生态利益受益地区或生态利益受损地区是无法推动生态补偿正常开展的,而必须要依赖于上级政府的适时介入和必要干预。上级政府可通过建立相应激励约束机制,明确双方的权利义务,调适生态利益受益地区和生态利益受损地区之间的利益冲突,进而推动区际生态补偿的顺利开展和有效实施。

在省际区际生态补偿问题上,因生态利益受益地区经济相对发达处于强势地位而生态利益受损地区或生态环境建设(保护)地区经济相对落后处于弱势地位,由此决定,若缺乏中央政府强有力的组织协调,仅仅依靠所涉省级政府的磋商和谈判很难达成一致意见。中央政府的适时介入和必要干预,对省际区际生态补偿的实施至关重要,[1]是构建省际区际生态补偿的关键前提。此外,因中央政府在跨区域生态环境保护与全社会总产出最大化上的一致性,使中央政府只要能够突破财政收支约束,就会在全社会总支出水平增加的驱动下不遗余力地推进区际生态补偿政策。[2] 由此决定,只有在中央政府主导下,区际生态补偿政策才能得到有效实施。对于京津冀区际生态补偿的实施而言,亦是如此。

(二)京津冀区际生态补偿中央政府作用范围的界定

1.作用之一:提供必要资金支持

生态补偿的本质是通过经济利益的再分配以调整区域间生态利益分享或环境资源分配的不公平,因此,“钱由谁出”这一问题至关重要。依据生态补偿的基本原理,在京津冀区际生态补偿实施中,作为生态利益受益者的北京市和天津市及相关主体应成为生态补偿支付主体,即有义务向作为生态利益受损者或生态建设(保护)者的河北省及相关主体(如作为京津冀重点生态功能区的张承地区)支付相应对价,以实现保护区域生态环境、提升区域生态环境治理水平的目的。同时,在此过程中,作为“三地四方”区域关系中重要主体之一的

---

〔1〕 参见王树华:《长江经济带跨省域生态补偿机制的构建》,载《改革》2014年第6期。

〔2〕 参见安虎森、周亚雄、颜银根:《新经济地理学视阈下区际污染、生态治理及补偿》,载《南京社会科学》2013年第1期。

中央政府亦应有所作为,一个基本的要求就是为京津冀区际生态补偿的实施提供相应的资金支持。实际上,在省际生态补偿的实践中,中央政府的资金支持已有先例。例如,在新安江流域省际生态补偿中,中央政府就给予了相应的资金支持,与安徽、浙江两省共同出资成立了新安江流域生态补偿资金,以此作为地区间横向转移支付的财政专项。[1] 而从京津冀区际生态补偿的实际情况来看,中央政府的资金支持确实也是非常必要的。京津冀生态涵养区多为贫困地区,经济发展与环境保护矛盾的尖锐性决定必须要给予相当标准的经济补偿才能实现区域生态环境保护和经济状况改善的双重目标,这就意味着补偿标准不能太低、补偿资金数量不能太少,中央政府资金的注入不仅会极大减轻生态利益受益地区的经济支出压力,而且更有利于筹集更多资金支持生态涵养地区的社会经济发展和生态环境保护。此外,目前京津冀区域政府、民众及社会主体的环保意识、生态补偿认识虽有显著提高,但从整体上来讲,京津冀区际生态补偿还是一个新生事物,相关主体的观念认知度、制度接受度以及经济承受度也会有一个过程,因此,在京津冀区际生态补偿初始阶段,中央政府的资金投入就显得十分关键。

2. 作用之二:促进区域间沟通协调

从本质上来讲,区际生态补偿是所涉区域之间的经济利益再分配,因此,生态利益受益地区与生态利益受损地区、生态补偿支付主体与生态补偿接受主体之间的良性互动,应是区际生态补偿得以顺利开展、有效实施的关键所在。但正如上文所述,生态利益受益地区、生态利益受益者往往基于对于自身利益的考虑而不愿参与到区际生态补偿的实施中去,缺乏与生态利益受损地区、生态利益受损者的补偿共识,由此成为区际生态补偿实施的巨大梗阻。而在这一问题上,上级政府的适时介入就显得十分必要,上级政府可凭借其行政权威而推动生态利益受益地区、生态利益受益者(尤其是生态利益受益地区的政府)参与到区际生态补偿中,成为生态利益受益地区与生态利益受损地区、生态利益受益者与生态利益受损者沟通的“中间人”,进而促成生态补偿的实施。已有

[1] 参见徐键:《论跨地区水生态补偿的法制协调机制——以新安江流域生态补偿为中心的思考》,载《法学论坛》2012 年第 4 期。

实践亦证明,区际生态补偿的实施需要上一级政府的协调,[1]尤其是当区际生态补偿相关主体出现利益矛盾和利益冲突时,上级政府的调节、调控非常重要。[2] 而就省际生态补偿而言,中央政府的协调是落实生态补偿、实现生态环境保护的重要保证之一。[3] 中央政府的介入,有助于促进区际生态补偿相关主体(尤其是地方政府)进行协商对话,实现求同存异,化解利益冲突与矛盾,优化资源配置效率,制定更为合理的生态补偿政策,进而推进生态补偿的顺利开展、有效实施。[4]

在京津冀区际生态补偿的实施中,中央政府在区域间沟通协调方面的具体作用应主要体现为以下四个方面:(1)促成京津冀区际生态补偿协调机制的建立,搭建京津冀区际生态补偿利益协调平台,以协调京津冀三方对于区际生态补偿的差别性主张和区际生态补偿实施中所存在的现实矛盾;(2)参与京津冀区际生态补偿政策的制定、生态补偿标准的确定以及生态补偿方式的应用;(3)监督京津冀区际生态补偿的实施,查处违规不当行为;(4)组织争议仲裁,对京津冀区际生态补偿中所出现的纠纷予以妥适解决。

3. 作用之三:完善政府考核制度

从区际生态补偿的已有实践来看,其实施可谓困难重重,长期处于“跨不出省”的尴尬境地,这与行政管理体制的不科学直接相关,主要体现为政府考核制度的不完善。“因为在技术水平较低的早期工业化阶段,GDP 增长、财政收入增加可能与环境保护和资源节约存在内在冲突。”[5]以 GDP 为核心指标的政府考核制度促使地方政府“唯经济是瞻”,为达到考核要求,地方政府将地方经济发展确立为工作核心,以牺牲生态环境来换取经济的快速发展,追求本地区自利成为地方政府的行为导向,甚至有时为了地区、部门私利而损害全社

---

〔1〕 参见李齐云、汤群:《基于生态补偿的横向转移支付制度探讨》,载《地方财政研究》2008 年第 12 期。

〔2〕 参见张郁、丁四保:《流域生态补偿中的协商机制研究》,载《世界地理研究》2008 年第 2 期。

〔3〕 参见刘晓红、虞锡君:《基于流域水生态保护的跨界水污染补偿标准研究——关于太湖流域的实证分析》,载《生态经济》2007 年第 8 期。

〔4〕 参见李志萌:《流域生态补偿:实现地区发展公平、协调与共赢》,载《鄱阳湖学刊》2013 年第 1 期。

〔5〕 参见郭日生主编、中国 21 世纪议程管理中心编著:《生态补偿原理与应用》,社会科学文献出版社 2009 年版,第 194 页。

会公利或是关联地区的合法权益，最终阻碍了区域内生态环境的治理。[1] 在面对区际生态补偿问题时，为避免对自身经济发展造成影响，有意推诿、逃避应有责任，进而致使区际生态补偿实施举步维艰。

因此，要推进区际生态补偿的实施，就必须完善现行的政府考核制度，强化生态环境保护要求，弱化经济增长要求，以为生态补偿的实施确立正向的激励与导向机制。具体而言，主要体现在以下两个方面：一是改变单纯以 GDP 为核心的绩效考核方式，在绩效考核中引进生态指标，[2] 确立政府绩效考核的绿色导向，明确发展过程中生态环境保护的政府责任，从根本上扭转地方政府片面追求 GDP 的政绩观。[3] 其关键就是要用绿色 GDP 来补充和修正现行的 GDP 核算制度。绿色 GDP 是对 GDP 指标的一种调整，是扣除环境污染的损失和保护环境资源的支出后的国内生产总值。2005 年我国北京市、辽宁省等 10 个省市开展了绿色 GDP 核算试点工作。实行绿色 GDP 考核制度，一方面，有利于约束一些地方干部只重经济增长数量、不顾经济发展质量的急功近利行为；另一方面，也有助于形成自然资源和环境价值的衡量标准，进而促进区域间进行生态产品的交易。[4] 而对要实行区际生态支付基金的区域来说，在计算财政向生态基金的拨付数额时，也就有了明确的生态产值的计量依据。[5] 在绩效考核中应当全面衡量科技创新成果、资源利用效率、社会治理水平、经济结构调整和转型升级、环境治理、生态文明建设等方面的绩效。二是针对不同类型区，实行分类分级考核的指标体系。如对主体功能区划中的限制开发区和禁止开发区以及生态功能区划中的生态职能区应更多地考核生态保护与建设成效指标，而非 GDP 和增速指标。[6] 总之，唯有完善政府考核制度，方能促进地方政

---

[1] 参见金太军、张劲松：《政府的自利及其控制》，载《江海学刊》2012 年第 2 期；宋煜萍：《长三角生态补偿机制中的政府责任问题研究》，载《学术界》2014 年第 10 期；金太军、陈雨婕：《论长三角区域生态治理政府间的协作》，载《阅江学刊》2012 年第 2 期。

[2] 该生态指标应该是一个指标体系，应主要包括单位 GDP 原材料的消耗程度、单位工业增加值能耗、能源资源消耗强度和环境污染程度等具体指标。

[3] 参见杜军玲、杨朝英：《京津冀联动堵疏结合治霾——民建中央建言京津冀地区空气污染治理系统工程》，载《人民政协报》2014 年 3 月 3 日，第 17 版。

[4] 参见王跃涛：《区域间生态转移支付的财政政策研究》，载《财会研究》2010 年第 4 期。

[5] 参见郑雪梅：《生态转移支付——基于生态补偿的横向转移支付制度》，载《环境经济》2006 年第 7 期。

[6] 参见安晓明、郭志远：《跨省域生态补偿的政府作为研究》，载《广西社会科学》2012 年第 7 期。

府优先保护生态环境并形成区域协同保护的共识。就京津冀而言,为推进区际生态补偿的实施,中央政府亦应完善其政府考核制度,可以考虑变单一以 GDP 为中心的考核机制为 GDP 与 GEP 双轨考核机制。[1]

4. 作用之四:参与规则制定

如上文所述,规则制定是保障生态补偿实施的必备条件,而在京津冀区际生态补偿实施中,无论是相应法律的制定还是相关政策的出台,政府都会也应该成为主要的规则制定者。从中央政府作用的发挥来看,参与规则制定无疑是其主要作用途径。较之于地方政策和地方法规,行政法规和中央政策的权威性无疑要强大许多,因此,基于有效促进京津冀区际生态补偿实施的考虑,应该强调并发挥中央政府在此方面的作用,以推动相应行政法规的制定和相关中央政策的出台,进而为实际工作的开展提供有效指引。

三、京津冀区际生态补偿应重视市场作用的有效发挥

(一)重视市场作用发挥的原因

就生态环境保护与治理而言,市场失灵和政府失灵系导致生态环境问题产生的根本原因所在,因此,只有通过政府与市场的共同作用,才能维持生态—社会—经济的可持续发展。[2] 在生态补偿问题上亦是如此,政府与市场并非相互对立而是相互依存,政府作用的发挥并不排斥市场作用的发挥,而市场作用的发挥则有赖于政府的合理引导,二者共同作用、良性互动是确保生态补偿持续运行的重要条件。[3] 市场补偿是政府补偿的有益补充,是促进生态补偿有效实施的关键所在。[4] 京津冀区际生态补偿政府主导模式的确立并不排斥市场作用的发挥,并且若要深入推进京津冀区际生态补偿,需在明确政府主导的基础上,重视市场作用的有效发挥,其主要原因如下:

---

〔1〕 参见齐子翔:《我国区际生态补偿机制研究——以京冀地区流域生态补偿为例》,载《生态经济》2014 年第 10 期。

〔2〕 参见刘广明:《京津冀:区际生态补偿促进区域间协调》,载《环境经济》2007 年第 12 期。

〔3〕 参见孔凡斌:《生态补偿机制国际研究进展及中国政策选择》,载《中国地质大学学报》(社会科学版)2010 年第 2 期。

〔4〕 祝尔娟、潘鹏:《对完善京津冀生态补偿机制的理论思考与政策建议——政府补偿与市场补偿有机结合》,载《改革与战略》2018 年第 2 期。

1. 基于政府补偿模式缺陷的分析

从已有实践来看，在生态补偿的实施上，政府虽有其特别优势，发挥了巨大作用，但同时也存在不足与缺陷，其突出体现在以下三个方面：

（1）政府补偿的整体效率和长期效益偏低。一方面，在政府主导的生态补偿实践中，利益部门化现象严重、行政色彩浓厚，由此导致生态补偿的实施成本过高，而部分地区所存在的官僚主义、权力寻租等问题所带来的负面效应则更为显著。一个典型的例子就是在生态补偿实践中呈现"三多三少"现象，即生态环境建设者和生态利益受损者的成本支出多但所获补偿少、生态补偿管理部门获得收益多而生态利益实际受损者所得补偿少、生态补偿中间环节截流多而末端补偿少。[1] 另一方面，在政府主导的生态补偿中，相关决策与设计往往以政府为中心，而生态补偿其他主体（尤其是受偿者）多居于被动地位，[2] 由此导致生态补偿标准制定、生态补偿方式确定等偏离实际需求，进而影响生态补偿的实施效果。除此之外，政府补偿项目的短期性直接导致生态补偿效果的大打折扣，而政府对生态资源定价过低甚至会起到刺激资源过度消费的负面作用，进而引发更大规模的生态破坏后果。[3]

（2）补偿资金来源单一、规模有限，不能完全满足生态补偿的实际需要。在政府主导下的生态补偿项目中，补偿资金的财政保障虽然稳定且具有一定规模，但从总体上讲，其很难满足生态补偿的实际需要。当前，我国生态环境建设方面的前期欠账太多，仅靠政府财政投入远远不够，加之，省级以下的财政转移支付制度极不健全，由此导致财政支付不到位的现象经常发生，生态环境建设资金难以保证。[4] 此外，生态补偿资金来源的单一也降低了生态补偿的持续性。政府主导生态补偿项目的实施高度依赖于财政预算资金安排，若遭遇政府政策调整或机构变迁，可能导致相应生态补偿项目被取消，并且很多项目多有明确的期限限制，项目到期也就意味着财政资金支付的结束，由此极大地影响

---

〔1〕 参见胡晓登、刘娜：《中国生态补偿机制的缺陷与改革》，载《贵阳市委党校学报》2011 年第 3 期。

〔2〕 参见聂倩、匡小平：《公共财政中的生态补偿模式比较研究》，载《财经理论与实践》2014 年第 2 期。

〔3〕 参见葛颜祥、吴菲菲等：《流域生态补偿：政府补偿与市场补偿比较与选择》，载《山东农业大学学报》（社会科学版）2007 年第 4 期。

〔4〕 同上。

了生态补偿的持续性。[1]

(3)有违责权义对等原则。权义对等原则是区际生态补偿实施所必须遵循的基本原则之一,唯有在区际生态补偿实施中实现相关主体在权利义务配置上的对等,方能促进区际生态补偿的顺利开展、有效实施。政府补偿具有诸多优势,却在一定程度上有违权义对等的基本原则。例如,在政府主导模式下,由政府来对生态利益受损地区(生态环境建设、保护地区)及相关主体进行补偿,实质上变成全民对生态利益受益者负责,削弱了生态受益者对生态服务价值的认同。[2] 总之,仅靠政府补偿将导致生态利益受益者与受损者脱节,难以体现生态补偿各主体的权、责、利的统一,[3]因此,在坚持京津冀区际生态补偿政府主导基本模式的同时,要充分发挥市场机制的作用,以弥补政府补偿的内在缺陷。

2. 基于市场补偿独特价值的分析

国内外的实践证明,较之政府补偿,市场补偿具有实施成本低、适用范围广、决策程序民主等优势,[4]其合理应用有助于解决生态服务中的低效率供给、生态资源再分配过程中的"政府失效"、区域间生态矛盾、公共服务不公、"搭便车"以及由此造成的区域经济福利差异等问题,有利于优化资源配置、提高资源利用效率、减少政府间谈判过程、降低协商成本、提高生态补偿效率、提升区域整体福利。[5] 尤其是对于产权明晰、交易成本低的生态补偿项目,市场补偿有其比较优势,其合理应用是对"谁受益,谁补偿"原则的应有体现,有利于防止寻租等交易外成本的产生,有助于社会公平和帕累托最优的实现。[6] 此外,市场化生态补偿方式通过经济利益的再调整、再分配可以有效刺激各利益相关主体,扩大相关主体的参与度,增强生态补偿的活力,并有助于引导"输血式"生态补偿向"造血式"生态补偿转变。[7] 因此,市场补偿能够且应该成

---

〔1〕 参见聂倩、匡小平:《公共财政中的生态补偿模式比较研究》,载《财经理论与实践》2014 年第 2 期。

〔2〕 同上。

〔3〕 参见葛颜祥、吴菲菲等:《流域生态补偿:政府补偿与市场补偿比较与选择》,载《山东农业大学学报》(社会科学版)2007 年第 4 期。

〔4〕 参见王燕:《构建政府为主市场为辅的水源地生态补偿机制》,载《中国财政》2010 年第 17 期。

〔5〕 参见秦娜:《区域生态补偿的福利经济学诠释》,载《中共山西省委党校学报》2014 年第 4 期。

〔6〕 参见宋煜萍:《长三角生态补偿机制中的政府责任问题研究》,载《学术界》2014 年第 10 期。

〔7〕 参见何雪梅:《生态利益补偿的法制保障》,载《社会科学研究》2014 年第 1 期。

为政府补偿的有益补充,并且可以预见的是,市场补偿会在生态补偿中扮演越来越重要的角色。

就京津冀区际生态补偿而言,应在明确政府主导的基础上,重视市场补偿作用的发挥。唯有充分把握好“市场之手”,才有望打破现有利益樊篱,改变原有的“一亩三分地”的思维定式;唯有充分发挥市场在区域生态利益分享和环境资源分配中的重要作用,才有望实现区域生态环境协同治理所要想带来的综合效应。总之,就京津冀区际生态补偿而言,除须秉持政府主导的基本模式外,还要充分发挥市场的应有作用、把握好“市场之手”,并建立相应的体制机制,唯有如此,才能实现京津冀区际生态补偿的既定目标。

3. 基于生态补偿发展趋势的分析

从已有实践来看,生态补偿基本上经历了一个由政府主导向市场主导的发展历程。[1] 在生态补偿实施之初,由政府补偿的优势所决定,加之,市场补偿作用条件的缺失,政府主导当仁不让地成了生态补偿的基本模式;而随着生态补偿的深入,市场补偿环境的完善、市场补偿作用条件的完备,市场补偿的作用领域日渐扩大、市场补偿的制度优势日益显现,相应地,在生态补偿中的地位越来越高,并在特定领域成为生态补偿的主导模式。较之于政府补偿,市场补偿具有直接性与多元化的特点,具备资金来源广、制度运行成本低的优点,对于补偿规模较小、补偿主体集中、产权界定清晰的生态补偿项目具有比较优势,因此,应成为生态补偿机制创新的主要方向。[2] 就京津冀区际生态补偿的制度构建及其实施而言,亦应如此,须在确定政府主导的同时,着力培育市场补偿环境、完善市场补偿作用条件,充分发挥市场补偿的应有作用,与政府补偿形成相互配合、实现良性互动,进而推动生态补偿走向深入以充分发挥其应有制度功效。

(二)强化市场作用发挥的路径

从京津冀的现实情况来看,在生态保护领域,市场化的生态利益分享和环境资源分配机制尚未完善,生态涵养地、重点生态功能区的生态优势还未有效转化为发展优势,突出体现为生态产品和生态资源配置尚未市场化,由此导致

---

〔1〕 参见王清军、蔡守秋:《生态补偿机制的法律研究》,载《南京社会科学》2006 年第 7 期。

〔2〕 参见王蓓蓓、王燕、葛颜祥、吴菲菲:《流域生态补偿模式及其选择研究》,载《山东农业大学学报》(社会科学版)2009 年第 1 期。

生态利(效)益输出地与生态利(效)益受益地之间的经济发展差距日益加大,二者之间的矛盾日益加剧。[1] 充分发挥市场应有的作用,深入推进京津冀区际生态补偿,亟须从以下五个方面着手开展工作:

1. 明晰生态产权

从理论上来看,市场作用的发挥、市场补偿方式的应用须以生态产权的明晰为前提性条件,[2]即只有生态产权清晰,并且交易成本也足够低,市场主体才可以通过产权交易的方式实现生态产品和环境服务的帕累托效率。[3] 但从生态补偿的已有实践来看,生态产权不清已成为制约市场作用发挥、市场补偿方式应用的重要原因之一。生态产权不清导致生态服务交易双方的权利和责任不明确,造成生态服务提供者的利益无法得以有效维护,制约了其参与生态补偿、保护生态环境的积极性。[4] 因此,在京津冀区际生态补偿的实施中,要充分发挥市场的应有作用,须首先明晰生态产权并实现生态产权的合理分配,实现生态利益和环境资源的资本化,使环境要素的价格能真正反映其稀缺程度,进而为生态补偿的实施、生态补偿制度的建立奠定坚实的基础。但需要说明的是,我们此处所论及的生态产权明晰与物权法意义上自然资源权属界定虽存在密切联系,但亦有所区别,实际上属于两个问题。以水资源为例,依据我国现行法律规定,水资源的所有权无疑属于国家,[5]但水资源的生态产权主体则不一定限于国家,其可以是多元的。在区域水资源分享中,为水资源保护与节约作出贡献的相关主体应能成为水资源的生态产权主体,也正因如此,其才有资格就区域水资源分配不公问题主张相应经济补偿。

2. 完善创新市场生态补偿方式

在京津冀区际生态补偿的制度构建及其实施中,强化市场作用的发挥除须

---

〔1〕 参见王玫:《京津冀协同发展背景下河北生态环境建设思路及建议》,载《共产党员》2015 年第 14 期。

〔2〕 参见李爱年、彭丽娟:《生态效益补偿机制及其立法思考》,载《时代法学》2005 年第 3 期;何雪梅:《生态利益补偿的法制保障》,载《社会科学研究》2014 年第 1 期。

〔3〕 参见任毅、刘薇:《市场化生态补偿机制与交易成本研究》,载《财会月刊》2014 年第 22 期。

〔4〕 参见聂倩、匡小平:《完善我国流域生态补偿模式的政策思考》,载《价格理论与实践》2014 年第 10 期。

〔5〕 《中华人民共和国水法》第 3 条明确规定:"水资源属于国家所有。水资源的所有权由国务院代表国家行使。农村集体经济组织的水塘和由农村集体经济组织修建管理的水库中的水,归各该农村集体经济组织使用。"

首先明晰生态产权外，还须在此基础上完善创新市场生态补偿方式，关键是把握好以下两点：

首先，要完善以排污权交易为代表的传统市场生态补偿方式。作为在生态环境治理方面应用最广、实施最成功的市场化生态补偿方式之一，排污权交易在我国早已引入，但多停留在局部地区和个别案例上。完善排污权交易以充分发挥市场在生态补偿中的应有作用进而切实推进京津冀区际生态补偿，其关键就是要在实现差别化排污许可管理的基础上，完善排污权交易机制、加大排污权交易力度。所谓差别化排污许可管理，就是要根据京津冀各区域生态功能定位的不同而实施宽严有别的排污许可政策，一个基本原则就是，"优化开发区域要严格限制，重点开发区域要合理控制，限制开发区域要从严控制，禁止开发区域不予许可"。[1] 同时，在此基础上，要积极搭建京津冀排污权交易市场、完善京津冀排污权交易机制，进而充分发挥排污权交易的制度功效，以实现京津冀区际生态补偿目的和京津冀区域生态环境的有效治理。此外，还要完善京津冀水权交易机制，充分发挥水资源保护与配置在京津冀区域社会经济协同发展中的重要作用。

其次，要积极创新以碳排放权交易、生态标记、生态旅游为代表的新型市场化生态补偿方式。例如，对作为京津冀生态环境支撑区、京津冀水源涵养功能区以环境保护方式生产区的产品进行生态标记，通过市场价格机制的作用，实现对京津冀生态环境保护者、建设者的应有补偿，进而保障生态环境保护的持续性。[2]

3. 建立健全生态补偿市场

除明晰生态产权外，市场作用的发挥、市场补偿方式的应用还须以完善的生态补偿市场为必要条件，生态补偿市场的建立将会为利益相关方提供充分协商与博弈的平台，并有助于发挥市场机制对于生态资源供求的引导作用。在生态补偿实践中，生态补偿市场建设的滞后及相应制度的缺失，造成生态服务市

〔1〕 冯俏彬、雷雨恒：《生态服务交易视角下的我国生态补偿制度建设》，载《财政研究》2014 年第 7 期。

〔2〕 参见李惠茹、丁艳如：《京津冀生态补偿核算机制构建及其推进对策》，载《宏观经济研究》2017 年第 4 期。

场的供需双方之间尚未建立直接联系,导致生态服务的价值难以得到真实反映。[1] 因此,在京津冀区际生态补偿的实施中,若要发挥市场的应有作用、推进市场补偿方式的应用,须着手建立健全生态补偿市场,探索排污权交易、碳排放权交易等市场化生态补偿方式,鼓励生态环境建设者或生态利益受损者与生态利益受益者之间通过自愿协商以推进生态补偿的有效实施,[2] 而在此方面,政府应有所作为。政府应对生态补偿市场的建立健全予以必要激励和支持,以加强生态服务供给与需求市场的培育,构建市场化的生态服务交易平台,并应鼓励第三方专业机构或中介组织的发展,以形成市场化的生态服务价值评估体系。[3] 此外,还应积极创新市场补偿方式,降低生态服务交易费用,进而鼓励补偿者和受偿者自愿协商通过产权流转的方式实现市场化的生态利益补偿。[4]

4. 加快形成生态服务交易价格机制

价格机制是市场作用发挥的核心机制之一。只有合适的价格才能正确反映供给和需求,才能正确调动资源流向最需要的地方,从而保证资源最大限度的合理使用。[5] 在京津冀区际生态补偿实施中,若要发挥市场的应有作用、推进市场补偿方式的应用,需要加快形成反映京津冀地区生态服务交易市场供求关系的价格机制,进而为生态补偿的实施提供价格信号指引。[6]

5. 完善相应配套制度

在明晰生态产权、建立生态补偿市场的基础上,要充分发挥市场在生态补偿中的作用、推进市场补偿方式的应用,还须构建相应的配套制度,如交易规则的明确、生态服务的计量认证和监测、项目进行中的监督评估等,以夯实市场化生态补偿机制运转的制度基础。[7] 此外,还应构建良好的市场生态补偿管理

---

[1] 参见聂倩、匡小平:《完善我国流域生态补偿模式的政策思考》,载《价格理论与实践》2014 年第 10 期。

[2] 参见李果仁:《国外生态补偿政策的借鉴与启示》,载《中国财政》2009 年第 13 期。

[3] 参见秦娜:《区域生态补偿的福利经济学诠释》,载《中共山西省委党校学报》2014 年第 4 期。

[4] 参见何雪梅:《生态利益补偿的法制保障》,载《社会科学研究》2014 年第 1 期。

[5] 参见宋涛:《运用市场机制推进京津冀环保一体化》,载《中国环境报》2014 年 6 月 11 日,第 2 版。

[6] 参见刘薇:《京津冀生态协同发展的创新思路与路径》,载《学习月刊》2015 年第 2 期。

[7] 参见聂倩、匡小平:《完善我国流域生态补偿模式的政策思考》,载《价格理论与实践》2014 年第 10 期。

与协调机制。[1]

四、京津冀区际生态补偿应重视公众参与作用的发挥

(一)重视公众参与作用发挥的原因

在人类社会发展中,公众(民)参与是国家走向政治民主和政治文明不可分割的部分,是公众(民)进入公共生活领域,参与治理,对那些关系其生活质量的公共政策施加影响的基本途径。[2] 特别是自20世纪六七十年代以来,公众(民)参与运动持续高涨,时至今日,其在社会政治生活中已发挥着极为重要的作用并产生了巨大的影响力。[3] 对于公共管理者而言,无论是在问题的确立上、问题的回应上,还是在被接受方案的执行上,都必须让更多的公众(民)参与进来。[4] 在区域生态环境的治理中,除了要充分发挥政府和市场的作用外,还必须要寻找第三条道路,即生态环境的治理还应依靠社会机制的作用。具体而言,主要是通过公众参与方式来推进生态环境治理、实现生态环境保护。[5] 京津冀区际生态补偿之所以应重视公众参与作用的发挥,本质上是由环保事业的性质所决定的。环保事业是一项典型的"公众事业",没有任何一个问题能够像环保问题一样与每个社会主体休戚相关。[6] 环保问题涉及广大公众的切身利益,环境问题的解决、生态环境的治理离不开广大社会公众的大力支持。[7] 由此决定,保护生态环境是每个社会主体的应有之责,人人都有义务参与生态环境的保护。[8] 此外,已有实践亦证明,生态环境问题的发现与治理也离不开广大公众的积极参与和全力支持。从发达国家的经验来看,重视公

---

〔1〕 参见刘薇:《京津冀生态协同发展的创新思路与路径》,载《学习月刊》2015年第2期。

〔2〕 参见程样国、陈洋庚:《理性与激情的平衡——论公共政策制定中的公民适度参与》,载《行政论坛》2009年第1期。

〔3〕 参见向玉琼:《公民参与与"政策悖论"及其解决途径》,载《理论探讨》2006年第6期。

〔4〕 参见[美]B.盖伊·彼得斯:《政府未来的治理模式》,吴爱明、夏宏图译,中国人民大学出版社2001年版,第68页。

〔5〕 参见王家庭、曹清峰:《京津冀区域生态协同治理:由政府行为与市场机制引申》,载《改革》2014年第5期。

〔6〕 参见常纪文:《京津冀生态环境协同保护立法的基本问题》,载《中国环境管理》2015年第3期。

〔7〕 参见黄涛珍、李爱萍:《国外生态补偿机制对我国流域生态补偿的启示》,载《水利经济》2014年第6期。

〔8〕 参见王宗廷:《生态补偿的法律蕴含》,载《理论月刊》2005年第6期。

众参与作用是实现生态环境保护和治理的关键因素。[1] 生态环境保护人人有责,生态环境污染人人受害,身兼多重角色的社会公众在区域生态环境协同治理中不可或缺:[2] 首先,公众是生态环境改善的直接受益者,由此决定,包括区际生态补偿在内的生态环境治理与其利益休戚相关。其次,公众是包括区际生态补偿在内的生态环境治理的监督者,公众监督作用的充分发挥是保障生态环境治理走在正确道路上的关键。最后,公众还是包括区际生态补偿在内的生态环境治理的参与者、推动者,其应有作用的充分发挥,有助于提高生态环境治理的效果。由此决定,区际生态补偿的实施必须要重视公众参与作用的发挥。

此外,重视公众参与作用的发挥也是由区际生态补偿的本质所决定。生态补偿的本质就是通过对生态补偿相关利益者的经济利益予以再调整和分配以矫正区域生态利益分享和环境资源分配不公进而实现区域生态环境的保护和改善,对于这样一个涉及诸多利益相关者的制度安排,要确保其科学、合理,一个基本的前提就是必须让利益相关各方公平参与到生态补偿的过程中。[3] 对于区际生态补偿而言,所涉区域的广大公众无疑是重要的利益相关者,区域生态环境好坏直接关系其切身利益,同时,广大公众也是区域生态利益的最终享有者,因此,在区际生态补偿的实施中,必须要重视公众参与作用的发挥。

综上所述,就京津冀区际生态补偿的实施而言,必须要重视社会公众参与作用的发挥,也唯有重视公众参与、发挥社会力量也才能确保相关制度设计和政策安排科学合理,进而才能确保京津冀区际生态补偿既定目标的有效实现。

(二)公众参与的作用方式界定

正如上文所述,在京津冀区际生态补偿的实施中,需要在坚持政府主导的基础上,重视公众参与作用的发挥,而公众参与的具体作用方式主要体现在以下四个方面:

1. 资金筹集

资金筹集,是公众参与作用发挥的首要方式。作为一项以经济手段调整生

---

[1] 参见黄涛珍、李爱萍:《国外生态补偿机制对我国流域生态补偿的启示》,载《水利经济》2014 年第 6 期。

[2] 参见刘英奎:《京津冀生态协作机制建设研究》,载《中国特色社会主义研究》2015 年第 1 期。

[3] 参见刘成玉、孙加秀、周晓庆:《推动生态补偿机制从理念到实践转化的路径探讨》,载《生态经济》2007 年第 3 期。

态利益分享和环境资源分配不公进而实现生态环境保护的制度安排,“钱”始终是区际生态补偿的核心问题,而“钱从何处来”问题的解决则是至关重要的。我国现行生态补偿资金筹资机制,与生态补偿的主导模式相适应,以政府财政投入为主体,〔1〕但政府主导模式的缺陷之一就在于资金筹集的有限性。目前政府(尤其是地方政府)对于生态补偿的资金支持力度较弱,即便在未来有所增长,但仅靠政府财政资金供给注定是无法满足区际生态补偿的实际需要的。生态补偿必须要解决“钱”的问题,就区际生态补偿资金的筹集而言,多元化是唯一出路。相对于政府财政资金的有限性,社会资金无论在数量还是灵活性上都具有较大优势,其能够成为政府公共支付体系的有力补充。〔2〕建立完善的社会资金筹集机制以吸引社会资金流向生态补偿领域,有助于极大的缓解政府在生态补偿方面所面临的巨大压力,有利于填补巨大的生态补偿资金缺口,有利于提高生态补偿的标准,有利于夯实生态补机制运行的基础,进而有助于推进区际生态补偿的顺利开展、有效实施。〔3〕

2. 社会监督

社会监督,是公众参与作用发挥的另一重要方式。作为公众表达利益诉求和行使监督权力的一种重要形式,社会监督有助于实现对公权力的制约。〔4〕从已有实践来看,由于生态补偿所涉利益关系十分复杂,单一的政府监督已经远不能适应生态补偿的需求,因此,必须适时引入其他监督力量并建立相应的监督机制,而社会监督因监督主体广泛且民主性突出,因而能够成为政府监督的有力补充,有助于生态补偿的规范运行。〔5〕从一定意义上来讲,社会监督作用的发挥不仅是公民的义务所在,也是公民维护自身权利的重要体现。〔6〕在区际生态补偿的实施过程中,社会监督必不可少,其具体作用主要体现在以下三个方面:(1)作为利益相关者,公众对于环境问题有着直接体验、深刻认识,

---

〔1〕参见黄寰:《论生态补偿多元化社会融资体系的构建》,载《现代经济探讨》2013 年第 9 期。

〔2〕参见贾若祥、曹忠祥:《地区间横向生态补偿的总体思路》,载《中国经贸导刊》2014 年第 30 期。

〔3〕参见张媛、支玲:《优化中国森林生态补偿机制的契机分析》,载《林业经济问题》2014 年第 5 期。

〔4〕参见鲜开林、史瑞:《贫困山区生态补偿机制问题研究——以山西太行山区为例》,载《东北财经大学学报》2014 年第 2 期。

〔5〕参见才惠莲:《我国跨流域调水生态补偿法律问题的探讨》,载《武汉理工大学学报》(社会科学版)2014 年第 2 期。

〔6〕参见张术环、杨舒涵:《生态补偿的制度安排体系研究》,载《前沿》2010 年第 19 期。

尤其是生态利益受损地区或生态环境建设(保护)地区的公众,对于生态补偿有着强烈要求,社会监督作用的发挥将极大地提高生态补偿的及时性。(2)作为利益相关者,公众对于生态补偿资金使用的规范性有着强烈诉求,社会监督作用的发挥有助于提高生态补偿资金使用的透明度。(3)作为独立的第三方,社会监督作用的发挥有助于理顺监督体制,破除政府"自己监督自己"的体制缺陷,防范政府之间及政府部门之间的内耗扯皮,进而实现生态补偿的及时、规范和高效。[1]

3. 决策参与

决策参与,是公众参与的又一重要作用方式。公众对生态补偿决策的有效参与,有助于提高政策设计、标准制定、方式确定等重大事项的科学性、合理性,有助于防范生态补偿的决策风险。[2] 从已有实践来看,强调公众对于生态补偿决策的参与十分重要,其有利于克服过去在政策制定过程中缺乏利益相关者的充分参与、只体现政府或特殊利益集团意志的缺陷,[3]进而促进生态补偿的科学化、合理化,提升生态补偿的成效。

4. 生活方式转型

公众参与还有一个重要作用方式,不同于前三者,这一作用是对公众自身而言的,即公众参与有助于推动广大公众生活方式实现绿色转型,进而促进生态环境的保护。广大公众对于生态环境治理的参与,有助于提升其环保理念,有助于强化其对于生态补偿的科学认知,有助于促进其从日常生活的点滴入手,逐步实现生活方式的绿色转型,[4]进而有助于推进生态补偿的顺利开展、有效实施。

(三)强化公众参与作用发挥的路径

较之于其他领域,目前公众对于生态补偿的参与尚处于起步阶段,对于生态补偿的参与程度还很低,其应有作用远未发挥。强化公众参与作用的发挥,

---

[1] 参见方竹兰:《论建立政府与民众合作的生态补偿体系》,载《经济理论与经济管理》2010年第11期。

[2] 参见伊媛媛:《论我国流域生态补偿中的公众参与机制》,载《江汉大学学报》(社会科学版)2014年第5期。

[3] 参见张术环、杨舒涵:《生态补偿的制度安排体系研究》,载《前沿》2010年第19期。

[4] 参见王喆:《协同治理京津冀生态困局:中央政府、地方政府各负其责》,载《中国经济导报》2015年5月16日,B01版。

关键是从制度设计层面为其创造相应条件并提供必要激励，[1]尤其是要发挥政府的引领和支持作用，当前亟须着手做好以下四个方面的工作：

1. 加强公众参与的宣传教育

公众生态补偿参与意识的培育、参与能力的提高、参与热情的激发是在生态补偿领域有效发挥公众参与作用的前提。因此，在生态补偿的实施过程中，我们要把生态补偿公众参与宣教作为重点工作来抓，通过开展各种形式的宣传和教育活动，让广大公众认识到生态补偿的重要性、紧迫性以及生态补偿公众参与的重要性，知悉生态补偿公众参与的范围、途径与方式，提高其参与意识，增强其参与能力，激发其参与热情，进而充分发挥生态补偿的公众参与作用。

2. 完善生态补偿信息公开

获知信息是实现公众参与的基础。从环境保护的已有实践来看，对于相关信息掌握的缺乏以及信息获取的困难是制约公众参与作用发挥的重要障碍之一。因此，若要强化公众参与作用的发挥，关键的一点就是要完善生态补偿信息公开工作，具体来说，就是要明确生态补偿所涉主体（尤其是政府及其职能部门）的信息公开义务，要健全信息公开程序，并应建立信息公开责任机制。对于政府及其职能部门而言，其应通过网站、电视等媒介及时发布生态补偿相关信息，应畅通公众参与途径，应健全生态补偿举报投诉机制，以保障公众的环境知情权、参与权和监督权。

3. 促进非政府环保组织发展

作为社会治理的一个新兴角色，非政府组织的重要性日益突出，其在公益事业领域发挥着不可忽视的重要作用。国内外已有的实践证明，同其他环保领域一样，非政府环保组织在生态补偿实施中的作用十分重要。非政府环保组织的民间组织属性使其更易于被合作对象接受并与之开展业务，非政府环保组织的公益属性则更易于获得政府的支持与合作，进而有利于生态补偿的实施，[2]其对于生态补偿的参与具有高效性、灵活性以及方式多样性等优点，且利于社会资源的引入，能够在很大程度上减轻政府在生态补偿中所承受的压力，因此，

---

〔1〕 参见王宗廷：《生态补偿的法律蕴含》，载《理论月刊》2005 年第 6 期。

〔2〕 参见孙开、杨晓萌：《流域水环境生态补偿的财政思考与对策》，载《财政研究》2009 年第 9 期。

能够成为推进生态补偿实施的重要主体之一。[1] 但从目前的实际情况来看，非政府环保组织的发展还相当滞后，对于生态补偿的参与作用微弱，且未能很好地代表公众呼声、反映公众诉求，[2] 总体来讲，远不能满足区域生态环境建设及区际生态补偿实施的实际需要。因此，在京津冀区际生态补偿的实施过程中，要格外重视非政府环保组织的发展，通过简化审批手续、加强辅导引导、给予政策扶持等手段促进其快速发展，并将其培育成为区域生态环境建设以及区际生态补偿实施的重要力量。[3]

4. 强化公众参与法治保障

在全面推进依法治国的今天，强化公众参与，最有效的方式是为其提供有力的法治保障。在既往的实践中，法治保障的缺乏导致公众参与生态环境治理的主体地位无法明确，进而导致实际工作开展的阻力重重。[4] 通过法律的形式明确生态补偿公众参与的范围、途径、保障机制和促进措施等关键问题，无疑将有助于问题的有效化解、公众参与权的有力保障，并有助于公众参与意识、环保理念的培育与提升，并最终促进生态补偿的顺利开展、有效实施。实际上，在此方面，已有相应立法可以借鉴。2014 年 11 月河北省第十二届人大常委会第十一次会议审议通过了《河北省环境保护公众参与条例》，[5] 该条例共计 6 章 43 条，对公众参与环境保护问题进行了全面规定，为公众参与作用的发挥提供了有力的法治保障。

---

[1] 参见王蓓蓓、王燕、葛颜祥、吴菲菲：《流域生态补偿模式及其选择研究》，载《山东农业大学学报》（社会科学版）2009 年第 1 期。

[2] 参见张韬：《珠江流域水资源生态补偿政策体系研究——以贵州省为例》，载《贵州财经学院学报》2011 年第 4 期。

[3] 参见刘英奎：《京津冀生态协作机制建设研究》，载《中国特色社会主义研究》2015 年第 1 期。

[4] 参见黄涛珍、李爱萍：《国外生态补偿机制对我国流域生态补偿的启示》，载《水利经济》2014 年第 6 期。

[5] 《河北省环境保护公众参与条例》除对公众的环境保护参与权予以明确规定外，主要从环境信息的公开与获取、公众参与的范围和途径、公众参与的保障和促进措施等方面对环境保护的公众参与问题作出了全面规定，为公众参与作用的发挥勾勒了较完善的制度框架体系。

第五章　京津冀区际生态补偿制度构建的关键节点

法律制度的生成需要具备确定性、可行性、可预测性以及可救济性等基本要素。[1] 就京津冀区际生态补偿的制度构建而言，其首先需要解决区际生态补偿主体厘定、区际生态补偿标准制定以及区际生态补偿方式确定等基本问题，这是构建京津冀区际生态补偿制度的关键节点所在。

一、京津冀区际生态补偿制度构建的主体厘定

生态补偿主体的厘定，即确定"谁来补偿""谁来受偿"，是生态补偿的核心问题所在，是生态补偿法律制度构建的出发点和归宿，[2] 其厘定的准确与否直接关系生态补偿制度设计的科学与否，京津冀区际生态补偿亦是如此，科学厘定生态补偿主体是构建京津冀区际生态补偿机制的基础和前提。

（一）生态补偿主体厘定理论纷争梳理及评价

1. 生态补偿主体厘定理论纷争梳理

主体是法律关系的主导性因素，因为主体关乎法律关系的产生、变更和消灭。主体厘定失当将导致法律关系异化，若主体缺失，法律关系将无从谈起。

---

〔1〕 确定性要素包括明确的权利义务主体、权利义务内容、行为方式和程序要求等；可行性要素主要是指可在实践中运行并诞生效果；可预测性要素，是指行为人可根据法律预测行为后果和法律责任；可救济性要素，则是指权利人的权利受到侵害时有具体的法律救济措施。相关论述参见李赞萍：《环境法的新发展——管制与民主之互动》，人民法院出版社2006年版，第317页。

〔2〕 参见程亚丽：《生态补偿法律制度构建的基本理论问题探析》，载《安徽农业大学学报》（社会科学版）2011年第4期。

就生态补偿关系而言,主体的厘定十分重要,“谁来补偿”“补偿给谁”是生态补偿中的核心问题、生态补偿制度设计的重点所在,但同时亦是生态补偿制度构建的难点所在。从现有的研究来看,学界对生态补偿主体的厘定仍存在不同认识,主要体现在以下几个方面:

(1)对“主体”这一始基性概念的厘定尚有不同认识。有的研究者认为,生态补偿主体仅指生态补偿支付主体,而将生态补偿接受主体厘定为生态补偿对象,[1]或者将其厘定为生态补偿客体。[2]

(2)对于“主体”的构成存在不同认识。一般认为,生态补偿主体包括生态补偿支付主体和生态补偿接受主体。但有的研究者则认为,作为生态补偿权利的享有者和义务的承担者,除生态补偿支付主体和生态不成接受主体外,生态补偿主体还包括实施主体。[3] 有研究者进一步指出,生态补偿主体与生态补偿实施主体呈“重叠”与“分立”并存的状态,生态补偿主体并不必然就是生态补偿实施主体,即在通常情况下,生态补偿主体就是生态补偿实施主体,但当生态补偿主体通过第三方实施生态补偿的时候,第三方自然就成了生态补偿实施主体。[4] 也有研究者认为,生态补偿实施主体存在的原因在于,因生态补偿的特殊性,直接由生态补偿(支付)主体对生态接受(受偿)主体进行补偿存在难度。[5] 还有研究者认为,因生态补偿关系社会公益和生态利益,所以,在生态

---

〔1〕 参见李爱年、邓雅静:《生态保护补偿制度的价值取向和立法选择》,载《时代法学》2014年第6期;郑海霞:《关于流域生态补偿机制与模式研究》,载《云南师范大学学报》(哲学社会科学版)2010年第5期;王双:《京津冀蒙跨区域生态补偿市场化机制初探》,载《经济界》2014年第5期;李团民:《生态补偿基本要素的研究》,载《湖南医科大学学报》(社会科学版)2010年第4期;荆炜:《西部地区生态建设补偿机制及补偿类型区划研究》,载《新疆社会科学》2014年第6期;张莉、张虹:《完善区域生态补偿法律机制初探——以河北省为例》,载《河北青年管理干部学院学报》2010年第4期;吴文洁、高黎红:《价值补偿与生态补偿概念辨析》,载《南阳理工学院学报》2010年第5期;杨舒涵、张术环:《新型生态补偿机制的体系架构与实现路径研究》,载《山东理工大学学报》(社会科学版)2009年第6期。

〔2〕 参见胡熠、黎元生:《论流域区际生态保护补偿机制的构建——以闽江流域为例》,载《福建师范大学学报》(社会科学版)2006年第6期。

〔3〕 参见张建伟:《生态补偿制度构建的若干法律问题研究》,载《甘肃政法学院学报》2006年第3期;史玉成:《生态补偿的理论蕴涵与制度安排》,载《法学家》2008年第4期。

〔4〕 参见才惠莲:《论生态补偿法律关系的特点》,载《中国地质大学学报》(社会科学版)2013年第3期。

〔5〕 直接补偿的困难主要体现在两个方面:一是生态补偿的客体——生态环境价值具有“公共物品”属性,生态受损主体无法通过直接交易的办法获得补偿;二是参与交易主体人数众多且生态受益和生态受损不易定量化,即使生态受益主体愿意对生态受损主体进行补偿,其“交易成本”亦十分高昂。参见史玉成:《生态补偿的理论蕴涵与制度安排》,载《法学家》2008年第4期。

补偿主体的体系构成中,还存在生态补偿监督主体这一角色,以国家机关、社会机构和公众为代表。生态补偿监督主体应全过程参与生态补偿活动,既要有事前决策过程的参与,也要有执行过程的参与,还包括事后监督过程的参与。[1]

(3)对生态补偿支付主体范围的厘定存在不同认识。判断"获益者"并不是一件容易的事情,[2]目前对于生态补偿支付主体范围的厘定还存在较大的认识分歧。有的研究者认为,其应该包括作为生态资源所有权主体的国家和各级行政区政府,以及受益于生态系统服务的集体和个人;[3]有的研究者认为,其不仅可以是作为公权力代表的政府,也可以是享受生态服务的一方,还可以是生态环境破坏的一方;[4]有的研究者认为,其有受益补偿支付主体和损害补偿支付主体之分,凡从区域生态服务中受益的主体均成为受益补偿支付主体,凡对区域生态环境造成损害者皆成为损害补偿支付主体;[5]有的研究者认为,根据"破坏者付费"原则,环境破坏者从生态破坏中获得好处,因此,应成为生态补偿支付主体之一;[6]有的研究者认为,对于可以清晰厘定生态利益受益者的生态补偿项目,应由生态补偿受益者提供补偿,而对于不能清晰厘定生态利益受益者的生态补偿项目则应基于公共物品提供的考虑,只能由政府"埋单";[7]有的研究者认为,基于生态环境的正外部性和生态服务的非竞争性、非排他性,作为受益者的相关企业、居民和政府都应成为生态补偿支付主体;[8]有的研究者认为,导致生态利益减损的环境资源开发者应成为生态补偿支付主

〔1〕 参见才惠莲:《论生态补偿法律关系的特点》,载《中国地质大学学报》(社会科学版)2013 年第 3 期。

〔2〕 参见丁四保、王晓云:《我国区域生态补偿的基础理论与体制机制问题探讨》,载《东北师大学报》(哲学社会科学版)2008 年第 4 期。

〔3〕 参见李爱年、邓雅静:《生态保护补偿制度的价值取向和立法选择》,载《时代法学》2014 年第 6 期。

〔4〕 参见李团民:《生态补偿基本要素的研究》,载《湖南医科大学学报》(社会科学版)2010 年第 4 期。

〔5〕 参见马莹、毛程连:《流域生态补偿的经济内涵及政府功能定位》,载《商业研究》2010 年第 8 期;中国生态补偿机制与政策研究课题组:《中国生态补偿机制与政策研究》,科学出版社 2007 年版,第 98 ~ 100 页。

〔6〕 参见吴文洁、高黎红:《价值补偿与生态补偿概念辨析》,载《南阳理工学院学报》2010 年第 5 期;王金南、张惠远:《生态补偿机制五问》,载《时事报告》2006 年第 6 期。

〔7〕 参见刘晶:《流域生态补偿市场机制的构建及政策研究》,载《开发研究》2012 年第 1 期。

〔8〕 参见胡熠、黎元生:《论流域区际生态保护补偿机制的构建——以闽江流域为例》,载《福建师范大学学报》(社会科学版)2006 年第 6 期。

体之一;[1]有的研究者认为,生态补偿支付主体应包括政府、企业、社会组织、公众等诸多主体;[2]有的研究者认为,因生态环境建设而受益的区域应成为补偿支付主体。[3] 此外,还有的研究者提出了非传统认识的观点,认为生态环境建设者或改进者亦应成为补偿支付主体,因为从长远来看,生态环境建设活动会改善当地生态环境,生态环境建设者成为生态环境建设的最终受益者。

(4)对生态补偿接受主体范围的厘定存在不同认识。虽然目前对于生态补偿(支付)主体仍存在不同认识,但比较而言,对于生态补偿接受主体范围的界定认识分歧更大。[4] 一般认为,生态环境的建设者(包括保护者、改进者)、生态服务的提供者和生态资源分享的不利者应成为生态补偿的接受主体。有的研究者认为,生态环境的保护者和建设者、资源开发和生态环境治理中的利益受损者都是生态补偿的接受主体;[5]有的研究者认为,生态补偿接受主体包括因保护生态环境而被征收、征用财产的生态资源提供者,以及因保护生态环境作出让利和贡献的生态环境建设者;[6]有的研究者认为,生态补偿接受主体包括生态环境保护的贡献者和生态环境破坏的受损者;[7]有的研究者认为,生态补偿接受主体主要包括生态环境的建设和保护者、生态环境破坏的受害者;[8]有的研究者认为,生态补偿接受主体主要包括生态环境建设者、生态功

---

〔1〕 其依据在于,因开发利用活动导致严重的环境污染和资源破坏,使一定区域范围内的生态服务功能下降,公众的生态利益减损,环境资源开发利用者因此负有补偿义务。参见史玉成:《生态补偿制度建设与立法供给——以生态利益保护与衡平为视角》,载《法学评论》2013 年第 4 期。

〔2〕 参见杨舒涵、张术环:《新型生态补偿机制的体系架构与实现路径研究》,载《山东理工大学学报》(社会科学版)2009 年第 6 期。

〔3〕 参见马存利、陈海宏:《区域生态补偿的法理基础与制度构建》,载《太原师范学院学报》(社会科学版)2009 年第 3 期。

〔4〕 例如,有的研究者认为,生态补偿接受主体除了包括"为保护生态系统的个人或者在特定区域由于保护生态系统而利益受损的群众",还包括"提供生态服务功能的生态系统"。并认为,目前对生态补偿主体的界定均以"人的利益"为主,没有考虑到自然生态系统,而对于需要治理或恢复的自然生态系统,生态补偿机制中应充分考虑自然生态系统这一主要的生态补偿对象,才能实现生态重建的目标。参见杨丽韫、甄霖、吴松涛:《我国生态补偿主客体界定与标准核算方法分析》,载《生态经济》(学术版)2010 年第 1 期。

〔5〕 参见程亚丽:《生态补偿法律制度构建的基本理论问题探析》,载《安徽农业大学学报》(社会科学版)2011 年第 4 期。

〔6〕 参见李爱年、邓雅静:《生态保护补偿制度的价值取向和立法选择》,载《时代法学》2014 年第 6 期。

〔7〕 参见李团民:《生态补偿基本要素的研究》,载《湖南医科大学学报》(社会科学版)2010 年第 4 期。

〔8〕 参见黄润源:《论生态补偿的法学界定》,载《社会科学家》2010 年第 8 期。

能区内的地方政府和居民、环保技术研发单位和个人、采用新型环保技术的企业、合同当事人等几种类型;[1]有的研究者认为,因保护和改善生态环境而自身利益受损者、环境资源开发或破坏的直接受害者都是生态补偿的接受主体;[2]有的研究者认为,对生态保护做出贡献者和减少生态破坏者应是生态补偿的接受主体;[3]有的研究者认为,生态补偿接受主体应包括生态环境建设者、生态功能区内的地方政府和居民、特殊工业园区或经济开发区内的单位和居民、为提高生态环境和环境资源保护及利用水平而进行相关研究、教育培训的单位和个人、积极主动采用环保、节能等新技术的企业等诸多主体;[4]有的研究者认为,对生态环境建设做出贡献的区域应当成为生态补偿接受主体;[5]有的研究者认为,生态补偿接受主体包括因环境保护或环境破坏而利益受损的农户、城市居民、企业及地方政府等诸多主体;[6]有的研究者认为,生态补偿接受主体包括居民、农户、企业和区域政府等在内的社会主体;[7]有的研究者认为,区际(流域)生态补偿接受主体,包括区域(流域)生态服务提供者和由于上游的环境损害行为而利益受损者;[8]有的研究者认为,生态环境破坏的受害者亦是生态补偿的接受主体;[9]有的研究者认为,在受益补偿中,生态补偿支付主体包括受益地区的企业、社会组织、个人、当地政府、上一级政府和中央政府等。[10]

---

[1] 参见曹明德:《对建立生态补偿法律机制的再思考》,载《中国地质大学学报》(社会科学版)2010年第5期。

[2] 参见史玉成:《生态补偿制度建设与立法供给——以生态利益保护与衡平为视角》,载《法学评论》2013年第4期。

[3] 参见胡熠、黎元生:《论流域区际生态保护补偿机制的构建——以闽江流域为例》,载《福建师范大学学报》(社会科学版)2006年第6期。

[4] 参见杨舒涵、张术环:《新型生态补偿机制的体系架构与实现路径研究》,载《山东理工大学学报》(社会科学版)2009年第6期。

[5] 参见马存利、陈海宏:《区域生态补偿的法理基础与制度构建》,载《太原师范学院学报》(社会科学版)2009年第3期。

[6] 参见刘世强:《生态补偿概念界定中需澄清的问题》,载《经济与社会发展》2009年第11期。

[7] 参见郭峰:《关于生态补偿涵义的探讨》,载《环境保护》2008年第10期。

[8] 参见马莹、毛程连:《流域生态补偿的经济内涵及政府功能定位》,载《商业研究》2010年第8期。

[9] 参见刘光明:《完善洞庭湖生态经济区生态补偿制度的思考》,载《岳阳职业技术学院学报》2014年第5期。

[10] 参见马莹:《基于利益相关者视角的政府主导型流域生态补偿制度研究》,载《经济体制改革》2010年第5期。

但对于该问题还存在不同认识,突出体现为对于生态环境本身是否是生态补偿接受主体的争议上。有的研究者认为,生态环境应成为生态补偿接受主体;[1]有的研究者认为,资源开发地区、生态环境等应成为生态补偿接受主体之一;[2]有的研究者认为,参与生态环境建设并产生正外部性的组织和个人、因生态环境建设间接导致经济利益损失的地方政府和个人、因环境资源利用而致破坏的生态环境都是生态补偿的接受主体。[3]

除上述认识外,在对生态补偿主体的界定上,还有的研究者有不同见解。例如,有的研究者未对生态补偿主体进行具体区分,而是概括认为国家、国家机关、法人、其他社会组织以及自然人等具备进行生态补偿权利能力或负有生态补偿职责的主体为生态补偿主体。[4] 又如,有的研究者认为,因政府对其辖区内的环境质量负责而兼具生态补偿支付主体和接受主体之双重角色,生态补偿主体并不涉及具体的单位和个人。[5]

2. 生态补偿主体厘定理论纷争评价

正是基于对生态补偿主体厘定的巨大认识分歧,有的研究者认为,生态补偿主体是不可能穷尽其可能的,其应该是一个开放性体系,只需对主体的确定标准作出原则性规定即可。[6] 有的研究者进一步指出,若贸然以简单的类型化来取代错综复杂的主体体系,不仅可能背离生态补偿立法与实践的客观需求,而且可能会导致相关主体理论丧失理论上的统摄力和指导力。[7] 有的研究者则认为,通过主体的类型化来厘定生态补偿主体过于简单和抽象,在具体的生态补偿实践中缺乏可操作性,所以,生态补偿主体应该在每一具体的生态

---

〔1〕 参见赖力、黄贤金、刘伟良:《生态补偿理论、方法研究进展》,载《生态学报》2008 年第 6 期。

〔2〕 参见吴文洁、高黎红:《价值补偿与生态补偿概念辨析》,载《南阳理工学院学报》2010 年第 5 期;才惠莲:《我国跨流域调水生态补偿法律制度的构建》,载《安全与环境工程》2014 年第 2 期。

〔3〕 参见荆炜:《西部地区生态建设补偿机制及补偿类型区划研究》,载《新疆社会科学》2014 年第 6 期。

〔4〕 参见曹明德:《对建立生态补偿法律机制的再思考》,载《中国地质大学学报》(社会科学版)2010 年第 5 期。

〔5〕 参见胡熠、黎元生:《论流域区际生态保护补偿机制的构建——以闽江流域为例》,载《福建师范大学学报》(社会科学版)2006 年第 6 期。

〔6〕 参见韩卫平、黄锡生:《利益视角下的生态补偿立法》,载《理论探索》2014 年第 1 期。

〔7〕 参见王清军:《生态补偿主体的法律建构》,载《中国人口 · 资源与环境》2009 年第 1 期。

补偿法律关系中通过对具体行为的考察来确定。[1]

检视生态补偿主体厘定问题的理论研究现状,反思其中的"是是非非",对于生态补偿主体的厘定或许应作如下基本判断:一是宜从法律关系的构成要素来对生态补偿主体予以本原厘定,即不应采用"对象""客体"等概念,以避免新生歧义、徒增纷争;二是宜对生态补偿主体作狭义和广义解读,即狭义的生态补偿主体仅包括生态补偿支付主体和生态补偿接受主体,而广义上的生态补偿主体还应包括生态补偿实施主体和监督主体;三是在对生态补偿主体予以类型化研究的基础上,宜结合具体制度的研究,厘定生态补偿的具体主体,以利于生态补偿制度目的的切实实现;四是因生态补偿与生态损害赔偿是两个不同层面的法律问题,因此,生态损害赔偿所涉主体不应置于生态补偿主体范围之内;五是生态补偿主体不同于生态补偿客体,生态环境不应成为生态补偿的主体。

(二)京津冀区际生态补偿支付主体厘定

所谓京津冀区际生态补偿支付主体,是指在京津冀区域生态利益分享或环境资源分配中获益并因而应承担经济补偿之责、为其获益事实而向生态补偿接受主体支付相应经济对价的主体。在京津冀区际生态补偿主体的厘定中,支付主体的厘定至关重要,其解决的是"由谁补偿"的问题,区际生态补偿支付主体厘定的科学与否直接决定京津冀区际生态补偿能否得以开展,是京津冀区际生态补偿主体制度构建的核心环节所在。

1. 京津政府

绝大多数研究者认为,政府应成为生态补偿的支付主体,[2]其主要理论依据包括:

(1)政府是包括生态服务在内的公共产品和公共服务的主要提供者。依据公共产品理论,生态环境作为人类生存栖息之地,在受益的非排他性上具有明显的公共产品属性,应属于政府所提供的公共产品,政府在此领域的作用无可替代,因此,政府应承担主体责任。尤其是在生态补偿机制建立的初期阶段,

---

[1] 参见程亚丽:《生态补偿法律制度构建的基本理论问题探析》,载《安徽农业大学学报》(社会科学版)2011 年第 4 期。

[2] 参见王开宇:《生态补偿制度责任主体解析》,载《黑河学院学报》2010 年第 4 期;马俊丽:《跨省流域生态补偿机制及其对策研究》,载《现代商贸工业》2010 年第 22 期等。

政府的主导作用至关重要。因此,政府应该成为生态补偿支付主体。[1]

(2)政府是受益地区生态利益受益者的集体代表。依据"谁受益,谁补偿"的原则,凡是因他人保护和改善生态环境、提高生态系统服务功能、增进生态利益而受益的主体均应成为生态补偿的支付主体,但因生态利益具有公共利益属性,且在通常情况下受益的主体具有广泛性,不易确定,由此也决定了在生态利益受益主体和生态利益受偿主体或生态环境建设(保护)主体之间难以进行直接的补偿,即使生态利益受益主体愿意对生态利益受损主体或生态环境建设(保护)主体进行补偿,其交易成本也将十分高昂。这时候,就需要寻找一个公共利益的代表向生态补偿接受主体进行补偿。而由于地方政府系一定区域公众利益的代表,其对辖区内生态环境建设、环境治理和社会经济发展具有不可推卸的责任,因此,其理应成为生态补偿的支付主体。[2]

(3)政府是区域生态利益分享和环境资源分配的间接受益者。在区域生态环境中,受益地区不仅因生态利益的获取、环境资源的利用,而促进了相应地区企业的发展和居民收入的增加,而且也促进了当地政府税源的扩大和财政收入的增加,即受益地区的政府间接享有了生态环境改善和生态资源输入所带来的经济利益,因此,亦应成为生态补偿的支付主体。[3] 就京津冀区际生态补偿制度的构建而言,生态补偿的可行性(支付)主体应当为代表本辖区公共生态利益的地方政府,即受益区域的地方政府(北京市和天津市)。[4] 此外,另有研究者认为,至少在生态补偿的初始阶段,政府应在生态补偿中占据主导地位,但

〔1〕 参见钱凯:《完善生态补偿机制政策建议的综述》,载《经济研究参考》2008 年第 54 期;赵丽:《建立生态补偿机制刻不容缓》,载《科学社会主义》2009 年第 4 期;董小君:《主体功能区建设的"公平"缺失与生态补偿机制》,载《国家行政学院学报》2009 年第 1 期。

〔2〕 参见史玉成:《生态补偿制度建设与立法供给——以生态利益保护与衡平为视角》,载《法学评论》2013 年第 4 期;范俊荣:《论政府介入自然资源损害补偿的角色》,载《甘肃政法学院学报》2011 年第 4 期;董小君:《主体功能区建设的"公平"缺失与生态补偿机制》,载《国家行政学院学报》2009 年第 1 期;秦鹏:《论我国区际生态补偿制度之构建》,载《生态经济》2005 年第 12 期;胡熠、黎元生:《论流域区际生态保护补偿机制的构建——以闽江流域为例》,载《福建师范大学学报》(社会科学版)2006 年第 6 期;马存利、陈海宏:《区域生态补偿的法理基础与制度构建》,载《太原师范学院学报》(社会科学版)2009 年第 3 期;曹明德、黄东东:《论土地资源生态补偿》,载《法制与社会发展》2007 年第 3 期。

〔3〕 参见陈晓永、陈永国:《京津冀跨域生态补偿与利益相关者耦合机制研究——基于"内卷化"机理的阐释》,载《经济论坛》2015 年第 3 期;马莹:《基于利益相关者视角的政府主导型流域生态补偿制度研究》,载《经济体制改革》2010 年第 5 期。

〔4〕 于彦梅、耿保江:《论京津冀区际生态补偿制度的构建》,载《河北科技大学学报》(社会科学版)2012 年第 4 期。

随着生态补偿市场化环境的完善及相应机制的完备，生态利益受益地区的相关主体（如受益企业和居民）会通过补偿市场、利用市场交易手段进行补偿付费并逐渐成为主要的补偿服务支付者。[1]

（4）政府是地方生态环境管理的直接责任人，实施生态补偿是其法定职责所在。2014 年《环境保护法》第 6 条第 2 款明确规定：地方各级人民政府应当对本行政区域的环境质量负责。同时该法第 8 条规定：各级人民政府应当加大保护和改善环境、防治污染和其他公害的财政投入，提高财政资金的使用效益。由该规定可知，地方政府系本区域生态环境管理的直接责任人，且应为区域生态环境的保护与改善、区域环境污染的防治以及其他环境公害的治理提供资金支持、加大财政投入。因此，由区域生态环境管理责任人所决定、受自身法定职责所限，地方政府无疑是区际生态补偿的核心主体，应成为区际生态补偿的支付主体。[2]

就京津冀区际生态补偿而言，政府确应成为区际生态补偿的支付主体，除上述原因外，还是基于如下考虑：

（1）作为一个“新生事物”，社会对于京津冀区际生态补偿的认知、接受还有一个过程，或者说，在当前以及未来很长一段时期内，完全通过市场化的方式推行京津冀区际生态补偿还不现实，由个人、企业等市场主体以己一力承担京津冀区际生态补偿的重任还有很大难度。将政府界定为区际生态补偿主体之一，有利于区际生态补偿的尽快启动和全面实施。

（2）从区际生态补偿项目的类型化来看，在生态产权与生态补偿主体（生态补偿支付主体和生态补偿接受主体）难以清晰划分，生态补偿主体权利、义务及责任无法准确界定的现实情况下，市场机制是无法发挥应有作用而处于“失灵”状态的。在此情况下，政府是唯一的适格主体。此外，对于生态功能强、外部效应覆盖范围广、涉及利益主体众多的大型生态补偿项目而言，补偿市场往往无法自发形成，且实施成本较高。在此种情况，政府亦应适时介入。[3]在这两种情况下，政府无疑应成为生态补偿的主体，而在京津冀区际生态补偿

---

〔1〕 王双：《京津冀蒙跨区域生态补偿市场化机制初探》，载《经济界》2014 年第 5 期。

〔2〕 参见程亚丽：《生态补偿法律制度构建的基本理论问题探析》，载《安徽农业大学学报》（社会科学版）2011 年第 4 期。

〔3〕 参见马莹、毛程连：《流域生态补偿中政府介入问题研究》，载《社会主义研究》2010 年第 2 期。

中,这种情况亦现实存在。

(3)对于生态利益受益地区的地方政府而言,其不仅是区域生态利益分享和区域环境资源分配的间接受益者,而且从一定意义上来讲,还是直接受益者。一个有力的佐证就是,当生态利益受益地区的个人、企业等市场主体在区域生态利益分享或环境资源分配上获得更多份额时,实际上是直接减轻了生态利益受益地区政府在生态服务、生态产品提供方面的压力并节省了其对于生态环境建设方面的投入,在此种情况下,受益地区的地方政府显然是一个典型的直接受益者,因此,其理应为其受益行为支付相应经济对价而成为生态补偿支付主体。另外,需要说明的是,一般认为,对于产权清晰、交易条件具备的生态补偿领域或生态补偿项目,应属于市场补偿作用的范畴。但对此不应绝对化理解,在该类领域或项目,政府除会以管理者的面貌出现外,也可能会成为该类生态补偿的支付主体,在政府以市场主体面貌参与生态补偿时,政府是一个具有独立利益的市场主体。[1]

从京津冀区域生态利益分享和环境资源分配的现实情况来看,京津两市无疑处于受益地位,因此,北京、天津两市政府应成为京津冀区际生态补偿支付主体之一。需要说明的是,就河北省而言,其所辖区域内部同样存在生态利益分享和环境资源分配不公的问题,即在京津冀区域生态利益分享和环境资源分配中,并非所有河北区域均属于生态利益受损地区或生态环境建设(保护)地区(如唐山、廊坊、沧州等市),但其利益的再调整与再分配应属于河北省内部事宜,属于河北省区域内生态补偿所要解决的问题。京津受益地区的界定是从宏观层面、省际关系层面所作的界定,是与京津冀区际生态补偿实施相适应的一种"概括性表达"。

2. 京津企业

正如上文所述,在生态补偿中,政府是一个非常重要的生态补偿主体,但生态补偿主体绝不仅限于政府,否则将导致生态补偿主体权利、义务、责任配置的失衡,在一定程度上模糊生态补偿利益关系,造成利益妥协,进而影响生态环境建设(保护)者的积极性。[2] 其中,除政府外,在生态补偿关系中,企业也是一

---

[1] 参见马莹、毛程连:《流域生态补偿中政府介入问题研究》,载《社会主义研究》2010 年第 2 期。

[2] 参见谢素芳:《跨区域生态补偿:归宿是共赢》,载《中国人大》2013 年第 8 期。

个非常重要的主体，[1]企业与生态补偿机制的运行存在密不可分的关系。[2]其中，受益地区的企业往往是以生态补偿支付主体面貌出现的，其原因主要有三：

（1）受益地区的企业是区域环境资源的直接消耗者，并且是环境资源消耗的“大户”，基于“环境有价”“资源有偿”的新理念以及“谁受益，谁补偿”的基本原则，其理应为环境资源的消耗与“多占”向环境资源的输出地区及相关主体（生态利益受损者、生态环境建设或保护者）支付相应的经济对价，以推进生态补偿的实施。

（2）受益地区的企业是区域生态环境改善的最大受益者，根据现行的制度安排，市场准入与退出门槛设置往往与区域生态空间、环境容量直接关联（如排污总量控制制度的设计），在区域整体生态环境得以改善的情况下，企业可以借此至少获得以下“收益”：首先，随着生态环境的改善、生态空间的扩大、环境容量的增加，原先受生态环保要求而无法获得市场准入资格的企业可借此获得市场准入批准；其次，因生态环保要求而无法扩大产能的本地企业可能会因生态环境的改善、生态空间的扩大和环境容量的增加而获得扩大产能批准；最后，因生态环保要求而被要求限制产能甚至强制关停的企业可能因此获得“重生”、新的发展机遇。以上种种对于企业而言，无疑是非常大的利益，因此，无论是基于“谁受益，谁补偿”的原则，还是基于公平的基本理念，作为受益者的企业都应为其受益行为向区域生态环境的建设（保护）地区或生态利益受损地区及相关主体（生态环境建设与保护者、生态利益受损者）承担应有的经济补偿之责。

（3）企业与政府、公众最大的不同在于，其对环境资源的利用或生态利益的享有是以营利为目的，并非公益行为或单纯的生活消费行为，因此，其更应该成为生态补偿的支付主体，承担应有的经济补偿责任。就京津冀区际生态补偿的实施而言，京津的企业契合上述解读，因此，应成为重要的生态补偿支付主体之一。需要补充说明的是，对于河北省域内的企业（包括生态环境建设地区和

---

〔1〕 从我国现行的市场情况及相关制度安排来看，此处的企业宜作广义理解，即包括所有以营利目的的经营者，如个体工商户。此处，采用“企业”一词是为了与现有研究及习惯表达方式保持一致。

〔2〕 参见鲜开林、史瑞：《贫困山区生态补偿机制问题研究——以山西太行山区为例》，载《东北财经大学学报》2014 年第 2 期。

生态利益受益地区的企业),其亦应为其环境资源的占有和生态利益的获取而支付相应对价,但其属于区域内生态补偿或其他制度所解决的问题,在京津冀区际生态补偿的制度设计中,不宜将其界定为生态补偿的支付主体。

在京津冀区际生态补偿的实施过程中,北京、天津两市的企业会以以下两种面貌参与到区际生态补偿关系中:一是以直接支付主体的身份参与区际生态补偿的实施过程中,其主要适用于生态产权明晰、交易条件完善的市场化补偿领域中,具体形式包括产权交易(如水权交易)、排污权交易、碳排放权交易等;二是以间接支付主体的身份参与区际生态补偿的实施过程中,如果通过自然资源使用费、排污费以及环境税等税费的缴纳,成为政府生态补偿资金筹集的主要提供者,进而通过政府财政资金收取与支出的方式间接参与区际生态补偿的实施过程中。

3. 北京、天津两市居民

除政府和企业外,一般认为,在区际生态补偿中,受益地区的居民因在区域生态利益分享和区域环境资源分配中获益而亦应成为区际生态补偿的支付主体之一。例如,有的研究者认为,对于受益地区的农村居民而言,其在农业生产中需要大量清洁水资源用于农田灌溉;对于城市居民而言,其亦会耗费相应清洁水资源以满足其生活需求、提高其生活质量。因此,二者均应成为区际生态补偿的支付主体。该研究者还进一步指出,在实际操作中,对于农村居民,因农业的比较效益低、弱势产业地位而不应将其列为生态补偿费的征收对象,而对城市居民,则可适度提高生活用水价格而筹集补偿资金。[1]

对于京津冀区际生态补偿的制度构建,对北京、天津两市居民而言,其确实因京津冀区域生态环境的治理与改善而直接获益,如对清洁用水、清洁空气的享有,但宜将其界定为京津冀区际生态补偿的间接支付和任意支付主体。间接支付,是指在京津冀区际生态补偿中,可通对过阶梯水价制度的改革和完善为京津冀区际生态补偿的实施筹集资金,如在水价中增加相应比例的生态补偿费以用于京津冀水资源生态补偿、森林资源生态补偿等项目之需;任意支付,是指与市场化生态补偿方式相对应,由京津居民自主选择相应生态补偿项目而承担

---

〔1〕 参见胡熠、黎元生:《论流域区际生态保护补偿机制的构建——以闽江流域为例》,载《福建师范大学学报》(社会科学版)2006 年第 6 期。

经济补偿之责，如通过对生态标记产品和生态服务项目（如生态旅游）的购买、消费而实现区际生态补偿目的。

4. 中央政府

正如前文所述，京津冀本质上是“三地四方”关系，即除京津冀两市一省外，还包括中央政府。中央，既是三地关系的设计协调方和三地发展总受益方，又是北京市的利益攸关方。[1] 在京津冀区际生态补偿的制度构建及其实施中，中央政府处于关键位置，其身兼多职，既是京津冀区际生态补偿的组织者、协调者、指导者、决策者、监督者、评价者，同时，也应成为京津冀区际生态补偿的重要支付主体，尤其是在京津冀区际生态补偿实施之初，中央政府生态补偿责任的承担至关重要，其不仅会对京津冀区际生态补偿的实施提供有力资金支持，而且还会起到重要的示范导向作用，即会推动京津两市积极参与区际生态补偿的实施中。

（三）京津冀区际生态补偿接受主体厘定

所谓京津冀区际生态补偿接受主体，是指为京津冀区域生态环境建设作出重要贡献或在区域生态利益分享或环境资源分配中受损而理应接受生态补偿支付主体相应经济对价以弥补其经济投入、资源丧失以及发展损失的主体。在京津冀区际生态补偿主体的厘定中，接受主体的厘定同样至关重要，其解决的是“向谁补偿”的问题，区际生态补偿接受主体厘定得科学与否直接决定京津冀区际生态补偿的实施效果，是京津冀区际生态补偿主体制度构建的基础所在。

1. 河北省政府

多数研究者认为，生态环境建设（保护）地区或生态利益受损地区（如环境资源输出地）的地方政府应当成为区际生态补偿的接受主体，其主要理由在于：（1）生态环境建设（保护）地区或生态利益受损地区的地方政府在生态环境的保护、治理和改善上，投入了大量的经济成本，导致其财政支出因此扩大，而该投入所换回的生态利益却被生态利益受益地区及其相关主体所更多获得，因此，应由相应主体对其投入予以应有补偿，而生态环境建设地区或生态利益受

[1] 参见余钟夫：《遵循区域发展规律推进京津冀协同发展》，载《前线》2014年第6期。

损地区的地方政府则应成为生态补偿的接受主体之一。[1] (2)生态环境建设地区或生态利益受损地区因生态环境保护而使社会经济发展受限,损失了一定的机会成本,导致财政收入的减少,因此,其应获得必要的补偿。[2]

在京津冀区际生态补偿的制度构建及其实施中,作为生态环境建设(保护)地区或生态利益受损地区的河北省政府确实应该成为京津冀区际生态补偿的接受主体之一,因为正如上文所述,其确实为京津冀区域生态环境的治理与改善作出了重要贡献,不仅为生态环境建设投入大笔的"真金白银",而且受生态涵养区、生态功能支撑区的功能定位所限而丧失了相应的发展机会。但问题是,不同于京津两市,河北省作为一个省,其所辖范围较大,区划面积18.88万平方千米,共11个地级市170余个县(市、区),更为关键的是,并非所有地区均与京津发生直接的生态关联,即河北省部分地区(如邯郸市)的生态环境建设活动、生态环境保护行为并未给京津提供相应的生态利益,其也并未成为北京、天津两市环境资源的供给者。因此,不能泛泛地将河北省政府界定为京津冀区际生态补偿的接受主体,对其应予以具体化。考虑到京津冀在生态环境建设层面的关联性以及区际生态补偿的具体实施,宜将河北政府具体化到地级市层面,并结合具体的生态补偿领域或生态补偿项目确定具体的接受主体。以京津冀水资源区际生态补偿的实施为例,张家口市政府、承德市政府无疑应成为区际生态补偿接受主体,而石家庄市、保定市、唐山市、廊坊市、沧州市等市级政府也可能成为区际生态补偿接受主体。因为在京津冀区域生态关联上,张家口市、承德市系京津水源涵养地和京津水资源的主要供给者,而石家庄市、保定市也曾经成为过京津水资源供给者,并且在未来也可能会继续给京津供水,[3]而廊坊市、沧州市、唐山市因与京津毗连,在未来也可能会成为京津的水资源供给

---

[1] 参见马俊丽:《跨省流域生态补偿机制及其对策研究》,载《现代商贸工业》2010年第22期;马莹:《基于利益相关者视角的政府主导型流域生态补偿制度研究》,载《经济体制改革》2010年第5期。

[2] 参见陈晓永、陈永国:《京津冀跨域生态补偿与利益相关者耦合机制研究——基于"内卷化"机理的阐释》,载《经济论坛》2015年第3期;马莹:《基于利益相关者视角的政府主导型流域生态补偿制度研究》,载《经济体制改革》2010年第5期。

[3] 位于石家庄市的岗南水库、黄壁庄水库和位于保定的西大洋、王快水库是北京的预备水源地,并且在北京2008年奥运会期间也曾为北京蓄水、供水。有数据显示,2008年北京奥运会以来,仅岗南水库和黄壁庄水库就连续7年通过南水北调京石段为北京市供水,累计供水8.23亿立方米。参见石宝红:《岗南、黄壁庄水库水量水质联合调度的成功实践》,中国水利学会2014年学术年会论文集,天津,2014年10月,第1035~1038页。

者或水资源的保护者。当然，在地级市区域范围内，各县（市、区）与京津的生态关联度或者说对京津的贡献度也存在差别，但考虑到京津冀区际生态补偿的具体操作（主要表现为操作难度），这种差别应由地市级政府通过内部协调方式加以解决。

另外，需要补充说明的是，对于政府这一特殊主体而言，其生态补偿接受主体的定位应仅适用于一定范围，即对其应有所限制，否则，可能会因经济利益所诱而产生权力寻租等不当行为，进而难以实现生态补偿的目的。一个重要的例证，就是从生态补偿已有实践来看，在个别领域、个别地区，地方政府对生态补偿资金的利用效率很低，真正用于生态保护方面的很少，相当一部分变成了其他方面的消费性支出。〔1〕 因此，在对适用范围予以限定外，还应在明确监管主体的基础上，建立相应的监督制约机制。

2. 河北省企业

企业是区域环境资源的主要消耗者，是区域生态环境状况变化的直接利益相关者，且其以营利为目的，环境资源的消耗往往会给企业带来相应的经济回报，生态环境状况的变化也直接关系其盈利水平甚至存亡。因此，一般认为，企业是区际生态补偿的重要主体之一。正如上文所述，处于生态利益受益地区的企业应成为区际生态补偿的支付主体，而处于生态利益受损地区或生态环境建设（保护）地区的企业则应成为区际生态补偿的接受主体。就京津冀区际生态补偿的实施而言，河北省的企业亦应成为区际生态补偿的接受主体，当前，仅仅限于与京津存在生态关联地区的企业（如河北省张承地区的企业），其主要包括两大类型：一是生态利益受损企业；二是生态环境建设（保护）企业。

所谓生态利益受损企业，是指在京津冀区域生态利益分享或环境资源分配中居于劣势地位的企业，主要包括以下几类：(1)因在环境资源分配中处于劣势而未获得充足环境资源以实现应有发展的企业应成为京津冀区际生态补偿的接受主体，以京津冀水资源区际生态补偿的实施为例，因水资源向京津输送而造成水资源供给不足进而使正常发展受到限制的企业应成为京津冀区际生态补偿当然的接受主体；(2)因功能定位受限、生态保护要求而无法扩大产能

〔1〕 参见郑海霞：《关于流域生态补偿机制与模式研究》，载《云南师范大学学报》（哲学社会科学版）2010年第5期。

赚取更多利润的企业应成为京津冀区际生态补偿的接受主体;(3)因所处地区功能定位所限、环保要求提高而需购置新型环保设备、开发新型环保技术的企业应成为京津冀区际生态补偿的接受主体;(4)因所处地区功能定位所限、环保要求提高而需压缩产能甚至被强制退出市场的企业应成为京津冀区际生态补偿的接受主体。

所谓生态环境建设(保护)企业,是指实施生态环境建设、进行生态环境治理而增加京津冀区域整体生态福利、改善京津冀区域生态环境状况并使京津因此而获益的企业。例如,位于张承地区的实施森林资源养护的企业,其行为将会为京津冀带来水土保持、风沙防治、水源涵养、净化空气等多重生态福利,因此,当然应成为京津冀区际生态补偿的接受主体。需要补充说明的是,对于位于京津本市的生态环境建设企业不能成为京津冀区际生态补偿的主体,其"生态增益"行为应通过京津区域内生态补偿或其他制度安排予以解决。

3. 河北省居民

在生态补偿的实施中,对于居民个人的补偿至关重要。如有的研究者认为,对"个人"的补偿是生态补偿的核心,是实现环境公平的关键,无论是何种生态补偿,最终都应回到对"人"本身的补偿问题上来。[1] 另有研究者认为,对于生态补偿资金使用制度的设计,核心的一点就是要保证受益地区的居民(群众)能够直接获得生态补偿资金。[2] 在区际生态补偿的实施中,居民个人成为生态补偿的接受主体的主要情形有三种:(1)为了向生态利益受益地区提供更多的和更优质的环境资源,环境资源输出地区的居民通过压缩自身环境资源的消耗或者限制自身经济行为的开展,以增加环境资源的输出规模或提高输出环境资源的质量。(2)基于提高区域整体生态环境质量的考虑,生态环境建设地区的居民通过限制自身经济行为以减少对于生态环境的负面影响。(3)生态环境建设地区的居民直接参与生态环境的治理和改善,通过投入相应时间、金钱和精力以提高生态环境的质量。在上述情形中,生态利益受损地区或生态环

---

〔1〕 参见郭少青:《论我国跨省流域生态补偿机制建构的困境与突破——以新安江流域生态补偿机制为例》,载《西部法学评论》2013 年第 6 期。

〔2〕 参见胡晓登、刘娜:《中国生态补偿机制的缺陷与改革》,载《贵州市委党校学报》2011 年第 3 期。

境建设地区的居民个人都为生态环境的改善和环境资源的节约而承受了“不利益”，而生态利益受益地区的相应主体则因此而获益，基于公平正义的基本理念和“谁受益谁补偿、谁保护谁受偿”的基本原则，生态利益受益地区的相应主体应对其予以必要的经济补偿，而生态利益受损地区或生态环境建设地区的居民个人则理应成为区际生态补偿的接受主体。

对于京津冀区际生态补偿的实施而言，受益地区的居民个人亦应是区际生态补偿的重要接受主体之一，对其予以合理补偿至关重要，直接关系区际生态补偿的公平与否，直接关系区际生态补偿的实施效果，但对于居民个人区际生态补偿接受主体身份的界定应予以区别对待：(1)对于基于节约环境资源或减少对环影响而限制自身经济(如生活、消费行为等)行为的居民应予以直接补偿，即根据具体的生态项目，将补偿资金直接拨付给个人，如之前在京冀之间所实行的“稻改旱”生态补偿项目。这有利于居民个人权益的有效保护、有利于调动其积极性，进而有助于促进其更好地维护生态环境，以有效实现区际生态补偿的目的。(2)对于基于节约环境资源或减少对环境影响而限制自身生活行为的居民应予以间接补偿为主并辅之以相应的直接补偿。例如，对于节水行为、垃圾分类处置等于环境资源节约或生态环境改善有利的居民个人行为，应实行间接补偿方式，即由生态环境建设地区或生态利益受损地区的政府接受并支配使用区际生态补偿资金，而对于节水节能设备采购或节水节能设施采用等居民个人行为，则应实行直接补偿方式，即由受益地区(政府)通过价格补贴、技术援助等方式对其予以直接补偿。(3)对于直接参与区域生态环境建设(如实施植树造林、沙化土地治理)的居民个人，应由受益地区(政府)通过资金支持、技术援助等方式对其予以直接补偿。

(四)京津冀区际生态补偿实施主体厘定

如上文所述，部分研究者认为，除生态补偿支付主体和生态补偿接受主体外，生态补偿实施主体亦是生态补偿的重要主体之一，并且持该主张的多数研究者认为，政府应该成为生态补偿的实施主体。例如，有的研究者认为，在生态补偿支付主体难以对生态补偿接受主体实施直接补偿的情况下，政府作为生态补偿利益关系的协调者理应成为生态补偿的实施主体，且生态补偿的最佳实施主体只能是政府。[1] 另有研究者认为，由政府担任生态补偿的实施主体，作为独立的第三方，可以客观、公正地协助生态补偿支付主体与生态补偿接受主体完成包括生态价值评估、补偿成本厘定、受益价值量确定等区际生态补偿所涉重要事项，且能够为生态补偿支付主体和生态补偿接受主体搭建协调、谈判的平台。[2] 在生态补偿的实施中，确有设定生态补偿实施主体的必要，而在区际生态补偿的实施中，实施主体的设定还有其特别意义。设定区际生态补偿实施主体，并科学界定其与生态补偿支付主体和生态补偿接受主体的界限，有助于区际生态补偿的成功启动、顺利实施。相对于区际生态补偿接受主体，区际生态补偿实施主体并非区际生态补偿的最终承受者，因此，其无权分享区际生态补偿资金等相关资源，仅做暂时“中转”并做必要协助，即应尽快将所获得包括资金在内的补偿资源及时、全额地支付与区际生态补偿接受主体，这是其义务所在；相对于区际生态补偿支付主体，区际生态补偿实施主体并非区际生态补偿的支付者，其仅负责包括资金在内的区际生态补偿资源的筹措，且在筹措完毕之后应尽快将相关资源支付与生态补偿接受主体或代表区际生态补偿接受主体利益的另一区际生态补偿实施主体，这是其职责所在。由此可见，将区际生态补偿实施主体予以单独设定并科学界定其权利义务，可避免其与生态补偿支付主体和接受主体的身份混淆，可避免其对区际生态补偿资源的侵占，有利于促进区际生态补偿的精准实施，有利于区际生态补偿资源“物尽其用”，有助于实现区际生态补偿的公正实施。

基于上述分析，在京津冀区际生态补偿的实施中，作为生态利益受益地区的京津两市的政府无疑应成为区际生态补偿的实施主体，且并不妨碍其对包括区际生态补偿支付主体等角色的兼任；而作为生态利益受损地区或生态环境建设(保护)地区的河北省政府亦应成为区际生态补偿的实施主体，具体包括河北省政府以及与京津发生区际生态补偿关系的市级政府，其中，河北省政府仅是以区际生态补偿实施主体面貌出现，而与京津发生区际生态补偿关系的市级

---

〔1〕 参见程亚丽:《生态补偿法律制度构建的基本理论问题探析》，载《安徽农业大学学报》(社会科学版)2011 年第 4 期；钱水苗、王怀章:《论流域生态补偿制度的构建——从社会公正的视角》，载《中国地质大学学报》(社会科学版)2005 年第 5 期；史玉成:《生态补偿的理论蕴涵与制度安排》，载《法学家》2008 年第 4 期。

〔2〕 参见马莹、毛程连:《流域生态补偿中政府介入问题研究》，载《社会主义研究》2010 年第 2 期。

政府，如张家口市、承德市等市级政府还可能以区际生态补偿接受主体等面貌，出现在京津冀区际生态补偿关系中。此外，需要补充说明的是，对于参与京津冀区际生态补偿的非环保政府组织亦应将其界定为区际生态补偿实施主体，而非生态补偿支付主体或生态补偿接受主体。如此安排，有助于其公正地参与区际生态补偿而避免寻租等不当行为的发生。例如，据生态补偿实施主体的定位，非政府环保组织对于社会捐赠等社会资金的支配必须要参照政府财政资金而严格管理，不得存有“私益”。

（五）京津冀区际生态补偿监督主体厘定

正如上文所述，因区际生态补偿的核心机制在于对区域间经济利益的再调整、再分配，所以，为保障区际生态补偿的公正顺利实施、达致既定目标，必须要建立相应的监督制约机制，而这是以区际生态补偿监督主体的科学厘定为前提的。就京津冀区际生态补偿而言，在生态补偿主体中，必须要明确监督主体的地位。

1. 政府

在生态补偿中，政府身兼多重角色，除应成为生态补偿的支付主体或接受主体、生态补偿实施主体外，还应成为生态补偿监督主体。在京津冀区际生态补偿中，亦是如此，且政府在以监督主体出现时，其是呈体系的。首先，中央政府当仁不让地应成为京津冀区际生态补偿的监督主体，同时，也是京津冀区际生态补偿最重要的监督主体。其次，北京市政府、天津市政府以及河北省政府亦应成为京津冀区际生态补偿的监督主体，其监督作用的发挥主要体现在对本行政区域内生态补偿的实施进行监督。最后，生态补偿重点实施地区的政府（如张家口市、承德市）也应成为京津冀区际生态补偿的监督主体，对本行政区域内的生态补偿行为实施监督。

2. 社会公众

除政府外，京津冀区域内的社会公众也是京津冀区际生态补偿的重要主体。在这里，对社会公众应作广义理解，其主要包括：京津冀区域内的广大民众、京津冀区域内的非政府环保组织、京津冀区域内的利益相关企业。并且，需要重点指出的是，与政府监督不同，社会公众的监督呈显著的“多向性”特点，即社会公众所监督的对象是多元的，且不受行政区划限制。例如，京津冀三地的广大民众既可以就生态补偿事宜对所在区域的政府、相关组织进行监督，也就此监督其他区域政府、相关组织所实施的生态补偿行为。就政府监督而言，地方政府监督作用的发挥要受行政区划所限，即主要就本区域内的生态补偿行为进行监督。但需要补充说明的是，在特定情形下，地方政府也可以就区域外的生态补偿行为进行监督。例如，若在区际生态补偿协议中，赋予了生态补偿支付主体以监督主体的地位，明确其可以就生态补偿受益主体的生态补偿资金运用、生态环境建设(保护)责任落实等事宜进行监督，那么，其就取得了区域外监督的权利和地位，但这与社会公众监督本身所固有的"多向性"特点存在显著差别。

二、京津冀区际生态补偿制度构建的标准界定

(一)生态补偿标准的重要意义及现存问题

1. 生态补偿标准的重要意义

标准就是衡量事物的依据或准则，而就生态补偿而言，生态补偿标准就是用以确定生态补偿数额、强度的依据或准则。生态补偿的实质就在于通过经济利益的再分配、再调整以矫正生态利益分享和环境资源分配的不公，表现为生态利益受益方对生态利益受损方的经济给付，因此，其关键和核心就在于以科学有效的方法合理界定生态补偿标准，进而确定生态补偿的具体额度。生态补偿标准旨在解决"补偿多少"这一关键问题，其直接关系生态补偿的经济成本、社会效益和环保效果，关涉生态补偿的合理与公平、生态补偿支付主体的承受能力和生态补偿接受主体的满意程度，进而直接影响生态补偿的激励效应、最终效果和补偿能否顺利施行。科学地制定生态补偿标准，有助于实现相关主体的利益平衡、所涉地区的协调发展，也有助于促进环保外部成本的内化，从而通过经济手段提高生态产品的使用效率，减少资源浪费和污染排放。[1] 区际生态补偿制度的建立亦是如此，其关键环节之一就在于要科学界定生态补偿标准，并据此确定生态补偿支付主体和生态补偿接受主体都予以认可的补偿额度，[2]进而使生态服务或生态效益的提供者能够获得合理补偿，并最终实现区

---

〔1〕 参见中共石家庄市委党校课题组:《河北生态补偿制度存在的问题及对策研究》,载《中共石家庄市委党校学报》2014 年第 7 期。

〔2〕 参见丘君、刘容子、赵景柱等:《渤海区域生态补偿机制的研究》,载《中国人口·资源与环境》2008 年第 2 期。

域生态效益的增加和区域生态利益的共享。[1]

2. 生态补偿标准的现存问题

正如上文所述，生态补偿标准是生态（保护）补偿制度得以有效运行的关键基点，[2]但同时也是生态补偿的难点，是生态补偿制度建立过程中技术含量较高的环节，涉及相关环境资源要素的识别及其生态价值量评估、生态保护外溢的生态效益及额外的直接成本和机会成本计算、恰当评估生态环境建设者或保护者付出的额外成本或承担的额外损失以及放弃发展机会的损失等问题。[3] 当前，我国还没有形成规范的生态补偿标准管理体系，生态补偿标准更多地是借助市场机制、政府渠道和社会平台等多元途径加以确定。[4] 概言之，目前主要存在以下具体问题：(1)生态补偿标准整体偏低。从生态补偿的已有实践来看，生态补偿的标准过低已成为一个普遍存在的问题。[5] 在很多生态补偿项目中，生态补偿的资金规模不足以弥补生态利益受损者或生态环境建设（保护）者在收益上的损失，成为障碍生态补偿实施的主要问题。[6] 生态补偿标准过低，不但导致生态补偿的既定目标难以达到，而且还会激化经济发展和环境保护之间的矛盾，并容易引发更严重的社会矛盾。[7] (2)生态补偿标准过于笼统。过于笼统、难以具体是当前生态补偿标准存在的又一重要问题，生态补偿标准的笼统导致生态补偿标准模糊化现象十分普遍，“适当”“合理”等过于抽象的同语描述造成生态补偿在实践中的可操作性较差。[8] (3)补偿标准单一，不适应不同区域的实际情况。生态补偿多采用单一标准，往往忽略了不

---

〔1〕 参见陈晓永、陈永国：《京津冀跨域生态补偿与利益相关者耦合机制研究——基于“内卷化”机理的阐释》，载《经济论坛》2015 年第 3 期。

〔2〕 参见李爱年、邓雅静：《生态保护补偿制度的价值取向和立法选择》，载《时代法学》2014 年第 6 期；李志萌：《流域生态补偿：实现地区发展公平、协调与共赢》，载《鄱阳湖学刊》2013 年第 1 期。

〔3〕 参见王朝才、刘军民：《中国生态补偿的政策实践与几点建议》，载《经济研究参考》2012 年第 1 期。

〔4〕 参见麻智辉、李小玉：《流域生态补偿的难点与途径》，载《福州大学学报》（哲学社会科学版）2012 年第 6 期。

〔5〕 参见鲜开林、史瑞：《贫困山区生态补偿机制问题研究——以山西太行山区为例》，载《东北财经大学学报》2014 年第 2 期。

〔6〕 参见王振东：《河北省张承地区生态补偿机制探讨》，载《社会科学论坛》2008 年第 11 期。

〔7〕 参见任勇、冯东方、俞海：《中国生态补偿理论与政策框架设计》，中国环境科学出版社 2008 年版，第 97 页。

〔8〕 参见陈晓勤：《我国生态补偿立法分析》，载《海峡法学》2011 年第 1 期。

同地区自然条件和经济发展水平的差异性，缺乏科学的论证和计算，既没有统一的补偿标准，也缺乏补偿的地方特色，缺乏分类差异化处置的“一刀切”模式造成“过度补偿”和“补偿不足”现象同时存在，[1]易加剧地区间的不公平。[2]有调查结果显示，在湖南省、宁夏回族自治区等地的“退耕还林”项目执行中，同时存在“过度补偿”（补偿标准超过退耕地种植农作物的机会成本）和“补偿不足”（补偿标准低于退耕地种植农作物的机会成本）的问题。[3]“过度补偿”不仅会导致生态补偿资金使用效率的低下及浪费，而且还会造成极大的社会不公；“补偿不足”则会导致生态补偿既定制度目标难以实现，生态利益分享和环境资源分配不公的状况无法得以根本扭转，生态利益受损者、生态环境建设（保护）的激励不足。（4）生态补偿标准缺乏动态调整。从生态补偿已有实践来看，标准僵化灵活度欠佳，难以满足实际需要。[4]现有的生态补偿只是一种静态补偿，没能根据实际情况及时调整补偿的标准，因此，难以达到补偿的目的。[5]（5）生态补偿标准界定的行政主导性过强。从生态补偿已有实践来看，行政主导性过强是生态补偿标准存在的又一问题。对于生态补偿标准的确定，目前基本是在政府行政主导下进行的而缺乏其他利益相关主体的必要参与，由此使生态补偿标准的确定成为一种单纯政府行为。[6]这不仅会造成相关主体利益受损、生态环境保护积极性受挫，[7]而且会导致补偿资金使用的效率损失和区域利益的空间失衡。[8]（6）生态补偿标准对生态效益价值补偿考虑不足。从已有的实践来看，目前生态补偿标准的制定主要着眼于污染治理成本和污染

---

〔1〕参见鲜开林、史瑞：《贫困山区生态补偿机制问题研究——以山西太行山区为例》，载《东北财经大学学报》2014年第2期。

〔2〕参见王双：《京津冀蒙跨区域生态补偿市场化机制初探》，载《经济界》2014年第5期。

〔3〕参见孙新章：《生态补偿制度建设中亟待研究解决的几个问题》，载《长春市委党校学报》2014年第5期。

〔4〕参见苏明、刘军民：《创新生态补偿财政转移支付的甘肃模式》，载《环境经济》2013年第7期。

〔5〕参见白丽、王健、刘晓东、张前：《环首都贫困带生态补偿标准探析》，载《广东农业科学》2013年第5期。

〔6〕参见刘晓红、虞锡君：《基于流域水生态保护的跨界水污染补偿标准研究：关于太湖流域的实证分析》，载《生态经济》2007年第8期。

〔7〕参见任勇、冯东方、俞海：《中国生态补偿理论与政策框架设计》，中国环境科学出版社2008年版，第97页。

〔8〕参见王昱、丁四保、卢艳丽：《基于我国区域制度的区域生态补偿难点问题研究》，载《现代城市研究》2012年第6期。

损害成本的补偿,而疏于对生态服务效益价值补偿的考虑。[1]

(二)生态补偿标准理论争议概括及评价

补偿标准的合理确定,是实现生态补偿公平价值目标的关键,也是生态补偿法律制度中的一个难题。国内外学术界对于生态补偿标准界定问题,还存在较大认识分析,尤其是在生态补偿标准界定模式上争议较大,主流观点有两种:(1)生态价值决定说。"绿水青山就是金山银山",生态环境和环境资源是有价值的,是应该货币化、可计量、可交易的。[2] 持该观点的研究者认为,生态补偿标准应当根据生态环境系统所提供的生态服务功能价值[3]或者根据生态利益受益者(生态补偿支付主体)所获得的生态利益来加以确定。(2)环保成本决定说。持该观点的研究者认为,生态补偿标准应依据生态补偿接受主体为生态环境保护与改善所投入的经济成本以及因实施生态环境治理、施行较严格的环境管理而限制经济发展、产业项目上马所丧失的机会成本而确定。生态补偿成本是确定生态补偿标准的基础,在生态补偿项目评估中,全面、准确地计算损失者的直接成本、机会成本和发展成本至关重要。[4]

就生态补偿标准界定模式而言,除上述两大主流观点外,在此基础上又衍生出了一些具体观点,主要包括:(1)机会成本决定说。持该观点的研究者认为,应基于环境经济行为(或者说是生态系统类型转换)所致的机会成本来确定生态补偿标准,即根据各种环境保护措施所导致的收益损失来确定补偿标准,然后再根据不同地区的资源环境条件等因素制定出有差别的区域补偿标准。[5] 欧盟在生态补偿标准界定上就采取了这种模式,即根据各种环境保护措施所导致的收益损失来确定补偿标准,然后再根据不同地区的环境条件等因

---

〔1〕 参见程滨、田仁生、董战峰:《我国流域生态补偿标准实践:模式与评价》,载《生态经济》2012 年第 4 期。

〔2〕 参见张萌萌:《低碳、循环、智慧　探索生态协同新路径——京津冀生态环境协同发展高端会议观点》,载《廊坊日报》2015 年 5 月 19 日,第 6 版。

〔3〕 从主体角度来看,就是根据生态补偿接受主体环境经济行为所产生的生态环境效益进行生态补偿标准界定。

〔4〕 参见谭秋成:《关于生态补偿标准和机制》,载《中国人口・资源与环境》2009 年第 6 期。

〔5〕 有的研究者认为,应该是根据生态建设的投入成本或者是受损环境的修复成本来确定生态补偿标准。

素制定出有差别的区域补偿标准。[1] (2)投入成本与经济受损结合决定说。持该观点的研究者认为,生态补偿标准的界定应主要以生态环境建设地区进行生态环境建设所投入的成本和生态环境建设地区的经济损失量为依据,其中,经济损失量应从经济结构调整所引起的损失、人员失业的损失、放弃使用环境资源所产生的机会成本等方面加以计算和汇总。[2] (3)生态重建成本决定说。持该观点的研究者认为,应以生态重建成本(将受到损害的生态环境质量恢复到受损以前环境质量所需的成本)作为补偿标准,进而依据相关主体的生态利益受益程度和生态支付意愿进行成本分摊,其因生态重建成本测算较为准确、补偿金额相对公平而具有较强的可行性和操作性。[3] (4)成本与效益兼顾决定说。持该观点的研究者认为,生态补偿标准应从环保成本和环保效益两个方面来加以界定,即应在综合考虑生态环境保护投入成本、机会成本和生态保护行为所产生效益的基础上确定生态补偿标准。[4] 生态补偿的标准应该是由受损方所遭受的损失数量和受益方得到的利益数额共同决定的。在确立补偿标准的过程中,应当考虑到损益双方目前的直接经济损失或获益和未来生态发展所得利益。(5)发展阶段决定说。持该观点的研究者认为,根据机会成本来确定补偿标准的可操作性较强,但根据生态服务价值来确定补偿标准更合理、更公平,因此,在近期内应根据机会成本来制定生态补偿标准,并逐步向根据生态服务价值确定生态补偿标准的方向过渡。[5] (6)"三要素"决定说。持该观点的研究者认为,生态补偿标准的确定要综合考虑生态保护成本、发展机会成本和生态服务价值这3项要素以合理确定生态补偿标准。其中,生态保护成本是指生态补偿接受主体为保护生态环境所投入的成本,包括植树造林等方面的投入;发展机会成本是指生态补偿接受主体为保护生态环境而丧失的"预期"收入,如因对工业项目的放弃、对于污染产业的限制而损失的收入;生态服务价值

---

〔1〕 参见董小君:《建立生态补偿机制关键要解决四个核心问题》,载环保网:http://www.chinaenvironment.com/view/viewnews.aspx? k=20080103114751468,最后访问日期:2018年4月10日。

〔2〕 参见秦鹏:《论我国区际生态补偿制度之构建》,载《生态经济》2005年第12期。

〔3〕 参见胡熠、黎元生:《论流域区际生态保护补偿机制的构建——以闽江流域为例》,载《福建师范大学学报》(哲学社会科学版)2006年第6期。

〔4〕 参见李爱年、邓雅静:《生态保护补偿制度的价值取向和立法选择》,载《时代法学》2014年第6期。

〔5〕 参见董小君:《主体功能区建设的"公平"缺失与生态补偿机制》,载《国家行政学院学报》2009年第1期。

是对碳储、景观效益、水土保持、水源涵养等生态服务功能的补偿。[1] (7)"四要素"决定说。持该观点的研究者认为,生态补偿标准的界定应综合考虑生态保护者的投入和机会成本的损失、生态利益受益者的获利、生态破坏的恢复成本以及生态系统服务的价值4个要素。[2] 补偿标准的下限应为生态保护者的投入及生态破坏的恢复成本,而其上限应为生态系统服务功能的价值。[3] (8)行为性质决定说。持该观点的研究者认为,生态补偿标准应据行为的外部性而界定:当行为外部性为正时,核算机会成本的损失,生态补偿的标准是机会成本加上生态保护和建设成本;当行为外部性为负时,核算环境治理与生态恢复的成本,生态补偿的范围是生态恢复与治理成本加上直接损害补偿和机会成本。[4] 另有研究者认为,应该据"被动"受益和"主动"受益的不同而适用不同的生态补偿标准界定模式(依据)。在"被动"受益的情况下,应据生态环境治理投入成本和生态环境治理机会成本确定生态补偿标准;而在"主动"受益的情况中,应当适用"效益补偿"标准。在后一种情况下,受偿方的贡献完全是按照受益方的意愿进行,生态效益价值具备测算的可行性。[5]

(三)京津冀区际生态补偿标准的界定思路

无论是从理论研究来看,还是从实践探索来看,确立科学的生态补偿标准是摆在区际(横向)生态补偿制度建设进程中的一大难题。[6] 就京津冀区际生态补偿制度的构建而言,生态补偿标准的界定亦是其核心环节所在,生态补偿标准的明确是建立京津冀区际生态补偿体制的前提和依据,而生态补偿标准的合理与否直接关系区际生态补偿制度目标能否实现。区际生态补偿标准过低,不仅难以满足生态环境治理要求,而且无助于生态利益分享和环境资源分配不

---

〔1〕 参见王萍:《生态补偿立法正当时》,载《中国人大》2010年第15期;贾若祥、曹忠祥:《地区间横向生态补偿的总体思路》,载《中国经贸导刊》2014年第30期;黄征学:《地区间横向生态补偿制度的内涵特征》,载《区域经济评论》2015年第6期。

〔2〕 参见马莹:《设立潮白河流域承德段农业生态补偿机制的建议和可行性》,载《科技传播》2014年第11期。

〔3〕 参见李齐云、汤群:《基于生态补偿的横向转移支付制度探讨》,载《地方财政研究》2008年第12期;李团民:《生态补偿基本要素的研究》,载《湖南医科大学学报》(社会科学版)2010年第4期。

〔4〕 参见黄润源:《论生态补偿的法学界定》,载《社会科学家》2010年第8期。

〔5〕 参见于彦梅、耿保江:《论京津冀区际生态补偿制度的构建》,载《河北科技大学学报》(社会科学版)2012年第4期。

〔6〕 参见宏观经济研究院国地所课题组:《横向生态补偿的实践与建议》,载《宏观经济研究》2015年第2期。

公的解决;区际生态补偿标准过高,将超出生态补偿支付主体的承受能力,打击其参与生态补偿的积极性,迟滞区际生态补偿的开展。就京津冀区际生态补偿而言,生态补偿标准的界定应遵循以下基本思路:

1.坚持生态价值与环保成本相结合的界定模式

正如上文所述,目前对于生态补偿标准的界定模式问题还存在巨大争议。就京津冀区际生态补偿而言,其补偿标准的界定应采取生态价值(或效益)与环保成本相结合的模式。这是由区际生态补偿所依据的立论基础——生态环境价值论所决定的,若不采取这一界定模式,区际生态补偿可能失去其正当性基础。或许,在当前或者未来一段时期内,相关实践不能完全达到这一要求,但从京津冀区际生态补偿的发展来看,应逐步向这一目标靠拢。此外,确立生态价值与环保成本相结合的界定模式也有助于确保区际生态补偿标准处于一个相对合理的水平。

对生态环境价值予以科学界定、对生态环境的正外部效益予以准确评估是生态补偿得以实施的前提,[1]其直接关系补偿标准的界定、补偿额度的确定,涉及生态补偿支付主体与生态补偿接受主体的核心利益,若解决不好,将极大挫伤生态补偿相关主体的积极性,[2]进而影响生态补偿的有效实施、抑制生态补偿的制度功效。而生态价值与环保成本相结合界定模式的具体适用亦取决于对生态价值和环保成本的科学测定和准确评估,因此,在具体适用上,应首先对所涉具体生态项目所关涉的生态价值和环保成本予以测定和评估,以为补偿标准的最终确定提供参考。京津冀区际生态补偿的有效实施、京津冀生态文明的协同建设,生态资本核算需先行一步。[3] 但目前,这还是一个难度较大的课题。一方面,生态环境价值具有很强的公共产品特性,其并非为某一个或某些个特定主体所享有,因此,价值不宜量化;另一方面,在绝大多数情况下,生态环境市场或者具有非完全性(存在垄断或独占),或者根本不存在相应市场(如清

[1] 参见李宏伟:《形塑"环境正义":生态文明建设中的功能区划和利益补偿》,载《当代世界与社会主义》2013年第2期。

[2] 参见胡帆、李忠斌:《外部经济应用的非对称性与区际生态补偿机制》,载《武汉科技学院学报》2007年第3期。

[3] 参见张萌萌:《低碳、循环、智慧 探索生态协同新路径——京津冀生态环境协同发展高端会议观点》,载《廊坊日报》2015年5月19日,第6版。

新空气、美丽景观等)，因此，无法用传统的经济学方法对其价值予以合理估算。[1] 为了尽可能确保测定的科学性和评估的准确性，在实践中，应运用主客观多种方法和手段，具体包括市场价值法、机会成本法、影子工程法、效果评价法、收益损失法、旅行费用法、随机评估法、支付意愿法等。[2] 此外，为了确保生态价值测定和环保成本评估的更加客观、真实，应考虑引入第三方评估机制，即应由独立于生态补偿支付主体和生态补偿接受主体之外的第三方进行测定和评估。另外，需要指出的是，区际生态补偿的实施是以生态利益受益地区享受了生态利益受损地区或生态环境建设地区的生态服务为基础的，生态利益受益地区、生态利益受益者只能是以所享受的生态服务为补偿标准，而并非是对受益地区或生态环境建设地区所提供的全部生态服务进行补偿，[3] 因此，在进行生态价值评估时，关键是要计算出受益地区、受益者所享受的生态服务的价值，这才是区际生态补偿标准确定的准确基础。

2. 坚持区际生态补偿标准的协商确定

从目前的区际生态补偿实践来看，生态补偿具体标准往往是通过协商确定的，其最终结果往往取决于生态补偿项目中受损者和得益者双方的谈判能力。[4] 很多研究者对此持肯定观点，认为区际生态补偿标准最终应由区际生态补偿支付主体和接受主体以协商方式加以确定。王昱、丁四保等人认为，对于区际生态补偿而言，谈判和协商是确定区际生态补偿标准的理想模式。[5] 李静云、王世进、王金南、张惠远、高小萍等人也认为，由生态补偿的本质所决定，在生态补偿标准测算和评估方法还存在技术障碍的时候，可以灵活采用双

---

〔1〕 参见李宁、赵伟:《我国区域生态补偿实践中的制度改进问题》，载《东北师大学报》(哲学社会科学版)2008年第4期。

〔2〕 相关论述参见黄寰、肖霓、赵云名:《区际生态补偿的价值基础与评估》，载《当代经济》2011年第10期；蔡邦成、温林泉、陆根法:《生态补偿机制建立的理论思考》，载《生态经济》2005年第1期；冯俏彬、雷雨恒:《生态服务交易视角下的我国生态补偿制度建设》，载《财政研究》2014年第7期。

〔3〕 参见王翊:《跨区域生态服务提供与补偿的理论分析》，载《求索》2011年第6期。

〔4〕 参见谭秋成:《关于生态补偿标准和机制》，载《中国人口资源与环境》2009年第6期；郑海霞:《关于流域生态补偿机制与模式研究》，载《云南师范大学学报》(哲学社会科学版)2010年第5期；贾若祥、高国力:《构建横向生态补偿的制度框架》，载《中国发展观察》2015年第5期。

〔5〕 参见王昱、丁四保、王荣成:《区域生态补偿的理论与实践需求及其制度障碍》，载《中国人口环境与资源》2010年第7期。

方“讨价还价”的形式达成“协议补偿”的方式。[1] 国家发展和改革委员会国土开发与地区经济研究所课题组认为,从实践来看,很少有区际(横向)生态补偿能够按照严格的理论测算生态补偿标准并付诸实施,更多的则是采取利益相关方协商的方法,通过协商确定区际生态补偿支付主体和接受主体都能接受的生态补偿标准。[2] 原国家环保总局(现为生态环境部)政策研究中心就生态补偿进行全国性调研后也提出,中国当前可接受的生态补偿方式是协商谈判。[3] 黄炜则认为,生态补偿标准之所以须通过相关利益主体之间的协商和博弈得以最终确定,其原因在于,只有这样,才能确保标准是公平、合理和科学的。也只有这样,标准才能够真正被各利益相关方接受并实施,才是可行的。[4] 就京津冀区际生态补偿而言,生态补偿标准的界定亦应采取这一做法,即通过京津冀区际生态补偿相关主体通过协商,对具体生态补偿标准予以确定,这是当前的现实选择,也符合区际生态补偿主体平等性的特征。

最后,需要补充说明的是,坚持区际生态补偿标准的协商确定与坚持生态价值与环保成本相结合的界定模式并不矛盾,二者是内在统一的。生态价值和环保成本的评估为区际生态补偿标准的协商确定提供了坚实的基础,没有生态价值和环保成本的科学评估,标准的协商也就失去了方向和规则,区际生态补偿支付主体和接受主体也不可能就生态补偿标准形成“合意”。

就京津冀区际生态补偿而言,生态补偿标准的界定亦应如此,协商应该成为主要方式之一,[5] 即在界定生态补偿标准时,应首先测算生态效益价值、评估生态保护成本,并在此基础上,兼顾社会经济发展水平、生态补偿支付主体的承受能力、生态补偿接受主体的最低需求等因素,由生态补偿支付主体和生态

---

〔1〕 参见李静云、王世进:《生态补偿法律机制研究》,载《河北法学》2007 年第 6 期;王金南、张惠远:《生态补偿机制五问》,载《时事报告》2006 年第 6 期;高小萍:《建立健全科学合理的生态补偿机制》,载《中国财政》2010 年第 6 期。

〔2〕 参见国家发展和改革委员会国土开发与地区经济研究所课题组:《地区间建立横向生态补偿制度研究》,载《宏观经济研究》2015 年第 3 期。

〔3〕 参见洪尚群、何兴民、戴云:《走出生态补偿困境》,载《中国改革》2007 年第 7 期。

〔4〕 参见黄炜:《全流域生态补偿标准设计依据和横向补偿模式》,载《生态经济》2013 年第 6 期。

〔5〕 除协商之外,核算也是确定生态补偿标准的主要方式,其相对复杂,可以将受益者/受益地区得到的利益(生态价值)作为确定生态补偿标准的基准,也可以将受偿主体丧失的利益(如财产收益、机会成本)作为确定生态补偿标准的基准。相关论述参见史玉成:《生态补偿的理论蕴涵与制度安排》,载《法学家》2008 年第 4 期;陈晓勤:《我国生态补偿立法分析》,载《海峡法学》2011 年第 1 期。

补偿接受主体通过协商谈判以确定具体生态补偿项目的补偿标准。[1] 坚持区际生态补偿标准的协商确定，在具体适用时，应注意以下几个问题：(1)明确协商方式的非唯一性。对于生态补偿标准的界定，协商方式有其独特的制度优势，但需要予以明确认识的是，协商并非京津冀区际生态补偿标准界定的唯一方式，在当前其虽可适用于政府补偿领域，但其应主要适用于水权交易、项目补偿等市场补偿领域。[2] 并且从发展的角度来看，至少在政府领域，生态补偿标准的确定应实现由协商到核算的变迁。(2)协商应以生态效益价值测算和环境保护成本评估为基础。具体来说，对于生态补偿接受主体，补偿标准应该足以弥补其成本，即至少要包含其提供生态服务的直接支出与间接支出；[3] 对于生态补偿支付主体而言，补偿标准应该是其享受此项生态服务而获得的直接收益或因此节约的成本。[4] (3)协商可负载相应条件限制。对于协商标准所适用的生态补偿项目还可以对生态补偿的条件加以约定，即生态补偿接受主体完成生态环境建设和环境保护任务，达到生态环境保护标准，是生态补偿支付主体对其进行补偿的基本前提。若达标，则应当依据协议给予相应的补偿；若未达标，则应不予补偿或予以相应扣减。[5] (4)重视公众参与作用的发挥。在协商方式的适用过程中，应高度重视公众参与作用的发挥，即应动员包括企业、民众以及民间团体（如非政府环保组织）等在内的相关利益者参与到生态补偿标准的协商确定过程中来，以切实保护其应有权益。在已有的区际生态补偿实践中，生态补偿标准的确定多是政府间协商博弈的结果，其他利益相关者参与不够，[6] 这既不利于生态补偿标准制定的科学，也将在很大程度上影响生态补偿的实施效果。在京津冀区际生态补偿的实施过程中，必须祛除这一弊病，应确

---

〔1〕 参见李静云、王世进：《生态补偿法律机制研究》，载《河北法学》2007 年第 6 期。

〔2〕 参见徐丽媛：《试论赣江流域生态补偿机制的建立》，载《江西社会科学》2011 年第 10 期。

〔3〕 直接支出通常包括其进行生态保护与建设的人、财、物等各项投入，以及为纠正生态服务利用的外部性或实现生态服务交易时给当地民众造成的直接损失，间接支出则是为进行生态保护而放弃部分发展权而导致的损失，如水源保护区严格限制加工业尤其是污染工业发展、对产业转型、企业环保进行税收减免或财政贴息，自然保护区严禁开采矿产资源，严禁猎取、采挖各种动植物资源等。

〔4〕 参见孔志峰、高小萍：《〈生态补偿条例〉编制中的若干关键问题探讨》，载《行政事业资产与财务》2011 年第 1 期。

〔5〕 参见谢晶莹：《建立生态补偿机制：推进生态建设的制度保障》，载《环渤海经济瞭望》2008 年第 7 期；孟姝瑱：《政府规划视角下生态补偿机制的建立与发展》，载《理论学习》2012 年第 6 期。

〔6〕 参见王慧杰、董战峰等：《生态补偿：政策效应凸显》，载《环境经济》2014 年 Z1 期。

保区际生态补偿利益相关者(尤其是广大民众)的合理利益诉求得到满足,以确保区际生态补偿标准的确定科学合理,进而推进京津冀区际生态补偿的有效实施。

3. 坚持区际生态补偿标准的动态调整与差别对待

缺乏动态调整、过于僵化是生态补偿标准现存的问题之一,僵化的生态补偿标准难以达到生态补偿的目的。[1] 因此,在京津冀区际生态补偿标准的确定上,应坚持动态调整的基本原则。生态补偿标准不应是固定不变的,而应随时间变化而相应调整,即分阶段实施不同的区际生态补偿标准。[2] 这在实践中已有可资借鉴的成功立法例,全国首个生态补偿地方性立法——《苏州市生态补偿条例》就采用了这样的立法例。该条例明确规定,县级市(区)人民政府可以在市人民政府批准的补偿标准基础上提高标准,生态补偿标准一般3年调整一次。[3]

在生态补偿标准动态调整机制的基础上,还应实行区际生态补偿标准的差别对待。补偿标准单一、"一刀切"是生态补偿目前所存在的另一问题,由此导致生态补偿缺乏针对性,不能发挥最大功效,并会造成地区间的不公。[4] 在京津冀区际生态补偿标准的建立上,应打破"一刀切"的模式,而应根据生态补偿项目的不同、生态补偿适用地区的不同而适用有所差别的、多样化的生态补偿标准。对此,我们可以借鉴英国环境敏感项目补偿区域等级划分做法,即在各等级区域内实施不同的生态补偿标准,甚至可以在一些特殊地区实施一些特殊的补偿政策。[5] 但需要注意的是,生态补偿标准的动态调整、差别对待是以生态补偿基准标准的制定为基础的,否则,也容易导致生态补偿标准制定的不公。

---

[1] 参见王振东:《河北省张承地区生态补偿机制探讨》,载《社会科学论坛》2008年第11期。

[2] 参见白丽、王健、刘晓东、张前:《环首都贫困带生态补偿标准探析》,载《广东农业科学》2013年第5期。

[3] 2014年4月28日苏州市第十五届人大常委会第十三次会议通过的《苏州市生态补偿条例》第10条第3款规定:制定生态补偿标准应当根据生态价值、生态文明建设要求,统筹考虑地区国民生产总值、财政收入、物价指数、农村常住人口数量、农民人均纯收入和生态服务功能等因素。该条例第10条第4款规定:"生态补偿标准一般三年调整一次。"

[4] 参见李怀恩、尚小英:《流域生态补偿标准计算方法研究进展》,载《西北大学学报》(自然科学版)2009年第4期。

[5] 参见赵翠薇、王世杰:《生态补偿效益、标准——国际经验及对我国的启示》,载《地理研究》2010年第4期。

当然，生态补偿基准标准的制定至少要遵循两点基本要求：一是注意生态补偿领域的差别性，即依据生态补偿领域的不同而制定相应的生态补偿基准标准；二是要注意生态补偿基准标准的及时修订，即随着生态补偿的发展而及时修订生态补偿基准标准。

4. 坚持区际生态标准的必要提高

从京津冀已有的区际生态补偿实践来看，标准低是现存的显著问题之一。在京津冀区际生态补偿的标准界定上，无论采取何种模式、遵循何种原则、凭借何种依据，其所框定的标准都应比现在的标准要有所提高，否则，京津冀区际生态补偿难以实现其既定的制度目标。作为一种利益驱动机制，生态补偿具有十分明显的激励功能，而其实现的程度则取决于生态补偿的标准高低。低于生态利益受损主体经济损失或生态环境建设（保护）主体建设（保护）投入成本的生态补偿标准，不具有激励的功能；相当于生态利益受损主体经济损失或生态环境建设（保护）主体建设（保护）投入成本的生态补偿标准，亦不会有明显的激励功能；只有高于生态利益受损主体经济损失或生态环境建设（保护）主体建设（保护）投入成本的生态补偿标准，才会发挥显著的激励功能。〔1〕 常纪文老师就该问题亦曾尖锐指出，"生态补偿的标准虽然不具有等价性，但是也不能太低，否则，对于遏制地方片面追求 GDP 的增长、转变经济增长方式没有任何效果"。〔2〕 这对于京津冀区际生态补偿标准的界定同样适用，只有对区际生态补偿标准予以必要提高，使其保持在一个较合理的水平，才能有效地协调环境权和生存权发展权之间的矛盾和冲突，〔3〕进而也才能实现生态补偿的既定制度目标。

三、京津冀区际生态补偿制度构建的方式廓清

（一）生态补偿方式理论

当前对于生态补偿方式的概念界定还存在不同认识。从主体角度来讲，生

---

〔1〕 参见张建伟：《生态补偿制度构建的若干法律问题研究》，载《甘肃政法学院学报》2006 年第 6 期。

〔2〕 参见李忠峰：《流域生态补偿艰难破题》，载《中国财经报》2010 年 7 月 17 日，第 4 版。

〔3〕 参见孙力：《生态功能区补偿法律制度初探》，载《环境保护》2008 年第 12 期。

态补偿方式是指生态补偿支付主体对生态补偿接受主体进行补偿的形式;[1]从内容角度讲,生态补偿方式是指生态系统服务功能的价值得以实现的手段、方法和形式。[2] 如果说生态补偿标准是解决"补偿多少"的问题,那么生态补偿方式就是解决"怎么补偿"的问题,其同样是生态补偿的关键环节所在,直接关系补偿的效果。同等规模的补偿投入,因采用不同的补偿形式,会得到不一样的效果。[3]

生态补偿方式依据不同的标准可以分为不同的类型:(1)依据与受偿对象的关系程度、利益补偿的实现形式之不同,可以分为直接补偿和间接补偿。[4] (2)依据补偿期限的不同,可以分为连续补偿和一次性补偿。[5] (3)依据生态补偿资金的直接来源、生态补偿实施中主导力量及作用机制的不同,可以分为政府补偿、市场补偿和社会补偿。[6] (4)依据生态补偿功能的不同,可分为"输血式"生态补偿和"造血式"生态补偿。[7]

---

〔1〕 参见张建伟:《生态补偿制度构建的若干法律问题研究》,载《甘肃政法学院学报》2006 年第 5 期。

〔2〕 参见孙根紧、何婧:《中国生态补偿研究综述》,载《商业时代》2011 年第 12 期。

〔3〕 参见王昱、丁四保、卢艳丽:《基于我国区域制度的区域生态补偿难点问题研究》,载《现代城市研究》2012 年第 6 期。

〔4〕 一般认为,直接补偿包括资金补偿与实物补偿,间接补偿包括政策补偿和技术补偿。但也有研究者认为,直接补偿是生态补偿支付主体对于生态补偿接受主体的直接给付,而间接补偿则是指生态补偿支付主体对生态补偿接受主体不直接给付,而是由生态补偿实施主体(如政府)作为"中间人",间接完成生态补偿的给付义务。财政转移支付、专项基金、项目援助、水资源配额交易和捐赠等均为间接补偿方式。参见肖加元、席鹏辉:《跨省流域水资源生态补偿:政府主导到市场调节》,载《贵州财经大学学报》2013 年第 2 期;董妍:《森林生态效益补偿制度回顾与展望——关于完善一项永久性生态补偿制度的思考》,载《当代农村财经》2014 年第 2 期。

〔5〕 戴朝霞、黄政:《关于生态补偿理论的探讨》,载《湖南工业大学学报》(社会科学版)2008 年第 4 期。

〔6〕 一般认为,政府补偿,是指补偿资金主要来自政府财政性资金且在生态补偿实施中政府居于主导地位以实施生态补偿的方式;市场补偿,是指补偿资金来自生态补偿所涉市场主体且在生态补偿实施中生态补偿平等性市场主体居于主导并依据市场机制以实施生态补偿的方式;社会补偿,是指补偿资金来自社会主体且在生态补偿实施中社会主体居于主导地位以实施生态补偿的方式。其中,财政转移支付、项目扶持、政策扶持、对口帮扶等属于政府补偿方式,排污权交易、碳排放权交易、生态产品认证等属于市场补偿,社会捐赠则属于社会补偿方式。

〔7〕 一般认为,所谓"输血式"生态补偿方式,是指生态补偿支付主体将资金或实物直接交付于生态补偿接受主体,由后者自由支配或处置。其优点在于直接、简单、效率高,缺点则在于补偿可能转化为纯消费性支出,无助于生态补偿接受主体的长远发展及经济状况的根本改善;所谓"造血式"生态补偿方式,是指生态补偿支付主体将补偿资金转为项目开发、技术支持等通过促进生态补偿接受主体经营能力的提高、就业状况的改善等,其优点在于有助于促进生态补偿接受主体的长远发展和经济状况的根本改善,缺点在于补偿存在"失败"风险及权力寻租可能。

从生态补偿的已有实践来看,其在补偿方式上还存在较大问题,突出体现为补偿方式的单一性:[1](1)已有生态补偿以政府补偿为主导,过分依赖于财政资金保障及财政转移支付手段,缺乏市场补偿的应用和社会补偿的参与。政府补偿虽具有目标明确、易于启动等优势,但缺陷同样明显:一方面,受政府财政资金规模所限,难以满足生态补偿的实际需求;另一方面,受管理体制所限,实际补偿效果会大打折扣。[2] (2)已有生态补偿以资金补偿方式应用最多,产业扶持、技术援助、人才支持、就业培训等其他补偿方式未得到应有的重视。[3] 但受补偿主体、补偿领域和补偿项目多元性的特点所决定,一味以资金为主、过分强调资金补偿的应用,不仅会造成生态补偿的实施成本不合理增加,而且会导致生态补偿目标难以实现。[4] (3)已有生态补偿方式重"输血"而轻"造血",从而影响生态补偿接受主体或地区的长远发展及经济状况的根本改善。

(二)京津冀区际生态补偿方式的适用

1. 京津冀区际生态补偿方式适用的基本原则

在京津冀区际生态补偿方式的适用上,须遵循以下基本原则:(1)实现生态补偿方式的多元化。生态补偿是一个系统工程,生态补偿不能异变为单纯的资金划拨,[5]补偿方式的多样化可以大大增强补偿的适应性、灵活性和弹性,进而大大地增强补偿的针对性和有效性。[6] 因此,在京津冀区际生态补偿的实施中,除应完善资金补偿方式外,还要采取对口协作、产业转移、人才培训、共建园区等多种方式,[7]并实现多种补偿方式的分类组合、综合运用,以优化生

---

〔1〕 除单一性外,已有生态补偿在方式上还缺乏稳定性和长期性,如"退耕还林""退耕还草"在实施期限上都相对较短。

〔2〕 在已有实践中,政府补偿中存在较严重的"多头管理"现象,导致区域补偿不到位,并在很大程度上异化为部门补偿,造成"三多三少"现象:部门补偿多,农民得到的补偿少;物资、资金补偿多,产业扶持、生产方式转换补偿少;直接向生态建设补偿多,相应的促进经济发展、改善扶贫结构的补偿太少。参见陈树德:《民进云南省委为完善生态补偿支招》,载《人民政协报》2008年3月27日,A03版。

〔3〕 参见田新程、尚文博、李娜:《生态补偿,公共财政平衡区域生态贡献》,载《中国绿色时报》2014年3月5日,第1版。

〔4〕 参见黄润源:《论我国生态补偿法律制度的完善》,载《法治论丛》2010年第6期。

〔5〕 参见常纪文:《京津冀环保一体化的基本问题》,载《前进论坛》2014年第9期。

〔6〕 参见吴建国、何莉环:《构建区域生态补偿机制　促进西部地区可持续发展》,载《当代经济》2007年第11期。

〔7〕 参见王萍:《生态补偿:期待制度建设"加速跑"》,载《中国人大》2013年第9期。

态补偿效果。[1] (2)实现“输血式”补偿与“造血式”补偿的有机结合。在已有生态补偿实践中,以资金补偿、实物补偿为代表的“输血式”生态补偿方式仍处于主导地位,但这种方式是很难解决生态保护和建设投入上自我积累、自我发展的问题。[2] 在京津冀区际生态补偿的实施中,应正确处理“造血”补偿与“输血”补偿的关系,“授之以鱼,不如授之以渔”。一方面,要努力创造“造血”补偿的条件,变单纯的资金补助为项目扶持,将补偿转化为提升受偿地区社会经济发展能力的项目,更加重视技术、智力等方面的补偿,以实现生态环境的“共建共赢”;[3]另一方面,要科学界定“输血式”生态补偿的适用范围,[4]要确保补偿应尽量落实到基层民众手中,[5]并要力争提供更多的包括基础设施、教育、培训、饮水安全等公共产品补偿。[6] (3)实现政府补偿、市场补偿和社会补偿的无缝衔接。作为目前的主导生态补偿方式,政府补偿虽具有政策方向性强、目标明确、容易启动等优点,但同时存在体制不灵活、标准难以确定、管理和运作成本高等局限性。[7] 而市场补偿方式则具有方式灵活、管理和运行成本低等优点且不存在权力寻租等负面效应,社会补偿则具有融资空间大、融资成本低且有助于提高生态补偿公平性的特点,因此,在京津冀区际生态补偿的实施中,要在完善政府补偿方式的同时,重视市场补偿方式和社会补偿方式的应用,实现三者的无缝衔接,形成“三位一体”的综合生态补偿方式体系。(4)实

---

〔1〕 参见黄晓艳:《环境负效应的生态补偿政策与策略分析》,载《污染防治技术》2014 年第 2 期。

〔2〕 参见李海鸣:《进一步完善生态补偿机制的财税政策思考》,载《江西行政学院学报》2010 年第 3 期。

〔3〕 参见白丽、王健、刘晓东、张前:《环首都贫困带生态补偿标准探析》,载《广东农业科学》2013 年第 5 期;王萍:《生态补偿:期待制度建设“加速跑”》,载《中国人大》2013 年第 9 期;来洁:《从承德看京津冀“生态一体化”之难》,载《经济日报》2015 年 1 月 27 日,第 15 版。

〔4〕 在已有实践中,“输血式”生态补偿方式居于主导地位,在京津冀区际生态补偿的实施中,在扩大“造血式”生态补偿方式应用的同时,要科学界定“输血式”生态补偿的适用范围,其中,一个可资借鉴的思路就是,对于“输血式”生态补偿方式的适用要广泛征求利益相关者的意见,尤其是要重视最终受偿主体的意见。另外,需要予以特别说明的是,扩大“造血式”生态补偿方式的应用,并不意味着“输血式”生态补偿方式的无用,恰恰在某些生态补偿项目,其是十分重要的,原因在于,“输血式”生态补偿系对生态补偿接受主体的直接补偿。

〔5〕 参见陈宏伟、张帆:《生态持续恶化　拷问中国生态补偿机制》,载《理论参考》2006 年第 12 期。

〔6〕 参见胡晓登、刘娜:《中国生态补偿机制的缺陷与改革》,载《贵阳市委党校学报》2011 年第 3 期。

〔7〕 参见中国生态补偿机制与政策研究课题组:《中国生态补偿机制与政策研究》,科学出版社 2007 年版,第 98 ~ 100 页。

现生态补偿方式的"对症下药"。生态补偿方式缺乏针对性，是目前生态补偿实践中所存在的突出问题之一。在京津冀区际生态补偿的实施过程中，要据生态补偿项目、区域的不同而实行与之相适应的生态补偿方式，实行差别性补偿，以做到具体矛盾具体分析。

2. 京津冀区际生态补偿方式适用的关键问题

（1）完善资金、实物等传统补偿方式。作为目前最为常用的生态补偿方式，资金补偿又称为货币补偿，是指生态补偿支付主体通过对生态补偿接受主体支付货币资金的方式以实现生态补偿、履行补偿义务的补偿方式，其具有补偿直接、支付便利、适用简单、数额明确、效果显著等优点，有补偿金、税费减免或退税、开发押金、补贴、财政转移支付、贴息和加速折旧、复垦费等多种具体形式。在京津冀区际生态补偿的实施中，资金补偿仍是主要的补偿方式之一。但是应对资金补偿应用方式等问题作出明确规定，尤其是要对资金补偿方式的适用范围予以科学论证和明确规定，[1]使其具有较高的权威性和可操作性，[2]并实现资金补偿具体方式的多元化，尤其是要高度重视横向财政转移支付作用的发挥。一般认为实物补偿，是指通过给予生态补偿接受主体一定的物质产品、土地使用权，以改善其生活条件、增强其生产能力进而实现生态补偿目的的补偿方式。[3] 实物补偿也是当前实践中所使用较多的方式之一，并且经常与资金补偿结合使用，在京津冀区际生态补偿的实施中，实物补偿亦应有一席之地，但在具体应用中，应加强对实物补偿必要性、适用范围等关键问题的科学论证。

（2）用好政策补偿这一特殊方式。所谓政策补偿，一般是指通过给予生态补偿接受主体、生态补偿接受地区以相应优惠政策，使其享有一定的优先权或优惠待遇以促进其经济发展和生态环境建设进而实现生态补偿目的的补偿方

---

〔1〕 如有的研究者认为，涵养水样、环境污染综合整治、农业非点源污染治理、城镇污水处理设施等生态建设项目应适用资金补偿方式，因生态环境建设需要而停业停产的企业及其员工、在环境污染综合整治中需要搬迁的民众也应适用资金补偿方式。参见姚好霞、周荣：《环渤海区域生态环境及其政策法制协调机制建设》，载《山西省政法管理干部学院学报》2009 年第 4 期。

〔2〕 参见王振东：《张家口、承德地区生态补偿机制探讨》，载《河北学刊》2008 年第 6 期。

〔3〕 参见曹明德：《对建立生态补偿法律机制的再思考》，载《中国地质大学学报》（社会科学版）2010 年第 5 期。

式,[1]主要体现为财税优惠、信贷优惠、投资优惠、金融优惠等方面。[2] 从某种意义上来讲,政策补偿是对生态补偿接受主体或生态补偿接受地区予以的"额外"政策优惠或照顾。[3] 政策补偿具有运作成本低、财政压力小、与地区实际情况易于结合等优点,[4]在京津冀区际生态补偿的实施中,要用好这一特殊补偿方式,尤其是要重视金融优惠政策的应用。[5]

(3)促进市场化补偿方式的应用。从以往实践经验来看,市场机制的引入在实现生态(保护)补偿的实施中发挥着不可或缺的重要作用。[6] 正如上文所述,市场化补偿方式具有方式灵活、管理和运行成本低等优点,有利于调动交易双方减少污染或扩大环境容量的积极性,[7]并因此成为未来生态补偿实施所依赖的主要方式之一。因此,在京津冀区际生态补偿的实施过程中,亦应高度重视市场化生态补偿方式的应用,除继续推进水权交易、排污权交易、碳排放权交易等工作的开展以外,要高度重视生态标记方式的应用。生态标记,是指消费者通过在市场上购买具有生态标记的产品并付出的高于同类产品的差价,进而实现对以环境友好方式进行生产的厂商予以经济补偿的方式。[8] 作为一种新型的市场化生态补偿方式之一,生态标记是一种生态环境服务的间接支付方式,在应用中,生态补偿支付主体与生态补偿接受主体之间并不进行直接谈判或交易。生态标记方式应用的关键,是要建立赢得消费者信赖的认证体系,进

---

[1] 参见李团民:《生态补偿基本要素的研究》,载《湖南医科大学学报》(社会科学版)2010 年第 4 期。

[2] 参见林凌:《建立和实施区域生态补偿机制》,载《发展研究》2009 年第 8 期。

[3] 参见荆炜:《西部地区生态建设补偿机制及补偿类型区划研究》,载《新疆社会科学》2014 年第 6 期。

[4] 参见王蓓蓓、王燕、葛颜祥、吴菲菲:《流域生态补偿模式及其选择研究》,载《山东农业大学学报》(社会科学版)2009 年第 1 期。

[5] 具体措施包括:通过给予财政资助、财政补贴等方式引导银行业金融机构支持生态补偿接受主体或地区的发展,包括给予贷款利率优惠、贷款期限延长、贷款额度提高、贷款条件放宽等;支持污染少、效益好、能耗低以及有较强增长潜力和带动力的公司优先上市;实行差别的存款准备金率,降低生态补偿接受地区的银行业金融机构较低的存款准备金率,增加其用于本地生态保护和发展经济的资金投放,等等。参见冉光和、徐继龙、于法稳:《政府主导型的长江流域生态补偿机制研究》,载《生态经济》2009 年第 2 期。

[6] 参见李爱年:《关于征收生态效益补偿费存在的立法问题及完善建议》,载《中国软科学》2001 年第 1 期。

[7] 参见于彦梅、耿保江:《论京津冀区际生态补偿制度的构建》,载《河北科技大学学报》(社会科学版)2012 年第 4 期。

[8] 参见孙开、杨晓萌:《流域水环境生态补偿的财政思考与对策》,载《财政研究》2009 年第 9 期。

而把各类产品中在生态保护领域的佼佼者选出并予以肯定和鼓励。[1] 生态标记补偿方式的意义主要体现在两个方面：一是消费者通过生态认证标志所传递出来的产品质量安全信息，以较高的价格购买、消费质量安全型产品，包括有机产品及绿色产品等，从而使生产者间接获得经济补偿。二是生产者通过消费者选择和消费质量安全型产品的行为，并依托市场价格机制，获得了较高的补偿或回报，在此引导下，生产者自觉采用环境友好生产方式，进而提高生产环境效益。[2] 欧盟早在20世纪90年代初就实行了生态标记（签）制度。依照欧盟的规定，生态标记（签）产品在设计、生产、销售以及处理的每一个环节都要做到对生态环境的完全无公害，符合相应环保标准，同时生态标记（签）产品的销售价格也比普通产品要高出20%～30%，进而通过消费者付费机制的应用而达到了促进生态环境保护的目的。我国在此方面也进行了相应探索与实践，如有机产品认证、无公害农产品标志、绿色食品等制度的实行以及《有机产品认证管理办法》《无公害农产品标志管理办法》《绿色食品标志管理办法》等规定的颁布，但目前生态标记制度远未完善，尚处于发展的初级阶段，民众对其的认知、信任程度有限。[3] 基于推进生态补偿的考虑，未来生态标记制度完善的一个重要内容，就是在生态标记制度增加生态补偿的内容，使生态标记成为生态补偿的重要方式之一。而从已有实践来看，农夫山泉"一分钱回馈水源地"的生态标记案例，可以说是一个较为成功的尝试。[4]

（4）推动社会化补偿方式的应用。从理论上来说，相对于公共财政资金的有限性而言，社会资金在生态补偿机制中有其潜在的无限性优势。国际经验也表明，公共支付并非政府财政支付的唯一实现形式，政府可以通过制定一些鼓励政策，如税收减免、生产项目资金支持、债券融资等措施吸纳社会团体和公众

---

〔1〕参见接玉梅、葛颜祥、李颖：《我国流域生态补偿研究进展与述评》，载《山东农业大学学报》（社会科学版）2012年第1期。

〔2〕参见刘尊梅：《我国农业生态补偿政策的框架构建及运行路径研究》，载《生态经济》2014年第5期。

〔3〕参见冯俏彬、雷雨恒：《生态服务交易视角下的我国生态补偿制度建设》，载《财政研究》2014年第7期。

〔4〕农夫山泉公司认为水源地人民为了保护水源而牺牲了一定的经济发展，因此公司希望能为水源地的环境保护尽自己的一份力，所以在每瓶水中拿出一分钱捐献给水源地，企业的这种行为赢得了人们的尊重。

的资金投入生态补偿支付体系中,作为政府公共支付体系的有力补充。[1] 在京津冀区际生态补偿的实施中,亦应加强社会化补偿方式的应用。

(5)重视智力补偿方式的应用。智力补偿,一般是指通过向生态补偿接受主体提供智力服务(如教育援助、技术培训等)以增强其生产技能、提高其管理水平或为其培养输送各级各类人才进而增强其经济发展能力、实现生态补偿目的的补偿方式。[2] 智力补偿属于典型的"输血式"生态补偿方式,有助于从根本上改变生态补偿接受主体的粗放型生产方式,提高其长远发展的能力、解决其长远生计,[3]是"授人以渔",其意义甚至超过补偿本身。[4] 在京津冀区际生态补偿的实施中,要高度重视智力补偿方式的应用,充分发挥京津在此方面的比较优势,通过向作为京津冀生态环境功能支撑区的河北省提供教育援助、技术培训与支持,以助推其走上环境保护与经济发展有效协调的良性发展之路。[5]

(6)强化产业扶持等"造血式"补偿方式应用。以河北省张家口、承德地区为代表的京津冀重点生态功能区、生态涵养区不仅面临资金缺乏的问题,而且产业结构还很不合理,尤其是第三产业发展严重滞后,由此障碍了其资源与能源消耗的有效降低、制约了其经济发展水平的有效提高。由此决定,仅仅通过资金补偿是无法完全解决现存问题且难以实现生态环境治理目标的,单纯的资金补偿绝非长久之计,往往"十补九不足"。[6] "无农不稳,无工不富,无商不活"。只有产业的发展才能使生态利益受损或环境(生态)资源输出地区真正富裕起来。[7] 在京津冀区际生态补偿的实施中,关键环节之一就是要强化产

---

[1] 参见贾若祥、曹忠祥:《地区间横向生态补偿的总体思路》,载《中国经贸导刊》2014年第30期。

[2] 参见曹明德:《对建立生态补偿法律机制的再思考》,载《中国地质大学学报》(社会科学版)2010年第5期;马存利、陈海宏:《区域生态补偿的法理基础与制度构建》,载《太原师范学院学报》(社会科学版)2009年第3期;洪尚群、吴晓青等:《补偿途径和方式多样化是生态补偿基础和保障》,载《环境科学与技术》2001年S2期。

[3] 参见李爱年、邓雅静:《生态保护补偿制度的价值取向和立法选择》,载《时代法学》2014年第6期。

[4] 参见曹明德:《对建立生态补偿法律机制的再思考》,载《中国地质大学学报》(社会科学版)2010年第5期。

[5] 参见刘英奎:《京津冀生态协作机制建设研究》,载《中国特色社会主义研究》2015年第1期。

[6] 参见王昱、丁四保、卢艳丽:《基于我国区域制度的区域生态补偿难点问题研究》,载《现代城市研究》2012年第6期。

[7] 参见曲一歌:《京津冀:发展与保护兼济》,载《中国经济导报》2014年5月27日,A01版。

业扶持、项目开发等"造血式"生态补偿方式的应用。一方面,应按照"资源节约、环境保护、集成发展、附加值高、有利民生"的原则进行生态补偿项目的科学选择,[1]加大生态型、环保型产业项目的开发与扶持;[2]另一方面,要加强对受偿地区生态农业、生态林业、生态旅游、可再生能源开发等特色优势发展产业的扶持,[3]在产业布局上将重大生态项目和新兴产业项目向京津冀生态涵养功能区倾斜。[4] 产业结构将决定一个地区的能源资源消耗水平,京津冀区际生态补偿能否实现既定目标的关键环节之一就在于能否创新生态产业合作发展机制。因此,在产业扶持这一区际生态补偿方式的应用上,不仅要重点支持生态产业的发展,且要力争推动生态产业从低附加值向高附加值升级,从低技术低智力含量向高科技高智力含量发展。[5]

(7)创新异地开发等新型补偿方式。在京津冀协同发展的宏观背景下,很多生态补偿接受地区受限于生态涵养区、生态功能区定位,其在产业发展上受限较多,为保障其发展权,在区际生态补偿的实施中,应重视异地开发等新型补偿方式的创新与应用。一般认为,异地开发生态补偿方式源于浙江"金磐模式",[6]是指基于兼顾区域生态环境建设(保护)地区、生态补偿接受地区经济公平的考虑,在产业发展受限较少或产业发展集中地区划定合作开发园区,将生态补偿接受地区的已有产业项目或拟建项目迁移至该园区发展,其产生的财税收入由生态补偿接受地区政府与园区所在地政府进行分享的一种新型生态

---

〔1〕 参见刘光明:《完善洞庭湖生态经济区生态补偿制度的思考》,载《岳阳职业技术学院学报》2014年第5期。

〔2〕 参见焦跃辉、李婕:《环京津区域生态补偿机制的创新》,载《经济论坛》2008年第4期。

〔3〕 参见高小萍:《我国生态补偿的财政制度研究》,经济科学出版社2010年版,第174~175页。

〔4〕 参见来洁:《从承德看京津冀"生态一体化"之难》,载《经济日报》2015年1月27日,第15版。

〔5〕 参见刘娟、刘守义:《京津冀区域生态补偿模式及制度框架研究》,载《改革与战略》2015年第2期。

〔6〕 磐安县位于浙江省中部,域内交通不便,经济文化发展落后,但其作为水源地所提供的水质、水量影响着下游的用水安全,对于流域水资源的可持续性利用具有举足轻重的作用。1996年金华市为了保护水源地环境,在金华市工业园区,建立了一块属于磐安县的"飞地"——金磐扶贫经济技术开发区。相应地,金华市要求磐安县拒绝审批污染企业,并保护水源区环境,使其水质保持在Ⅱ类饮用水标准以上。同时金华市承诺开发区所得税收全部返还给磐安,作为下游地区对水源地的保护和发展权限制的补偿。通过异地开发模式的实施,自2003年以来金磐开发区的工业销售产值、出口创汇、税收均占磐安县的1/4,高新技术企业占全县的3/4,吸纳磐安籍职工达1000余人。同时,磐安县生态环境也得到很大改善,全县森林覆盖率达到80%,基本实现了"保浙江中部一方净土,送下游人民一江清水"的目标。参见张跃西、钟章成、孔栋宝:《异地开发生态补偿"金磐经验"探讨》,载《金华职业技术学院学报》2005年第3期。

补偿方式或制度创新。[1] 异地开发补偿方式，是为应对我国的财政税收属地化体制而进行的生态补偿管理创新，其对于转变受偿地区落后的经济发展方式，优化产业结构，缩小区域经济发展差距有着重要的意义。通过利税分享或返还的形式，对生态补偿接受地区进行经济补偿，有助于实现由单纯性的"输血式补偿"向"造血式补偿"的转化，有助于促进受偿地区形成自我积累的投入机制和财政收入的稳定增长，[2]有助于促进生态环境的有效保护和经济的可持续发展，有助于推动受偿地区突破经济发展的地理空间"瓶颈"，[3]有助于实现产业结构、产品技术的跨越式升级，同时，也有助于共建园区所在地扩大产业发展腹地、实现规模扩张，进而形成"双赢"。[4]

正是基于异地开发补偿方式的制度优势，其在实践中已被广泛借鉴和复制，其中，成阿工业园区的建立就是一个典型的例子。四川省阿坝州和成都市分处岷江上下游地区，为保护好成都市生活生产水源，从 2009 年开始，双方在成都市郊区开始共同建设成阿工业园，阿坝州把现有工业企业迁入成阿工业园区，州内集中发展特色农业、旅游业、水电等产业，园区建成后发展迅速。通过异地联合共建工业开发区以及利润合理分配机制的构建，不仅破解了生态保护区因环境约束而停滞的工业发展难题，而且化解了跨区域生态环境保护困境，并弥补了"输血式"生态补偿中补偿资金不足和补偿标准难以量化的缺陷。[5]在京津冀区际生态补偿的实施中，创新异地开发补偿方式，比较可行的思路是，在河北省唐山市、秦皇岛市以及沧州市等沿海、交通便利地区且可利用非耕地资源较为丰裕的地区建立联合开发园区，由北京市、天津市等生态利益受益地区、生态补偿支付主体提供资金、技术等支持并促进企业、项目向开发区迁移，唐山市、秦皇岛市、沧州市等地出土地，河北省张家口、承德地区等生态涵养区、

---

〔1〕 参见张跃西、孔栋宝：《异地开发生态补偿的"金磐经验"探讨》，载《浙江学刊》2005 年第 4 期；郑海霞、张陆彪、封志明：《金华流域生态补偿服务补偿机制及其政策建议》，载《资源科学》2006 年第 5 期。

〔2〕 参见葛颜祥、王蓓蓓、王燕：《水源地生态补偿模式及其适用性分析》，载《山东农业大学学报》（社会科学版）2011 年第 2 期。

〔3〕 参见张跃西、孔栋宝：《异地开发生态补偿探讨》，载《浙江学刊》2005 年第 4 期。

〔4〕 参见王树华：《长江经济带跨省域生态补偿机制的构建》，载《改革》2014 年第 6 期。

〔5〕 参见杨春平、陈诗波、谢海燕：《"飞地经济"：横向生态补偿机制的新探索——关于成都阿坝地区共建成阿工业园区的调研报告》，载《宏观经济研究》2015 年第 5 期。

生态功能区参与项目开发、园区管理，搞联合异地开发，三方合理分享财税收益。[1] 在异地开发补偿方式的应用中，要在土地使用、招商引资、企业搬迁等方面给予开发园区以必要政策优惠。[2]

---

〔1〕 参见刘广明、曹焕忠、李靖：《区际生态补偿法律机制研究——兼及构建京津冀区际生态补偿机制》，载《天津行政学院学报》2007 年第 4 期。

〔2〕 参见黄昌硕、耿雷华、王淑云：《水源区生态补偿的方式和政策研究》，载《生态经济》2009 年第 3 期。

第六章　京津冀区际生态补偿制度构建的保障机制

京津冀区际生态补偿的制度构建及其实施，是一项相当复杂的系统工程。除需要解决区际生态补偿主体厘定、区际生态补偿标准制定以及区际生态补偿方式确定等基本问题外，还应构建相应的保障机制，具体包括区际生态补偿决策机制、区际生态补偿评估机制、区际生态补偿监督机制等。但当务之急，是要构建京津冀区际生态补偿利益协调、京津冀区际生态补偿资金筹措与使用这两大机制。

一、构建京津冀区际生态补偿利益协调机制

（一）京津冀区际生态补偿利益协调机制构建的必要性

1. 基于区际生态补偿本质的分析

生态文明建设与区域经济协调发展两者兼顾、良性互动不仅是一个尚需深入研究的重要理论课题，也是区域协调发展实践中所遇到的重大难题。[1] 利益协调机制的构建首先是由区际生态补偿的本质所决定的，具体来说主要体现在以下两个方面：

（1）从区际生态补偿的内容来看，其实施需要构建相应的利益协调机制。正如前文所述，从本质上来讲，区际生态补偿是通过对所涉主体之间经济利益的再调整与分配以矫正其在生态利益分享或自然资源分配上的不公。因此，从

---

〔1〕 参见张可云：《区域经济发展强调三协调》，载《中国社会科学报》2014年9月26日，A04版。

区际生态补偿的内容来看，具有显著的经济特性，无论在实践中采取何种具体补偿方式，最终都离不开"钱"，资金保障的缺失将使区际生态补偿失去得以实施的基础。对于区际生态补偿支付主体而言，其向区际生态补偿接受主体所支付的是"实打实的真金白银"，是切实的经济负担与损失，因此，其会格外关注区际生态补偿的经济规模，甚至可能会"锱铢必较"；对于区际生态补偿接受主体而言，其同样会格外关注区际生态补偿的经济规模，并会以此作为自己是否受到公正对待、是否得到应有补偿的重要评价标准。若要生态补偿支付主体和生态补偿接受主体在此问题上达成共识，必须要建立相应的利益协调机制，以消除其认知分歧、协管其利益矛盾。

（2）从区际生态补偿的主体来看，其关系协调更需构建相应的利益协调机制。因区际生态补偿的实质在于经济利益的再分配、再调整，并表现为生态补偿支付主体经济对价的支付和生态补偿接受主体经济补偿的接受，因此，生态补偿支付主体和生态补偿接受主体往往会基于自身利益的考虑而有不同的认识。例如，在流域区际生态补偿中，作为生态补偿支付主体的上游地区及相关主体则可能会存在以下认识：自己应不必向下游地区及相关主体支付任何费用，除非是要求上游地区及相关主体提供好于国家标准的水质或多于国家标准的水量；上游地区及相关主体不能基于其提供了合乎规定的水量或确保了合乎要求的水质就主张下游地区及相关主体支付相应经济对价或提供所谓的经济补偿，因为这是上游地区及相关主体的义务所在；相反，如果上游地区及相关主体未提供合乎规定的数量或确保合乎要求的水质，则是对相应义务的违反，在这种情况下需要赔偿上游地区及相关主体为此所遭受的损失。而上游地区及相关主体则认为，其为保护生态环境所做出的每一分努力、失去或放弃的每一个机会、花费的每一笔钱以及其他间接成本，下游地区及相关主体都应当对予以相应补偿，因为上游获得与下游同等的发展机会，这是其权利所在。[1] 生态补偿支付主体和生态补偿接受主体的认识往往针锋相对，其认识分歧的消除、矛盾的解决是区际生态补偿得以顺利开展的前提基础，同时，这也是区际生态补偿制度构建的难点所在。另外，与国家生态补偿、区域内生态补偿等纵向生态补偿存在显著不同的是，区际生态补偿是一种典型的横向生态，区际生态补

---

〔1〕 参见黄炜：《全流域生态补偿标准设计依据和横向补偿模式》，载《生态经济》2013 年第 6 期。

偿支付主体和区际生态补偿接受主体之间是一种平等关系，而非纵向生态补偿中的行政管理和行政隶属关系，因此，其共识的达成无法通过行政权威实现，必须要构建科学、完善的区际生态补偿利益协调机制，并以平等协商为基本原则。

2. 基于生态补偿已有实践的分析

区域生态系统的一体性和区域生态问题的综合性决定对于区域生态环境的治理必须要实现区域协同，要形成区域合作，其关键环节之一就是建立区域生态环境治理利益协调机制及相应机构，以加强区域间的协商沟通、促进区域间合作共识的达成。〔1〕 生态补偿的实施亦应如此，由生态系统的整体性、不可分割性所决定，必须要打破部门、地区、行业界限，建立跨地区、跨部门的生态补偿利益协调机制及相应机构，以解决生态实施中所遇到的问题。唯有如此，方能实现生态补偿的既定制度目标，达致生态环境有效保护和社会经济持续发展的双赢目的。这对于区际生态补偿更重要，因为其缺失如纵向生态补偿由上级政府协调的组织基础，其实施有赖于所涉的平等行政区域的平等协商与博弈。但在行政集权、财政分权的体制下，包括区际生态补偿在内的区域合作往往会遭遇行政区划壁垒的障碍。基于"理性经济人"的角色设定，多数地方政府基于实现自身利益最大化的考虑而忽视区域合作，进而极易陷入片面追求"地方利益"而忽视区域"整体利益"的地方保护主义境地，导致府际竞争激烈、信息沟通困难、配合协作不利，无法建立起一个能够有效调整各方利益关系的合作机制和沟通平台，最终造成零博弈、零合作。〔2〕 并且，这一现象多发生于省级政府之间，其原因在于，在省际生态补偿问题上，因生态利益受益地区经济相对发达而处于强势地位，生态利益受损地区或生态环境建设（保护）地区经济相对落后而处于弱势地位，区域利益协调机制及相应机构建立和运行的成本高昂，仅依靠所涉省级政府的磋商和谈判是很难达成一致意见的，使生态补偿陷入"走不出省界"的困境。〔3〕 与此形成鲜明对比的是，对于省域范围内的生态补偿实施，因生态保护的法定职责所在，省级政府既具有实施区域内生态补偿的动力，也具有相应能力。

---

〔1〕 参见秦娜：《区域生态补偿的福利经济学诠释》，载《中共山西省委党校学报》2014 年第 4 期。

〔2〕 参见田义文、张明波、刘亚男：《跨省流域生态补偿：从合作困境走向责任共担》，载《环境保护》2012 年第 15 期。

〔3〕 参见王树华：《长江经济带跨省域生态补偿机制的构建》，载《改革》2014 年第 6 期。

从生态补偿的已有实践来看,区际生态补偿协调机制尚未健全、区际生态补偿协调机构仍然缺位,由此导致,生态补偿工作缺乏整体性和统一规划,各地区和各部门为了局部利益和眼前利益争取项目和资金,普遍存在利益部门化的问题,导致生态补偿的焦点由对生态环境的治理和生态利益受损者的补偿异化为部门间的利益分配,造成生态补偿工作效率不高、缺乏长效性。[1] 从某种意义上来讲,京津冀区域生态环境的治理实际上就是一种利益的博弈,京津冀区际生态补偿的实施实际上就是对三地利益的合理化调整,[2]而利益的调整需要有所依托,因此亟须建立相应的利益协调机制及机构,以助推京津冀区际生态补偿的顺利实施。

3. 基于京津冀协同发展既往经验的分析

协调区域之间的关系,是区际(域)生态补偿的焦点所在。[3] 从京津冀一体化概念的提出到京津冀协同发展国家战略的真正落地,期间经历了20余年。在这段时期内,京津冀在一体化或者协同发展方面虽有所实践,但总体成效欠佳,处于长期裹足不前的状态。虽取得"北京倡议""廊坊共识"等多项成果,但其所具有的主要是象征性的宣誓意义,约束力较弱,执行监督不力。其重要原因就在于,缺乏一个高效的区域利益协调机制和有力的区域利益协调机构,陷入组织形式困境。对于区际事务的处置一般采取地方政府集体磋商的形式加以解决,而在涉及实质性利益问题时,则往往由于分歧太大而无法达成协议;同时,由于缺乏跨区域的行政权威,即使达成协议,协议的实施也难以保证。[4] 三地在经济发展过程中往往以本区域利益、本地区发展为优先考虑,由此导致各自为政、协同失范。[5] 并且,与长三角、珠三角存在显著区别的是,京津冀在区域利益协调机制的构建上有其特殊性。一方面,京津冀三省市虽同为省级行政区域,但北京市和天津市同为直辖市,而河北省下辖各市县的话语权则更弱,

---

〔1〕 参见黄涛珍、李爱萍:《国外生态补偿机制对我国流域生态补偿的启示》,载《水利经济》2014年第6期。

〔2〕 参见张彦波、佟林杰、孟卫东:《政府协同视角下京津冀区域生态治理问题研究》,载《经济与管理》2015年第3期。

〔3〕 参见丁四保、王晓云:《我国区域生态补偿的基础理论与体制机制问题探讨》,载《东北师大学报》(哲学社会科学版)2008年第4期。

〔4〕 参见杨明:《京津冀一体化过程中政府合作机制研究》,载《中国国情国力》2014年第8期。

〔5〕 参见张彦波、佟林杰、孟卫东:《政府协同视角下京津冀区域生态治理问题研究》,载《经济与管理》2015年第3期。

在京津冀三方的互动中居于从属地位，这无疑会障碍区域利益协调机制的生成。[1] 另一方面，该区域除涵盖京津冀两市一省外，在北京市行政区范围，还有中央单位、国务院单位、中央军委单位以及下属的大学、医院、科研机构等诸多高规格主体，由此导致京津冀区域的利益诉求比较复杂、区域协调难度很大。[2] 从既往经验来看，区域利益协调机制及相应机构的缺失已成为制约京津冀协同发展的主要障碍之一，若要彻底打破"一亩三分地"的思维定式、妥善解决京津冀三地之间的利益冲突，进而确保京津冀协同发展这一重大国家战略切实落地、京津冀三地社会经济有效实现协调发展，亟须建立有效的区域利益协调机制及相应机构。就京津冀区际生态补偿的制度构建及其实施而言，亦是如此，京津冀区际生态补偿利益协调机制及相应机构的建立是其关键环节所在。

（二）京津冀区际生态补偿利益协调机制构建的路径

1. 京津冀区际生态补偿利益协调机制的体系构成

从京津冀区际生态利益协调机制的体系构成来看，其主要包括以下具体机制：

（1）京津冀区际生态补偿沟通协商机制

区际生态补偿的已有实践证明，沟通协商对于区际生态补偿的实施至关重要：有效沟通、平等协商是区际生态补偿得以顺利实施的前提和基础，而沟通不畅、协商梗阻则会直接障碍区际生态补偿的有效开展，极大地提高区际生态补偿的实施成本。正是因为有效沟通是区际生态补偿得以顺利实施的前提基础，平等协商是区际生态补偿应遵循的基本原则，所以，京津冀区际生态补偿的实施需以有效沟通、平等协商为基本内核，而沟通协商机制则是京津冀区际生态补偿利益协调机制的最基本表现形式之一。通过区际生态补偿沟通协商机制的作用，京津冀三省市可以解决生态补偿具体标准的界定、生态补偿具体方式的适用、生态补偿具体项目的确定等关键问题。当前，对于区际生态补偿沟通协商机制的具体模式或者说构建思路还存在不同认识，但就京津冀区际生态补

---

〔1〕 参见杨志荣：《北美大都市区改革对京津冀一体化的启示》，载《理论探索》2014 年第 4 期。

〔2〕 参见耿雁冰、张梦洁：《京津冀论一体化　建议成立国家级协调发展委员会》，载凤凰网：http://finance.ifeng.com/a/20140515/12335904_0.shtml，最后访问日期：2018 年 4 月 10 日。

偿沟通协商机制的构建而言，其须秉持如下基本思路：一是不仅京津冀两市一省应定位于平等主体地位，以河北省张家口市、承德市等为代表的河北省域内市县，其在参与京津冀区际生态补偿时，亦应享有与京津冀两市一省相同的平等地位。二是中央政府应成为京津冀区际生态补偿沟通协商机制具体实施的组织者，同时，也应成为京津冀区际生态补偿的参与者。三是京津冀区际生态补偿沟通协商机制应定位于常态化机制，需要设立相应工作机构予以支撑。

(2)京津冀区际生态补偿信息共享机制

从实践来看，信息不对称以及由此诱发的道德风险和逆向选择行为，系影响区际生态补偿顺利实施的主要障碍之一，信息不对称是导致区际相关主体博弈复杂化的重要原因之一。[1] 各行政区际之间由于归属、责任和利益需求的不同，通常会隐瞒行政区内企业污染行为，采取过滤不利信息，保留和传递利己信息等方式，维护行政区利益，从而导致各个行政生态环境信息失真。[2] 因此，在京津冀区际生态补偿的实施中，亟须建立区际生态补偿信息共享机制。区际生态补偿信息的充分有效公开有助于促使相关主体真正了解区际生态补偿制度价值、真正关心区域整体生态环境治理，有助于促使相关主体对极端自利行为进行反思并实现自我约束，有助于促进相关利益诉求的及时反馈以及利益纠纷的科学处置。[3] 从公开的主体来看，区际生态补偿信息的公开首先是相关政府及其职能部门的职责和义务，此外，还可考虑引入专业机构以更好地实现信息公开与共享。例如，可由独立的专业机构统一开展区域生态环境信息监测，建立区域生态环境综合信息数据库，完善和规范统一、权威的信息收集和发布程序，实现区域生态环境信息的统一收集、汇总、交流与共享，以助推京津冀区际生态补偿的顺利实施。

(3)京津冀区际生态补偿争端解决机制

“矛盾是无处不在，无时不有的。”就区际生态补偿而言，其本质就是对经

---

〔1〕 参见刘诗宇、张雪娇：《生态经济化视角下跨区域生态补偿机制研究》，载《商业时代》2014 年第 15 期。

〔2〕 参见李建建、黎元生、胡熠：《论流域生态区际补偿的主导模式与运行机制》，载《生态经济》2006 年第 2 期。

〔3〕 参见廖小平：《流域生态补偿的价值追求与机制构建——以湘江流域生态补偿为例》，载《求索》2014 年第 11 期。

济利益的再调整、再分配，因此，在其实施过程中，认识差别、利益冲突、摩擦纠纷就是在所难免的。为顺利推进京津冀区际生态补偿，必须要建立高效的争端处置机制。在京津冀区际生态补偿争端解决机制的构建中，要把握好两点：一是要重视法律、经济、环境等方面专家的引入；二是要重视仲裁方式的运用。

2. 京津冀区际生态补偿利益协调机制的平台依托

必要的平台依托是促进区域合作与发展的必要条件，也是近年来解决区域问题的重要经验。[1] 区际生态补偿的实施需以区域间合作协调为基础，而其前提就是要建立相应的平台依托——区域间生态补偿管理组织。[2] 也只要建立必要的平台依托，才可能充分了解、及时调适区际生态补偿实施中的有关利益诉求，并及时主动启动区际生态补偿利益协调机制。[3] 就京津冀区际生态补偿的实施而言，构建利益协调机制，首先就需要构建相应的平台依托，以奠定利益协调机制作用发挥的组织基础。

从国内已有实践来看，区域利益协调机构主要有区域协作领导小组、省市长联席会议等几种具体形式，并可大致分为决策机构、协调机构和执行机构三个层次。以长三角区域为例，其决策机构为“长三角地区主要领导座谈会”，由三省一市主要领导参加，主要决定长三角地区合作的方向、原则、目标与重点等重大问题；其协调机构为“长三角地区经济合作与发展座谈会”，由三省一市的常务副省（市）长参加，主要任务是落实主要领导座谈会部署，协调推进区域重大合作事项；其执行机构为“长三角城市经济协调会”，在 10 余个合作城市之间以专题合作的形式进行不同领域的合作。[4]

从理论研究现状来看，对区际生态补偿利益协调机构的具体组织形式问题还存在不同认识。有研究者认为，区际生态补偿利益协调机构应由国家相关职能部门代表及京津冀三省市政府代表共同组成，并由国家职能部门牵头组织机

---

〔1〕 参见肖金成：《京津冀一体化与空间布局优化研究》，载《天津师范大学学报》（社会科学版）2014 年第 5 期。

〔2〕 参见张术环、杨舒涵：《生态补偿的制度安排体系研究》，载《前沿》2010 年第 19 期。

〔3〕 参见廖小平：《流域生态补偿的价值追求与机制构建——以湘江流域生态补偿为例》，载《求索》2014 年第 11 期。

〔4〕 参见曾宪植：《打破思维定式　实现京津冀协同发展》，载《求知》2014 年第 9 期。

构开展工作。[1] 有研究者认为，应在国家层面成立相应利益协调机构——区际（域）生态补偿领导小组，由其负责区际生态补偿的组织实施工作。[2] 另有研究者认为，应在国家层面成立区际生态补偿利益协调机构，其优势在于，可以有效避免地方利益的影响，以保证机构的相对独立性和权威性。[3] 有研究者认为，应建立常态化的市长联席会议以作为京津冀区际生态补偿利益协调机构，该会议由京津冀各市（省）长组成，定期召开高层领导会议，下设办公室或秘书处，为常设机构，负责落实联席会议所作出的各项决策。[4] 有研究者认为，应设立中央政府、地方政府多层面的制度性组织机构，实行多层面的协调互动，以确保京津冀区际生态补偿的有效实施。其中，在中央政府层面，设立由国家环保部、林业局、发改委、财政部等部门联合组成的国家生态补偿管理办公室，对区际（域）生态补偿进行协调、管理和监督；在地方政府层面，设立区际（域）生态补偿协调管理机构。[5]

就京津冀区际生态补偿利益协调机构的建立而言，其应遵循以下四个基本原则：一是应定位于常设机构而非临时机构。已有的实践证明，临时机构通常是自愿有余而约束不足，因此常常消散于无形之中，[6] 无法发挥应有作用、无力承担区际生态补偿利益协调职能。二是机构应由中央政府及京津冀三省市共同组成。正如上文所述，由京津冀特殊区位所限、由京津冀两市一省实际政治影响力差别所决定，在京津冀区际生态补偿的实施过程中，绝对离不开中央

---

〔1〕 参见杨晓萌：《生态补偿横向转移支付制度亟待建立》，载《国土资源导刊》2013 年第 8 期；麻智辉、李小玉：《流域生态补偿的难点与途径》，载《福州大学学报》（哲学社会科学版）2012 年第 6 期。

〔2〕 其具体主张如下：在国家层面建立区际（域）生态补偿利益协调机构——领导小组，由国务院分管领导担任组长，国家有关部门负责同志担任成员，领导小组负责审议区际（域）生态补偿的重大问题和重大事项，统筹推进区际（域）生态补偿工作；同时，在国家有关部门设立领导小组办公室，具体承办领导小组议定的各项事宜，及时协调、汇总生态补偿的有关事宜；此外，还应在领导小组下设立由区域发展、生态、经济、环境等方面的专家组成的专家组，开展区际（域）生态补偿相关重大问题的研究，为决策提供政策和技术等方面的支撑。参见陈学斌：《加快建立基于主体功能区规划的生态补偿机制》，载《宏观经济管理》2012 年第 5 期。

〔3〕 参见王家庭、曹清峰：《京津冀区域生态协同治理：由政府行为与市场机制引申》，载《改革》2014 年第 5 期。

〔4〕 参见齐子翔：《我国区际生态补偿机制研究——以京冀地区流域生态补偿为例》，载《生态经济》2014 年第 10 期。

〔5〕 参见王志凌、谢宝剑、谢万贞：《构建我国区域间生态补偿机制探讨》，载《学术论坛》2007 年第 3 期。

〔6〕 参见冯俏彬：《京津冀一体化，需要政府与市场齐发力》，载《金融经济》2014 年第 11 期。

政府应有作用的发挥,而京津冀区际生态补偿利益协调问题正是中央政府发挥作用的重点领域之一。三是在具体成员构成上,京津冀区际生态补偿利益协调机构必须要吸收必要数量的相关专家参与,以就相关问题的解决提供专业性、独立性的意见。四是京津冀区际生态补偿利益协调机构的建立应与现行设计相衔接,具体来说,就是应置于京津冀协同发展领导小组领导之下,成为京津冀协同发展领导小组的下设工作机构,由京津冀协同发展领导小组领导,对京津冀协同发展领导小组负责。

京津冀区际生态补偿利益协调机构应承担以下具体职能:(1)制定京津冀区际生态补偿的基本方针、具体目标和总体规划;(2)解决京津冀区际生态补偿实施中所产生的纠纷、争端与冲突;(3)优化京津冀区际生态补偿市场化环境,推进市场化补偿的开展;(4)统一管理专门的区际(域)生态补偿基金,监督约束区际(域)补偿资金的拨付、使用;(5)组织实施区域重点生态补偿项目;(6)审查和监督区域政府间自主达成的区际(域)补偿规则的执行情况;[1](7)收集整理区际生态补偿相关信息,建立区际生态补偿信息库,实现区际生态补偿信息的合理分享;(8)牵头组织京津冀3省市就区际生态补偿实施相关问题进行沟通与协商,参与补偿双方谈判及补偿协议起草;等等。

3. 京津冀区际生态补偿利益协调机制的确立依据

就府际合作确立依据或外在形式而言,地方政府之间协调合作的实现,从理论上有多种形式,包括签订行政协议、统一政策制定、实施共同立法等。从已有实践来看,目前应用最多的就是行政协议制度。以"泛珠三角"区域合作为例,区域内的11个成员,通过泛珠三角区域合作与发展论坛和泛珠三角区域经贸合作洽谈会,已签订了70多项行政协议,广泛涉及交通、能源、贸易、农业、投资、旅游、就业服务、信息化、科教文化、环境保护及公共卫生等领域。因此,有研究者认为,行政协议制度现阶段虽还存在着不少问题,[2]但由于行政协议可以在生态补偿专项立法不完备的情况下作为实现政府政策目标的手段,并且更有利于地方政府间对自身问题和公共问题的有效解决,体现自身主体性和能动

---

〔1〕 参见王志凌、谢宝剑、谢万贞:《构建我国区域间生态补偿机制探讨》,载《学术论坛》2007年第3期。

〔2〕 从已有实践来看,签订行政协议这种模式,至少还存在以下问题:缔结不确定性、内容不规范性、执行性不强、法律地位需要进一步明确等。

性，达到公平和效率兼顾，因此，其在区际（流域）生态补偿中作为地方政府合作方式的应用前景还是十分光明。[1]

就京津冀区际生态补偿利益协调机制的确立而言，签订行政协议这种模式有其制度价值和应用空间，这已为京津冀区际生态补偿的已有实践所证明，因此，需对签订行政协议模式予以应有重视，并充分发挥其制度价值。但需要指出的是，从京津冀协同发展的整体推进状况来看，在京津冀区际生态补偿利益协调机制的确立依据或外在形式这个问题上，应在重视签订行政协议模式的基础上，[2]高度重视京津冀协同立法的作用，并着力推动京津冀区际生态补偿的相应立法。一个有力的证据就是，受益于京津冀协同发展这一重大国家战略定位，在京津冀三地党委、人大和政府的推动下，京津冀协同立法共识已经达成并取得一定成果。2014 年 5 月至 8 月京津冀三地人大常委会和法制工作机构分别就河北省起草的《关于加强京津冀人大协同立法的若干意见（征求意见稿）》进行交流和磋商；2015 年 3 月三地在天津市召开京津冀协同立法工作座谈会，并在此次座谈会上形成了《关于加强京津冀人大协同立法的若干意见（意见草案）》；同年 5 月京津冀三地人大常委会联合出台了《关于加强京津冀人大协同立法的若干意见》。该意见明确，三地将加强立法沟通协商和信息共享，要结合京津冀协同发展需要来制定立法规划和年度计划，在立法时要注意吸收彼此意见，要加强重大立法项目联合攻关，要加强地方立法理论研究协作，要加强立法工作经验和立法成果的交流互鉴。目前，京津冀三省市在达成协同立法共识的基础上，已经着手进行了立法实践方面的探索。其中，大气污染防治立法就是一个典型例证。2015 年 1 月 30 日天津市第十六届人民代表大会第三次会议通过的《天津市大气污染防治条例》就是京津冀协同立法实践的成果之一，该条例第九章“区域大气污染防治协作”就是在征求京冀两地人大意见的基础上修改完成的；而 2016 年 1 月 13 日河北省第十二届人民代表大会第四次会议通过的《河北省大气污染防治条例》，其协同立法的色彩则更浓厚，该条例不仅

---

〔1〕 参见喻少如：《区域经济合作中的行政协议》，载《求索》2007 年第 1 期。

〔2〕 从实践来看，自京津冀协同发展这一重大国家战略被明确后，京津冀三省市已在科技、人才、规划、物流、旅游、建筑市场、教育、绿化等领域进一步深化协作，并签署有北京市人民政府与河北省人民政府《关于加强经济与社会发展合作备忘录》《京津冀人才交流合作协议书》《京津冀物流合作协议》《京津冀旅游合作协议》《京津冀及周边地区重点工业企业清洁生产水平提升计划》等系列协议。

在制定过程中充分征求了京津两地人大的意见，而且在内容上进行了专门性规定，第五章“重点区域联合防治”通篇都是对大气污染京津冀协同防治问题的规定。除此之外，京津冀三地人大在地下水管理、水土保持、国土保护与治理等重点立法项目上也进行积极沟通和良好协调。另外，京津冀三省市也开始了冲突、不合拍法规的协同清理工作。例如，河北省人大常委会就专门制定了《关于围绕京津冀协同发展做好有关地方性法规清理工作的实施方案》，拟订了清理方案和标准，专项开展“不合拍法规”清理行动，连续两次打包修改《河北省水污染防治条例》《河北省科学技术进步条例》《河北省基本农田条例》等11部法规，废止《河北省个体工商户条例》《河北省乡镇财政管理条例》等7部法规。

二、构建京津冀区际生态补偿资金筹措与使用机制

(一)生态补偿资金筹措与使用现存问题

生态补偿离不开有效的资金保障。[1] 一方面，在生态补偿的实施中，资金补偿是最重要的生态补偿方式之一；另一方面，在生态补偿的实施中，其他生态补偿方式亦离不开必要的资金基础。从生态补偿的作用方式来看，资金是生态补偿得以有效开展、顺利实施的决定性因素，[2] 区际(域)生态补偿顺利实施的关键是要有足够的资金作为保障。[3]

在生态补偿的实施中，资金的筹措和使用是核心中的核心、关键中的关键。有效的资金筹措是生态补偿得以顺利开展的前提，合理的资金使用是生态补偿得以有效实施的关键。但从已有实践来看，无论是在生态补偿资金筹措上还是生态补偿使用上，都存在比较严重的问题。

(1)生态补偿资金筹措还缺乏有效保障。融资渠道狭窄、资金来源单一系当前生态补偿资金筹措所存在的突出问题。与生态补偿的政府主导相对应，目

---

〔1〕 参见马俊丽：《跨省流域生态补偿机制及其对策研究》，载《现代商贸工业》2010年第22期。

〔2〕 参见黄锡生、焦念念：《试论流域生态补偿基金制度的构建》，载《时代法学》2013年第5期；史玉成：《生态补偿制度建设与立法供给——以生态利益保护与衡平为视角》，载《法学评论》2013年第4期。

〔3〕 参见姚好霞、周荣：《环渤海区域生态环境及其政策法制协调机制建设》，载《山西省政法管理干部学院学报》2009年第4期；林凌：《建立和实施区域生态补偿机制》，载《发展研究》2009年第8期；张建伟：《生态补偿制度构建的若干法律问题研究》，载《甘肃政法学院学报》2006年第5期；秦鹏：《论我国区际生态补偿制度之构建》，载《生态经济》2005年第12期。

前生态补偿资金主要来源于政府财政拨款,且以财政转移支付和专项基金为基本形式,来自市场主体、[1]社会主体的资金支持微乎其微。[2] 生态补偿资金来源的单一、生态补偿融资渠道的狭窄、生态补偿资金筹措保障的缺失至少会带来以下负面效应:一是以政府财政资金为主,甚至是以政府财政为唯一渠道的现行生态补偿资金筹措现状会给政府带来沉重的财政负担,尤其是对于处在经济欠发达地区、财政汲取能力较弱的地方政府,更是如此;二是生态补偿资金来源的过于单一、生态补偿融资渠道的过于狭窄导致生态补偿资金筹措缺乏保障、生态补偿筹资规模有限,其直接后果就是难以满足生态补偿实施的现实需求,[3]进而会直接制约生态补偿的有效开展和顺利实施;[4]三是生态补偿资金来源的过于单一、对于政府财政资金的过于依赖,会导致对"受益者付费"基本原则的违反,政府作为公共利益的代表、政府财政资金的公共性,决定其不应为某些在生态利益分享或环境资源分配中获益的"私主体"承担相应的经济成本,这实际上是对其他社会主体的严重不公,也有违生态补偿的基本理念。

(2)生态补偿资金使用效率低下。从已有实践来看,在生态补偿资金的使用过程中,还存在很多不规范之处,"重拨款、轻管理、轻评估"的现象普遍存在,资金使用效率整体低下。其主要体现在以下方面:一是因支付和管理制度不完善,导致生态补偿资金未能及时发放,[5]进而降低了生态补偿资金的使用效率,影响了生态补偿作用的发挥。二是因有效监管机制缺位,导致生态补偿资金被挤占、侵占、扣减、挪用,[6]非但未使生态补偿资金发挥应有作用

---

〔1〕 目前在实践中虽已经出现了以水权交易等为代表的市场化资金筹措范例,但数量和比例都还远远不足。

〔2〕 参见何雪梅:《生态利益补偿的法制保障》,载《社会科学研究》2014 年第 1 期;王萍:《生态补偿:期待制度建设"加速跑"》,载《中国人大》2013 年第 9 期;萨础日娜:《我国生态补偿机制问题探析》,载《中国环境管理》2010 年第 3 期。

〔3〕 这主要体现在两个方面:一是因生态补偿的范围和力度受到国家财力和政策规划的制约,导致一些大型生态补偿项目因资金不足而无法实施;二是生态补偿标准因资金有限而长期处于不合理水平。

〔4〕 参见黄锡生、焦念念:《试论流域生态补偿基金制度的构建》,载《时代法学》2013 年第 5 期;田新程、尚文博、李娜:《生态补偿,公共财政平衡区域生态贡献》,载《中国绿色时报》2014 年 3 月 5 日,第 1 版;徐丽媛:《试论赣江流域生态补偿机制的建立》,载《江西社会科学》2011 年第 10 期;黄润源:《论我国自然保护区生态补偿法律制度的完善路径》,载《学术论坛》2011 年第 12 期。

〔5〕 参见王萍:《生态补偿:期待制度建设"加速跑"》,载《中国人大》2013 年第 9 期。

〔6〕 参见黄润源:《论我国自然保护区生态补偿法律制度的完善路径》,载《学术论坛》2011 年第 12 期;萨础日娜:《我国生态补偿机制问题探析》,载《中国环境管理》2010 年第 3 期。

和效果,[1]而且造成了非常恶劣的社会后果。实践中经常出现这样的情况,因所实施的生态补偿项目不能产生立竿见影的效果,基于追求政绩或其他目标的考虑,一些地方政府将生态补偿资金投向经济效益见效快的投资性项目,[2]或者被直接用于"补财力缺口"。[3] 在生态补偿资金的发放过程中,还存在这样的现象,部分地方政府及其职能部门以收取管理费等名义实施层层截留,导致实际到位的资金大幅缩水,进而极大地挫伤了生态环境建设主体的积极性。[4]此外,村委会的违规行为也值得关注,在有的地区,村委会凭借自己掌握国家政策以及农户具体情况的信息优势,利用政府及其职能部门与农民之间的信息不对称,通过虚报、冒领等方式违规占用支配生态补偿资金,侵占国家财政资金、侵害农户合法利益。[5] 三是因绩效管理机制缺失,导致生态补偿资金呈低效利用状态,浪费现象严重。

(二)构建京津冀区际生态补偿多元化资金筹措机制

为有效推进京津冀区际生态补偿的开展,当前亟须拓展生态补偿融资渠道、改变资金来源单一现状,按照"政府主导、市场推进、社会参与"的基本思路,构建多元化生态补偿资金筹措机制。

1.坚持政府主导,完善政府筹资机制

构建京津冀区际生态补偿多元化资金筹措机制,首先须遵循政府主导的基本原则,着重完善生态补偿政府筹资机制。这主要是由以下几点因素所决定的:

(1)这是由生态补偿的性质所决定的。庇古经济学认为,公共产品供给之类具有正外部性的活动在市场交换中往往因得不到应有补偿而受到抑制,唯有通过国家干预以政府财税方式对其予以应有补偿,方可使其得以持续。生态环

---

〔1〕 参见鲜开林、史瑞:《贫困山区生态补偿机制问题研究——以山西太行山区为例》,载《东北财经大学学报》2014 年第 2 期。

〔2〕 参见郭玮、李炜:《基于多元统计分析的生态补偿转移支付效果评价》,载《经济问题》2014 年第 11 期。

〔3〕 参见兰燕卓、高新军:《水资源生态补偿法律制度的完善——基于具体案例的思考》,载《湖南社会科学》2014 年第 2 期。

〔4〕 参见黄锡生、焦念念:《试论流域生态补偿基金制度的构建》,载《时代法学》2013 年第 5 期。

〔5〕 参见常丽霞:《西北生态脆弱区森林生态补偿法律机制实证研究》,载《西南民族大学学报》(人文社会科学版)2014 年第 6 期。

境具有非排他性、非竞争性的显著特点，属于典型的公共产品，生态环境保护具有显著的正外部性，因此所需资金理应由政府"埋单"。其实质是通过政府财政的积累再分配替代具有外部性的生态资源的市场资金积累机制，以确保在市场失灵的条件下，生态效益在财政机制支持下能满足人们不断增长的对资源的非物质效益产出的需求。生态环境保护"必须主要靠政府的力量，应将生态环境建设的支出列入整个国民经济和社会发展的大盘子"。[1] 作为一项关系社会经济持续、健康发展的公益性事业，生态环境保护的资金若仅由市场机制予以保障，可能会造成生态环境破坏或生态产品供给不足的后果，因此，政府财政资金必须发挥应有作用，至少在某些领域应成为生态环境保护资金的主要来源、生态环境投资的主导。[2] 从一定意义上来讲，生态补偿实施的重要内容，就是要求将生态环境保护的资金筹集由部门行为转变成政府行为。[3] 基于此，完善京津冀区际生态补偿政府筹资机制，首先应强化政府的环境财政职能，加大对生态补偿的支持力度。[4]

(2)这是由政府筹资机制的优势所决定的。以财政资金保障为核心内容的政府筹资机制具有来源稳定、规模较大等制度优势，且实施起来较为容易，[5]因此，一直是生态补偿资金的主要来源，一直是生态补偿资金筹措的核心机制，其对生态补偿的实施发挥了积极作用。虽然其在实施过程和实际效果来看，还存在不足或弊端，但在当前的体制机制和政策环境下确不失为一种现实的选择。[6]

(3)这是由京津冀区际生态补偿的特点所决定。正如前文所述，区际生态补偿是一个新生事物，京津冀协同发展是在新常态背景下党和国家所确立的实现区域社会经济协调发展的新探索，政府、企业、社会公众等相关主体对其科学

---

〔1〕 参见曲格平：《关注生态安全之三：中国生态安全的战略重点和措施》，载《环境保护》2002 年第 5 期。

〔2〕 参见马国强：《生态投资与生态资源补偿机制的构建》，载《中南财经政法大学学报》2006 年第 4 期。

〔3〕 参见李爱年、彭丽娟：《生态效益补偿机制及其立法思考》，载《时代法学》2005 年第 3 期。

〔4〕 参见罗志红、朱青：《构建我国生态补偿机制的财税政策探析》，载《华东经济管理》2010 年第 3 期。

〔5〕 参见任力、李宜琨：《流域生态补偿标准的实证研究——基于九龙江流域的研究》，载《金融教育研究》2014 年第 2 期。

〔6〕 参见贾若祥、曹忠祥：《地区间横向生态补偿的总体思路》，载《中国经贸导刊》2014 年第 30 期。

认知、自主接受、主动参与还需要一个过程,市场补偿机制作用发挥的条件成就、环境具备也不可能一蹴而就,因此,京津冀区际生态补偿的实施须遵循政府主导的基本模式,相应地,区际生态补偿资金应主要由政府提高、应由财政资金予以保障。可以断言,至少在京津冀区际生态补偿实施初期及未来很长一段时期内,这一状况不会改变。

坚持政府主导,完善京津冀区际生态补偿政府筹资机制,关键是要着力做好以下几点工作:

(1)明确生态补偿资金的财政预算地位。在区际生态补偿实践中,虽然生态补偿资金主要是由政府财政予以保障,但是,其财政预算地位并不明确、财政预算支出项目并不固定,完善京津冀区际生态补偿政府筹资机制的关键在于要明确生态补偿资金的财政预算地位,将生态补偿资金财政预算支出项目予以固定,以保障生态补偿资金支出的常态化、制度化。

(2)提高生态补偿资金的财政支出比重。从生态补偿的实践来看,尽管在生态补偿方面,政府支出总体上呈逐年增加状况,但生态补偿资金占财政总支出的比重仍然很小。[1] 世界银行的研究报告(1997 年)表明:当治理生态环境污染的投资占 GDP 的比例达 1% ~1.5% 时,可以控制生态环境污染恶化的趋势;当这一比例达 2% ~3% 时,环境质量可有所改善。完善京津冀区际生态补偿政府筹资机制,除须明确生态补偿资金财政预算地位外,还应在此基础上,提高生态补偿资金所占财政支出的比重,形成生态补偿资金财政支出的稳定增加机制。

(3)落实京津两地政府的财政支付责任。作为京津冀区际生态补偿的主要支付主体,京津两市政府应成为京津冀生态补偿资金的主要提供者。完善京津冀区际生态补偿政府筹资机制,需要明确其财政支付责任,确保京津两市政府每年划拨一定数量的财政资金,形成京津冀区际生态补偿财政支出专项,以用于补偿河北等周边地区的区域水资源使用权、生态林业用地使用权损失和限制传统行业发展与高耗水农业发展权益损失,以及提高地表水环境质量标准、

---

[1] 参见郭玮、李炜:《基于多元统计分析的生态补偿转移支付效果评价》,载《经济问题》2014 年第 11 期。

生态功能区域标准地方经济损失和生态工程管护费用、自然保护区管护费用等。[1]

（4）设立京津冀生态补偿专项资金。已有实践和国外经验证明，在生态补偿的实施中，设立生态补偿专项资金是一个较为简单但相当有效的做法。设立生态补偿专项资金就是指在明确生态补偿资金财政预算地位、提高生态补偿财政资金支出比重、落实相应政府财政支付责任的基础上，将政府财政预算中的生态补偿资金注入专门账户中并予以独立管理，以确保该资金能够全额、高效用于生态补偿的制度设计。在京津冀区际生态补偿的实施中，亦应借鉴这一制度，即将政府（主要是指中央政府和京津政府）所拨入的财政资金注入生态补偿专门账户，实施独立管理、专户管理，明确规定该账户中的资金必须全额用于京津冀区际生态补偿项目，并建立相应的申请、使用、效益评估及考核制度。

2. 重视市场机制，探索市场化筹资方式

政府主导并不意味着政府全埋单。[2] 作为一种公共产品，生态环境的维护需要由政府肩负主要职责，但并不意味着完全由政府来解决这一问题，需要遵循多元化治理的基本原则，而生态补偿资金的筹措亦应实现多元化，不能仅仅依赖于财政资金。“市场决定资源配置是市场经济的一般规律”，改革的“核心问题是处理好政府和市场的关系”，在“更好发挥政府作用”的同时，要“使市场在资源配置中起决定性作用”。京津冀区际生态补偿的实施亦应如此，在发挥政府主导作用、完善政府筹资机制的同时，还应重视市场机制作用的发挥，积极探索市场化筹资方式。具体来说，一方面，应深入推进京津冀排污权交易、碳排放权交易、水权交易等现有市场化生态补偿措施；另一方面，应积极探索京津冀生态产品开发、生态旅游发展等新型市场化生态补偿措施，以为京津冀区际生态补偿的开展提供资金支持。

3. 强化社会参与，创新社会化筹资方式

生态环境保护是一项全民事业，是一项社会公益事业，需要社会公众的广泛参与。生态补偿的国内外实践亦表明，社会资金在生态补偿的实施中有着无

---

〔1〕 参见刘英奎：《京津冀生态协作机制建设研究》，载《中国特色社会主义研究》2015 年第 1 期。

〔2〕 参见廖小平：《流域生态补偿的价值追求与机制构建——以湘江流域生态补偿为例》，载《求索》2014 年第 11 期。

限潜力。[1] 构建京津冀区际生态补偿多元化资金筹资机制,除须完善政府筹资机制、探索市场化筹资方式外,还应全力强化社会参与,积极创新社会化筹资方式。强化社会参与,首先,应加大生态补偿的宣传力度,让京津冀地区广大公众认识区际生态补偿的重大意义、了解区际生态补偿的现实困难、明晰区际生态补偿的公众责任,引导其参与到区际生态补偿的工作当中。其次,应设立区际生态补偿社会捐赠平台,接受汇集来自公民个人、社会团体、非政府组织等社会主体的捐赠,进而充分发挥公益捐赠这一传统社会化筹资方式的巨大作用。

就社会化筹资的方式创新而言,京津冀区际生态补偿公益彩票制度或许是一个不错的选择。作为政府财政资金筹措的重要渠道之一,因具有强大的资金筹措功能,彩票素有"第二财政"的美誉。2011 年 8 月世界上首款低碳环保彩票(生态彩票)在英国创设,该彩票创设的目的在于为降低温室气体排放、助推气候问题解决而筹集资金,其销售所得在扣除成本支出之后,全部用于各类经过严格挑选的降碳减排项目。目前已有土耳其的佐鲁风力发电厂、印度的高韦里水电站等项目成为低碳彩票的资助目标。[2] 在京津冀区际生态补偿实施中,不妨借鉴这一创新,通过发行京津冀区际生态补偿公益彩票的方式,为京津冀区际生态补偿的实施筹集必要资金,其发行范围宜定在京津冀区域,具体运营可托管于中国福利彩票中心,只需分别立账即可。

(三)构建京津冀区际生态补偿资金使用优化及监管机制

构建京津冀区际生态补偿资金使用优化及监督机制,关键需要着力把握好以下几个问题:

1. 优化区际生态补偿资金使用

优化生态补偿资金使用,一是要坚持"专账核算、专款专用、跟踪问效"基本原则,细化专项资金的使用途径,进而确保生态补偿资金安全、高效的使用;二是要优化和完善生态补偿项目支出结构,促进资金使用管理的规范化、合理

---

〔1〕 参见聂倩、匡小平:《公共财政中的生态补偿模式比较研究》,载《财经理论与实践》2014 年第 2 期。

〔2〕 参见易文:《首款低碳环保彩票亮相英国》,载《中国社会报》2011 年 8 月 31 日,B01 版。

化和科学化。[1] 区际生态补偿资金要着重向生态环境建设(保护)贡献大、生态环境建设(保护)机会成本高的区域以及重点生态功能区、生态涵养区倾斜,要优先支持生态保护作用明显的区域、重点环保项目,有针对、有重点地使用补偿资金,发挥补偿资金的规模效应,提高补偿效果。[2] 此外,在生态补偿资金的具体运用上,要做到个人补偿和项目补偿的有效协调,实现个体利益与公共利益的合理兼顾。[3]

此外,优化区际生态补偿资金使用,还要着重创新生态补偿资金拨付方式。为避免层层划拨中的截留问题,发挥基层信息优势,使资金得到最优配置,应更多采用以"资金直补到县"为代表的生态补偿资金直拨基层的方式。[4]

2. 加强生态补偿资金使用绩效管理

针对目前生态补偿资金使用不规范的问题,应建立生态补偿资金绩效管理机制,以改变过去的"重拨款、轻管理、轻评估"现象,做到追踪问效,进而确保资金的规范使用,[5]使生态补偿资金更好地发挥激励和引导作用。[6] 加强生态补偿资金使用绩效管理的基础主要有二:一是实施生态补偿资金使用的绩效评估。二是要推进生态补偿资金使用的绩效考核。并且,要在此基础上,建立相应的奖惩制度,使补偿资金更好地发挥激励和引导作用。加强生态补偿资金使用的绩效管理,应高度重视生态补偿资金绩效指标的设定。作为生态补偿各项目标和要求的综合反映,绩效评价指标的设定需要根据环境要求来选择和确定一定时期内运用各类资金所要达到的成果目标,然后根据实现成果的目标来

---

[1] 参见兰燕卓、高新军:《水资源生态补偿法律制度的完善——基于具体案例的思考》,载《湖南社会科学》2014 年第 2 期。

[2] 参见中共石家庄市委党校课题组:《河北生态补偿制度存在的问题及对策研究》,载《中共石家庄市委党校学报》2014 年第 7 期。

[3] 在生态补偿资金的具体运用上,就项目补偿优先还是个体补偿优先,还存在不同认识。如有的研究者认为,我国生态补偿的资金几乎全部补偿在了受损居民身上,但用于生态修复则少之又少,因此,不利于生态环境的保护。参见许霞:《生态补偿机制该如何完善?》,载《中国妇女报》2013 年 9 月 8 日,A04 版。

[4] 参见覃甫政:《论生态补偿转移支付的法律原则——基于生态补偿法与财政转移支付法耦合视角的分析》,载《北京政法职业学院学报》2014 年第 2 期。

[5] 参见罗志红、朱青:《构建我国生态补偿机制的财税政策探析》,载《华东经济管理》2010 年第 3 期;钱凯:《完善生态补偿机制政策建议的综述》,载《经济研究参考》2008 年第 54 期。

[6] 参见黄润源:《论我国自然保护区生态补偿法律制度的完善路径》,载《学术论坛》2011 年第 12 期。

确定所需的产出,再根据产出指标来确定所需的投入。其中,投入指标衡量的是生态补偿资金的支出规模与结构;产出指标衡量的是生态补偿资金投入后所实现的社会、经济、生态效益。[1]

3. 加强区际生态补偿资金监管

监管失控是造成生态补偿资金使用效率低下的重要原因之一,[2]"没有监督的权力必然滋生腐败",生态补偿资金的规范使用离不开有效的监管。[3] 构建京津冀区际生态补偿资金使用优化及监管机制,进而推进京津冀区际生态补偿有效实施,其关键环节之一就是要强化资金使用监管。在加强生态补偿资金日常管理的基础上,应主要从以下几方面加强区际生态补偿资金监管:

(1)加强生态补偿资金使用信息公开。"公开是腐败的天敌,阳光是最好的防腐剂。"为加强生态补偿资金的监管,2014 年颁布实施的《苏州市生态补偿条例》对生态补偿资金使用的信息公开问题进行了全面规定,该条例对村(居)民委员会、财政部门、镇人民政府(街道办事处)和其他组织等相关主体的信息公开职责进行了明确规定,对于村(居)民委员会,其"应当将生态补偿资金使用情况向全体村(居)民公示,并定期向镇人民政府(街道办事处)书面报告";对于镇人民政府(街道办事处)和其他组织,其"应当按照市、县级市(区)财政部门的要求,及时报告生态补偿资金的使用情况";对于财政部门,其"应当建立健全生态补偿信息公开、绩效评估制度,规范会计核算和档案管理,监督生态补偿资金的拨付和使用"。从已有实践来看,补偿资金使用信息及时、依规公开对于生态补偿资金的规范高效利用,对于生态补偿的有效实施起到了巨大的推动作用。就京津冀区际生态补偿的实施而言,强化生态补偿资金使用信息公开,关键是要做好以下两点:一方面,要求生态补偿资金的拨付主体、中转主体、最终接受主体将生态补偿资金的拨付与接受数量、时间以及依据等一一及时公开;另一方面,要求生态补偿资金的最终使用者将生态补偿资金的具体用途及使用时间等信息全部适时公开。

---

[1] 参见孔志峰、高小萍:《〈生态补偿条例〉编制中的若干关键问题探讨》,载《行政事业资产与财务》2011 年第 1 期。

[2] 参见鲜开林、史瑞:《贫困山区生态补偿机制问题研究——以山西太行山区为例》,载《东北财经大学学报》2014 年第 2 期。

[3] 参见马俊丽:《跨省流域生态补偿机制及其对策研究》,载《现代商贸工业》2010 年第 22 期。

(2)强化生态补偿资金使用社会监督。从生态补偿的实践来看，因区际生态补偿所涉利益复杂，仅凭政府监督已经不能适应实际工作需要，必须要适时引入社会监督机制。其不仅可以避免政府干预过度的情形，而且有助于调动公众积极性，发挥公众力量。[1] 环境保护是一项公益事业、全民事业，只有广大公众的积极参与，生态环境才有望得以保护和改善。[2] 2005 年 5 月 31 日中共杭州市委办公厅、杭州市人民政府办公厅联合发布了《关于建立健全生态补偿机制的若干意见》，该意见明确提出，要“充分重视社会监督”。10 余年的实践证明，其效果相当不错。因此，在京津冀区际生态补偿实施过程中，要加强生态补偿资金的监督，需要通过创新监督方式、搭建监督平台等以充分发挥社会监督的作用。

(3)推行生态补偿资金专户管理。从生态补偿资金管理的已有经验来看，提高生态补偿资金使用规范性的一个重要措施就是要实行生态补偿资金的专户管理。生态补偿资金专户管理，是指需要建立生态补偿资金专户，进行单独建账和核算，确保生态补偿资金专款专用。专用账户的资金只能定期使用，不得随意提取。[3] 推行生态补偿资金专户管理的一个基本要求就是要“分类施治”，即除上面所论及的政府性生态补偿资金需实现专户管理外，对于通过社会化方式所筹集的生态补偿资金原则上也要实现专户管理，而对于以市场化方式所筹集的生态补偿资金要依据筹资主体性质的不同而分类实行专户管理制度。

(4)加强生态补偿资金的审计监督。为保障生态补偿资金的规范使用，还要加强生态补偿资金使用审计监督，并加大对违法违规行为的处罚力度。对于部门违规行为，可减扣其当年或下年度的生态补偿资金投入并追究主管领导和直接责任人员的法律责任；对于个人违规行为，应依法给予其行政处分、刑事制裁。加强审计监督，关键是要强化第三方监督，所谓第三方监督，就是要在生态

---

〔1〕 参见才惠莲：《我国跨流域调水生态补偿法律制度的构建》，载《安全环境与工程》2014 年第 2 期。

〔2〕 参见聂晓文、李云燕：《生态补偿机制在中国实施的可行性与途径探讨》，载《经济研究导刊》2008 年第 13 期。

〔3〕 参见鲜开林、史瑞：《贫困山区生态补偿机制问题研究——以山西太行山区为例》，载《东北财经大学学报》2014 年第 2 期。

补偿审计监督过程中,除须完善系统内部、部门内部的审计监督外,还要引入第三方专业审计监督机构,由其对生态补偿资金的使用进行独立审计;加强审计,重点是要审计生态补偿资(基)金的实际用途是否与申请用途相符,资金的使用效率如何,绿色项目产生的生态效益、社会效益是否达到预期等;[1]加强审计监督,关键是要加强对基层单位生态补偿资金使用的监督检查,强化对重大生态补偿项目的监督检查。

(四)建立京津冀区际生态补偿基金

为促进生态补偿的有效实施,我国从20世纪初就着手设立生态效益补偿基金。经过多年实践、不断探索,生态补偿专项基金成为政府及其相关职能部门筹措、运用生态补偿资金进而开展生态补偿的重要形式。目前,中央和国土、林业、水利、农业、环保等各部委局共同或单独制订实施了一系列项目计划,建立专项资金用于生态补偿,主要有:(1)农业综合开发土地复垦资金,用中央财政资金对因各项生产建设造成挖损、塌陷、压占等破坏的土地进行复垦的项目进行扶持。(2)中央环境保护专项资金,支持重点流域、区域环境污染综合治理项目,地级以上重点城市环境监测能力建设项目以及污染防治新技术新工艺推广应用示范项目。(3)农村新能源建设资金。(4)中央森林生态效益补偿基金,是对重点公益林管护者发生的营造、抚育、保护和管理支出给予一定补助的专项资金。生态补偿专项基金仍将是我国政府未来生态补偿的重要方式。生态补偿专项基金的资金主要来源于政府财政预算,同时也接受国际组织、外国政府及单位、个人和国内单位、个人的捐款或援助。[2]

多年的实践证明,生态补偿基金不仅是一种综合性的生态补偿融资平台,而且有利于生态补偿资金的高效、合理使用。在京津冀区际生态补偿的实施过程中,为更好地实现生态补偿资金的筹措以及使用,应建立京津冀区际生态补偿基金,并可依据生态补偿项目的不同而建立针对性较强的具体生态补偿基金,如京津冀水资源保护生态补偿基金、京津冀大气污染防治生态补偿基金、京津冀固体废物科学处置生态补偿基金等。需要补充说明的是,从生态补偿的现

---

〔1〕 参见郑雪梅:《生态转移支付——基于生态补偿的横向转移支付制度》,载《环境经济》2006年第7期。

〔2〕 参见金三林:《我国生态补偿的主要机制》,载《中国税务报》2007年7月9日,第8版。

有情况来看,生态补偿基金还主要局限于政府层面,即由政府牵头设立、由政府财政资金予以保障、由政府相关职能部门或所委托的组织运营管理,这不是生态补偿基金的应有面貌,生态补偿基金性质过于单一,不利于生态补偿基金作用的充分发挥,有碍于生态补偿的顺利开展。在京津冀区际生态补偿的实施中,除应建立并规范政府性生态补偿基金外,还应促进支持社会性生态基金的建立、发展,同时,要加强生态补偿基金的监督管理,以确保其走在正确的轨道上,充分发挥应有作用。

1. 京津冀区际生态补偿基金的资金筹措

从京津冀区际生态补偿基金的来源看,首先应明确来自京津冀三地政府及中央政府的财政拨款应是主要资金来源之一。生态受益地区的政府系区际生态补偿的支付主体之一,而区际生态补偿基金的重要来源之一就是所涉地方政府的财政拨款。在京津冀区际生态补偿基金的建立上,亦应如此,来自京津政府的财政拨款应成为基金的主要资金来源之一。北京、天津两市政府应当将生态补偿基金纳入财政预算,设定具体支出科目,并以年度为周期定期拨付,拨付数额可以根据京津社会经济状况(GDP 总值、人均 GDP、人口密度、制造业占 GDP 总值比重、财政规模、资源耗费占比等)综合确定。除京津政府外,在京津冀区际生态补偿基金的建立上,中央财政资金亦应给予必要支持。在此基础上,要积极拓展市场化、社会化资金来源渠道,其中,生态旅游业收入应可成为京津冀区际生态补偿基金的重要资金来源。在这方面已有成功的范例可以学习借鉴。为补偿淳安县提供生态服务所遭受的损失,1999 年设立了千岛湖保护专项基金,资金主要从财政和千岛湖旅游门票等收入中按一定比例提取。千岛湖补偿基金制度将旅游行业纳入到生态补偿体系,丰富了生态建设资金来源,既是流域上下游间生态补偿的模式创新,也是产业间生态补偿的有益探索。[1]

2. 京津冀区际生态补偿基金的使用

区际生态补偿基金应定位于公益性基金,其追求的主要目标是维持和增加生态系统服务的效益,而不是经济效益,因此不应追求营利。例如,有的研究者

---

〔1〕 参见葛颜祥、王蓓蓓、王燕:《水源地生态补偿模式及其适用性分析》,载《山东农业大学学报》(社会科学版)2011 年第 2 期。

认为,区际生态补偿基金的使用应限于两个用途:一是对生态环境建设的资金支持,如用于涵养水源、环境污染综合整治、农业非点源污染治理、城镇污水处理设施建设、修建水利设施、增加就业、改善经济发展条件等方面的项目。二是对受损主体的直接补偿,即应直接用于因生态环境建设需要而减产或停业的企业及其员工补偿,还包括在环境污染综合整治中需要搬迁的家庭。[1] 就京津冀区际生态补偿的使用而言,其应完全用于京津冀区域生态环境的保护、治理与改善,包括生态服务提供区的饮用水源、天然林、天然湿地的保护,环境污染治理,生态脆弱地带的植被恢复,退耕还林(草),退田还湖,防沙治沙,因保护环境而关闭或外迁企业的补偿等。[2] 尤其是要重点支持开展节能减排、污染防治、水源涵养、循环经济发展、环境监测监管能力建设和生态修复等重大生态环保工程,以及表彰和奖励在京津冀环境保护事业中作出突出贡献的组织和个人。要根据各地治理任务轻重和实际财政情况,按一定比例分配资金,并主要向河北(尤其是以张承地位为代表的重点生态功能区、生态涵养区)倾斜。[3]

3. 京津冀区际生态补偿基金的管理

为实现京津冀区际生态补偿基金的规范管理,应成立专门机构实现独立、专业管理,尤其是对于政府性生态补偿基金而言,更应如此。可考虑建立京津冀区际生态补偿基金管理委员会或理事会,委员会或理事会成员由来自于国家有关职能部门(如财政部、环保部)、北京市、天津市、河北省以及大型捐赠机构和其他利益相关代表组成,[4] 并可吸收一定数量的专家学者以及生态功能支撑区、生态涵养区的公众代表参加。[5] 由其对生态补偿项目的确定进行必要性论证,对生态补偿资金的支付额度进行民主评议,并对生态补偿资金的具体划拨进行监督。此外,基金管理委员会或理事会还应按照遵循市场经济的基本规律,秉持"安全、流动、效益"的基本理念,对区际生态补偿基金进行投资管

---

〔1〕 参见秦鹏:《论我国区际生态补偿制度之构建》,载《生态经济》2005 年第 12 期。

〔2〕 参见赵超:《试论"泛珠三角"区域生态补偿机制的构建》,载《探求》2007 年第 6 期。

〔3〕 参见吕林:《农工党中央建议:建立京津冀协同发展生态环境保护基金》,载《中国冶金报》2015 年 3 月 14 日,第 2 版;王胜男、田新程:《京津冀协同应建立生态环保基金》,载《中国律师时报》2015 年 3 月 17 日。

〔4〕 参见吕林:《农工党中央建议:建立京津冀协同发展生态环境保护基金》,载《中国冶金报》2015 年 3 月 14 日,第 2 版。

〔5〕 参见赵超:《试论"泛珠三角"区域生态补偿机制的构建》,载《探求》2007 年第 6 期。

理,以实现区际生态补偿基金的保值、增值。[1]

4. 京津冀区际生态补偿基金的监督

区际生态补偿基金应纳入财政监管的范畴内,视为财政资金等同管理,[2]要在实现信息公开的基础上,强化基金的审计监督。同时应接受来自于京津冀区际生态补偿利益协调机构的监督,并重视社会监督作用的发挥。

〔1〕 参见秦鹏:《论我国区际生态补偿制度之构建》,载《生态经济》2005 年第 12 期。

〔2〕 参见林凌:《建立和实施区域生态补偿机制》,载《发展研究》2009 年第 8 期。

第七章　京津冀区际生态补偿制度构建的核心体系

作为生态文明制度建设的重要内容之一、调动相关主体积极性推进生态环境保护的重要手段之一，生态补偿在我国亦有多年实践经验，[1]尤其是近年来，进展速度较快，已取得了阶段性成果。2013 年时任国家发展和改革委员会主任徐绍史在关于生态补偿建设工作情况的报告中指出，我国已"初步形成生态补偿制度框架"，主要表现在以下方面：建立了中央森林生态效益补偿基金制度，补偿范围达 18.7 亿亩；建立了草原生态补偿制度，截至 2012 年年底，草原禁牧补助实施面积达 12.3 亿亩，享受草畜平衡奖励的草原面积达 26 亿亩；探索建立水资源和水土保持生态补偿机制，水资源费征收标准进一步提高；形成了矿山环境治理和生态恢复责任制度，国家设立矿山地质环境专项资金；建

---

〔1〕 对于生态补偿在我国的实施时间问题，学界还存在不同认识。如有研究者认为，我国生态补偿制度萌芽于 20 世纪 50 年代，其直接依据就在于，原中央人民政府政务院于 1953 年发布的《关于发动群众开展造林、育林、护林工作的指示》曾指出，对于"在某些距离村庄较远或劳力困难为群众力所不及的大规模防护林、水源林和用材林，或其中某些地段中的大片荒山荒地，势必由国家统筹计划，负责营造，地方人民政府林业机关应根据各地不同情况，制订计划，分期进行"，而"其方式可由国家建立造林站，直接雇工营造；或动员当地有植树经验之农民组织互助组、合作社，分区分段，包种包活，国家给以一定酬偿，并供树苗，加以技术指导；此外，亦可组织附近农民，在农闲时，由国家给以一定资助（如苗树、口粮等），进行造林"。相关论述参见梁丽娟、葛颜祥：《关于我国构建生态补偿机制的思考》，载《软科学》2006 年第 4 期。但多数研究者认为，20 世纪 80 年代初，云南对于磷矿开采征收生态环境补偿费的试点为我国生态补偿的最早实践。1983 年云南省环保局以昆阳磷矿为试点，对每吨矿石征收0.3元，用于采矿区植被及其他生态环境恢复的治理，取得了良好效果。1989 年我国环保部门会同财政部门，在广西壮族自治区、江苏省、福建省、陕西省榆林市、山西省、贵州省和新疆维吾尔自治区等地试行生态环境补偿费。征收的主要依据是自然资源开发过程中造成的生态破坏程度。

立了重点生态功能区转移支付制度,实施范围扩大到466个县(市、区)。[1] 2016年5月国务院办公厅所发布的《关于健全生态保护补偿机制的意见》将森林、草原、湿地、荒漠、海洋、水流、耕地等确立为生态补偿适用的重点领域。而从理论上讲,界定生态补偿适用范围或制度体系构成的一个基本原则就是,只要是稀缺的生态资源且对其进行了相当程度的开发利用则均应进行生态补偿。[2] 就京津冀区际生态补偿而言,其制度体系主要由以下方面构成:

一、京津冀流域区际生态补偿制度

(一)京津冀流域区际生态补偿制度构建的必要性

作为生态补偿制度体系构成的重要内容之一,流域生态补偿在我国已实施多年,但从相关法律规定来看,目前还没有对流域生态补偿的概念给予一个明确的界定,而学界对流域生态补偿概念的界定亦存在不同认识,但在地方政策层面已有所探索。例如,2012年2月长沙市政府颁布的《长沙市境内河流生态补偿办法(试行)》第2条就规定,[3] 所谓(河)流域生态补偿,就是以保护河流生态环境、促进人与自然和谐发展为目的,综合运用经济手段,调节流域上中下游之间、水生态保护者与受益者及破坏者之间的经济利益关系的公共制度。这应该是第一个对流域生态补偿的法律内涵进行了探索性规定的省级政府规章。[4] 就京津冀区际生态补偿而言,流域应该成为其适用的重要领域之一,当前亟须构建京津冀流域区际生态补偿正式制度,其必要性主要体现在以下方面:

1. 这是由流域的跨区域性所决定的

流域是以河流为纽带、以水资源为核心,在特定的地域范围内整合了众多生物种群、群落、生态系统元素的一个具有综合性特点的复合生态系统,它是水

---

[1] 参见《生态补偿机制建设成效初显》,载中国日报网:http://www.chinadaily.com.cn/hqgj/jryw/2013-04-24/content_8850210.html,最后访问日期:2018年4月10日。

[2] 参见王清军、蔡守秋:《生态补偿机制的法律研究》,载《南京社会科学》2006年第7期。

[3] 而之后(2012年10月)所发布的《长沙市境内河流生态补偿实施细则(试行)》对该规定予以了再次确认。

[4] 参见杜群、陈真亮:《论流域生态补偿"共同但有差别的责任"——基于水质目标的法律分析》,载《中国地质大学学报》(社会科学版)2014年第1期。

循环最基本的地域单元,同时流域也与人类的生产、生活活动紧密地联系在一起。[1] 作为以河流为中心而由分水线包围的独立区域,流域是一个从源头到河口的完整、独立、自成系统的水文单元,是一种整体性极强的自然区域,流域内各自然要素的相互关联极为密切,地区间影响明显,特别是上下游间的相互关系密不可分。[2] 流域水资源具有开放性、流动性、多功能性和可重复利用性等自然特性,流域地下水和地表水、下游水与上游水之间相互关联,形成一个复杂的自然生态系统。河水总是沿着径流方向运动,并形成上中下游多个区段,河水的流动,不仅会导致泥沙的迁移,而且也会导致污染物的扩散。河水是污染物质最基本的搬运体之一,一个区域的水污染必然沿流域向外部扩散。此外,上游区域无节制地使用河流的水资源也会直接影响下游区域所获得水资源的数量。[3] 由此导致,流域具有显著的跨区域性,一个完整的流域会包括多个区域。流域某一区域的环境污染与破坏行为会对其他区域产生负面效应,流域某一区域的环境建设与保护行为则会对其他区域产生正面效应,在实践中,主要体现为上游地区对于下游地区的影响。流域既是特殊的自然地理区域,又是区域经济社会发展的重要单元,兼具经济功能(是工农业发展的重要支撑)与生态功能(包括涵养水源、保护生物多样性等具体功能)。作为一个完整独立的系统,基于整体效益最大化的原则,流域内相关主体(包括政府、企业、公众等)在享有分享流域生态利益、利用流域环境资源权利的同时,亦负有维护流域生态环境的重要责任,且因地理位置的不同,流域的不同区段应在生态经济功能的承载上有所区别。例如,对于流域的上游地区而言,作为水源涵养地,其应承担更多的生态环境保护责任和义务,应最大限度上减少污染排放以确保流域的生态安全和水资源的可持续利用。为此,上游地区可能要限制某些污染严重产业的发展并进行相应生态工程建设,并因此而承担相应的经济成本、损失相当的发展机会。[4] 同时,也应建立相应的利益调整机制,补偿上游地区在流

---

〔1〕 参见靳乐山、甄鸣涛:《流域生态补偿的国际比较》,载《农业现代化研究》2008年第2期。

〔2〕 参见陈湘满:《论流域开发管理中的区域利益协调》,载《经济地理》2002年第5期。

〔3〕 参见丁四保、王晓云:《我国区域生态补偿的基本理论与体制机制问题探讨》,载《东北师大学报》(哲学社会科学版)2008年第4期。

〔4〕 参见王昱、丁四保、王荣成:《区域生态补偿的理论与实践需求及其制度障碍》,载《中国人口·资源与环境》2010年第7期。

域生态环境保护与治理上所付出的成本以及在流域生态利益分享、环境资源分配中所遭受的损失，以理顺流域上下游各区域间的生态关系和利益关系，化解流域生态利益冲突，进而促进全流域和谐发展。[1] 但在实践中，作为经济利益相对独立的地方政府，其经济活动一般是以本地区利益为行为导向的，这不可避免地在各行政区域之间产生利益冲突。特别是流域上下游地区之间在生态环境治理、流域资源开发等方面往往因生态环境坚实（保护）主体与生态利益受益主体不一致而存在较为尖锐的矛盾。"上游过度取水、下游河水断流""上游生态保护、下游免费受益""上游超标排污、下游被动遭殃"是我国流域生态环境治理中体制性矛盾的生动写照。[2] 其根源就在于，在我国流域水资源综合开发中还没有建立起一个有效调整相关方利益关系的机制体制，无法真正做到"利益共享、责任共担"。[3] 由此决定，应适应流域的特殊属性而建立相应的区际生态补偿机制，通过经济利益的再分配、再调整以矫正区域间（尤其是上下游地区之间）在流域生态环境建设与保护、流域生态资源开发与保护所存在的不公现象，进而使流域区域生态环境建设（保护）者所付出的人力、物力和财力得到应有回报，并使其获得应有尊重、避免其失去生态环境保护的动力。[4] 流域生态区际补偿以防止流域生态环境破坏为目的、以流域生态环境的整治与恢复为主要内容，通过经济手段的运用以实现流域区域生态利益和环境资源的共赢和共享，通过相应机制的构建以使流域内各个行政区之间形成相对合理的生态资源分配体系和利益安排，进而推动流域生态环境的治理与改善，并最终促进流域区域经济的协调持续健康发展。流域区际生态补偿制度是连接流域区域社会经济发展与流域整体生态环境建设的纽带，也是解决流域区内相关区域之间以及更高层次上生态环境保护问题的关键，因而成为当前我国实现区域经济社会协调发展的重要突破口。[5] 流域（区际）生态补偿之所以成为一个论

---

[1] 参见高玫：《流域生态补偿模式比较与选择》，载《江西社会科学》2013 年第 11 期。

[2] 参见胡熠：《论流域综合开发中的行政区际利益协调》，载《中国福建省委党校学报》2011 年第 6 期。

[3] 参见姜妮：《流域生态补偿期待破冰》，载《环境经济》2013 年第 12 期。

[4] 参见兰燕卓、高新军：《水资源生态补偿法律制度的完善——基于具体案例的思考》，载《湖南社会科学》2014 年第 2 期。

[5] 参见李建建、黎元生、胡熠：《论流域生态区际补偿的主导模式与运行机制》，载《生态经济》2006 年第 10 期。

题，是基于人类社会的适应性诉求而不是基于自然的本能反应，是流域所涉社会利益、生态利益、经济利益再调整和平衡的应然反映。流域（区际）生态补偿机制的实施会促使对流域生态资源利用的强度得以控制，会避免造成对流域环境资源的掠夺性开发利用，会实现流域区域内生态利益分享、环境资源分配的公平，并最终有利于流域区域生态环境的治理与改善和流域区域内社会经济的持续健康发展。[1] 从实践来看，我国自 20 世纪 90 年代就已经开始了流域生态补偿实践。

2. 这是由京津冀流域的特殊性所决定的

京津冀大部处于海河流域的滦河、海河水系，[2] 海河流域将京津冀连成一体，"九河下梢天津卫"，天津市位于海河下游，北京市、河北省的多数河流最终都会在天津市汇入海河并流入渤海湾，而北京市、天津市境内的河流（如大清河、子牙河以及潮白河、永定河等）则无一例外流经或发源于河北。京津冀，"山同脉，水同源"，但海河流域整体状况不容乐观，具体表现在以下几个方面：

（1）流域内水资源贫乏。因经济发展、气候变化等主客观原因，京津冀流域的水资源承载力已超过警戒线，流域内河流干涸、断流的现象已经十分严重。区域的水资源量已由 20 世纪 50 年代末的 280 亿～290 亿立方米减少到 21 世纪初的 140 亿～150 亿立方米，区域的人均水资源量不足 300 立方米/年，是全国平均水平的 1/7。[3] 京津冀流域用水量占水资源总量的比例高达 98.5%，[4] 已大大超过水资源可用量为 40% 的承载能力，由此导致，流域内的水资源基本上是"吃光、用过"，不仅没有留下"生态水"，而且地下水超采问题严重，实际上是在喝"子孙水"，由此影响整个区域的生态安危。区域内主要河

---

[1] 参见廖小平：《流域生态补偿的价值追求与机制构建——以湘江流域生态补偿为例》，载《求索》2014 年第 11 期。

[2] 海河流域包括潮白河（北运河）、永定河、大清河、子牙河和南运河五大河流，在京津冀海河流域面积 26.5 万平方千米，包括了北京的 90%，天津和河北的 70% 和山西、内蒙古的一部分。

[3] 参见《京津冀一体化过程的发展现状与困难分析》，载凤凰网：http://hebei.ifeng.com/news/detail_2014_11/07/3119681_0.shtml，最后访问日期：2018 年 4 月 10 日。另有数据显示，京津冀流域内多年平均水资源量为 258 亿立方米，不及全国的 1.2%，人均水资源量 239 立方米，为全国平均水平的 1/9，远低于国际公认的 500 立方米极度缺水标准。参见郭隆：《京津冀生态一体化　统一布局　恪守"红线"》，载《北京观察》2015 年第 6 期。

[4] 另有研究者认为，京津冀地区水资源总量开发利用程度达 109%。参见郭隆：《京津冀生态一体化　统一布局　恪守"红线"》，载《北京观察》2015 年第 6 期。

流实测水量比20世纪70年代减少一半，平原河流约一半河床干涸，11个主要湿地水面比20世纪50年代减少70%以上。[1] 中国北方最大的浅碟式淡水湖泊白洋淀已经出现退化趋势并曾面临干淀危机，其上游补给河流已经多年断水，白洋淀水资源的补给主要依靠"引岳济淀"工程不远万里引来的黄河水。由于范围内的人口增长和经济社会发展对水资源的总需求可能不断增大，水资源短板制约很可能蔓延至整个区域，存在水生态系统崩溃的可能性。总之，水资源已成为京津冀地区最核心的生态性问题，水资源的贫乏已成为制约京津冀区域社会经济发展的最大障碍。

（2）流域内水资源分配不公。除水资源贫乏外，京津冀流域存在的另一重要问题就是，流域内水资源分配的不公。受区域社会经济发展差距、区域定位差别等因素所决定，京津冀流域内水资源分配长期实行倾斜性配置，即对京津两市有所照顾，造成实质上的不公。在水资源分配与利用问题上，自中华人民共和国成立以来，河北省一直把保障北京市、天津市两个直辖市的水资源供给作为一项政治任务，但这样做的结果是北京市、天津市拿到了大量低成本廉价的水资源。[2] 在计划经济时代，河北省处于"拱卫京师"的地位，北京市、天津市对于河北省包括水在内的资源一直是无偿索取。改革开放以来，京冀、津冀虽然在流域生态补偿实践方面有所探索，[3]但从形式上来看，多属临时性协议，缺乏稳定性；从适用领域上看，范围过窄，远未涵盖所有应予补偿的领域；从标准上看，普遍较低，根本不能弥补流域内生态环境建设（保护）地区所投入的成本和生态利益受损地区所遭受的损失。[4] 因此，京津冀流域生态利益分享和环境资源分配不公的状况并未得到根本性改变。此外，在进入21世纪后，北京市、天津市由河北省及其他区域调水的频次和数量均有显著增长。总体而言，京津冀流域内水资源的分配仍是在行政调控、行政命令主导下进行的，由此带来的负面后果是非常严重的。水资源分配的不公及相应机制的缺位及不完

[1] 参见吴季松：《以协同论指导京津冀协同创新》，载《经济与管理》2014年第5期。

[2] 参见高智：《对京津冀协同发展中一些问题的思考》，载《城市》2014年第7期。

[3] 例如，2006年10月北京市政府与河北省政府签署《北京市人民政府河北省人民政府关于加强经济与社会发展合作备忘录》，具体内容见第二章二、（一）。

[4] 参见赵培红：《城市周边区域跨行政区生态补偿机制探讨》，载《青岛科技大学学报》（社会科学版）2011年第2期。

善,不仅会导致水资源供给地区的生存权与发展权受损,削弱其优化产业结构、进行生态建设的能力,并危及作为受水地区京津两市的供水安全,而且会造成京津冀流域内生态环境的恶化,使该地区陷入经济贫困、生态恶化、社会不稳定的积重难返境地。[1]

(3)水污染情况严重。目前海河流域水污染问题十分严重,劣V类水已达40%以上,V类水为30%以上,对人类有害的水已近80%,海河已经成为一条严重病态的河流。同时,入海水量已到最低限度,且基本是V类以下的污水,对海口生态系统产生严重破坏,且很难恢复。[2] 另有资料显示,京津冀目前污水入河总量为30亿吨,已远超河流的纳污能力。以污染物氨氮为例,京津冀流域水功能区纳污能力为1.1万吨,而实际上入河量则超出纳污能力的2倍多,直接威胁到人们的生命健康。[3] 流域水污染状况的恶化不仅严重制约了地区社会经济的发展,而且直接影响到了京津冀民众的日常生活。一个典型的例证,1997年因位于上游的河北省部分地区生态环境恶化,官厅水库丧失了供应饮用水功能、不得不退出城市生活饮用水体系,致使北京市居民生活用水出现危机。[4] 而近年来,潘家口、大黑汀水库水质的恶化趋势,则直接危及了以天津市为主的下游地区的饮用水安全。[5] 水是"生命之源,发展之基",而对于京津冀,水资源是一大约束,是核心问题。已有成功经验和失败教训均证明,京津

---

[1] 参见孙久文等:《京津冀都市圈区域合作与北京国际化大都市发展研究》,知识产权出版社2009年版,第66~69页。

[2] 参见吴季松:《以协同论指导京津冀协同创新》,载《经济与管理》2014年第5期。

[3] 参见郭隆:《京津冀生态一体化 统一布局 恪守"红线"》,载《北京观察》2015年第6期。

[4] 官厅水库在位于河北省张家口市和北京市延庆县界内,于1951年10月动工,1954年5月竣工,是新中国成立后建设的第一座大型水库;主要水流为河北怀来永定河,水库运行40多年来,为防洪、灌溉、发电发挥了巨大作用。官厅水库曾经是北京主要的供水水源地之一。20世纪80年代后期,库区水受到严重污染,90年代水质继续恶化,1997年水库被迫退出城市生活饮用水体系。

[5] 潘家口水库位于河北省唐山市与承德地区的交界处,是整个引滦工程的源头,总库容29.3亿立方米。一期工程自1975年10月主体工程动工,至1985年基本竣工。大黑汀水库位于唐山市迁西县城北5000米的滦河干流上,是跨流域向天津市、唐山市及其所属县区引水的大型骨干工程之一,其作用是承接上游潘家口水库调节水量,抬高水位,下接引滦入还、引还入陡及引滦入津渠道,为唐山市、天津市及滦河下游工农业及城市用水提供水源。引滦入津工程及潘家口、大黑汀2座水库自建成以来,从国家到河北省、天津市各级政府均对水源地保护工作高度重视,在污染源治理、水功能区监督管理、库区管理等方面采取了多项措施,但水源地生态环境一直未见有显著好转,甚至近年来,局部还有恶化趋势。其根本性原因就在于,因京津冀区际生态补偿机制尚未建立而致上下游利益不仅一直未予理顺而且有矛盾日益尖锐的趋势。一个典型的例证就是,因生态环境建设(保护)行为和环境资源输出未得到应有补偿,库区居民生态环境建设(保护)的积极性极大受挫,"为外人保水"的观念虽明显错误但也是客观事实。

冀流域水资源问题的解决必须要抛弃“各扫门前雪”的错误思想，秉持协同发展理念，从京津冀流域整体区域角度考虑，[1]适应京津冀流域的跨区域性特点，用生态文明建设理念、思路、方式、方法去解决京津冀目前所面临的水资源、水生态、水环境等问题，做好全流域水环境、水安全、水生态、水土流失综合治理的顶层规划。[2] 而其关键就是建立京津冀流域区际生态补偿正式制度，通过经济利益的再调整、再分配以矫正京津冀在流域生态利益分享和环境资源分配中所存在的不公，保护流域生态环境建设（保护）者、流域生态利益受损者的应有权益，弥补其在流域生态利益分享和环境资源分配中所遭受的损失，补偿其在流域生态建设（保护）中所支付的成本，进而有效调动其积极性，推进流域生态环境的治理与改善，并最终促进京津冀流域区域社会经济的持续健康协调发展。

（二）京津冀流域区际生态补偿模式界定

一般认为，我国流域生态补偿实践起步20世纪90年代末，并且从流域生态补偿模式来看，仍以政府主导为显著特征，即政府直接参与流域生态补偿的实施中，政府行政执行力成为推动流域生态补偿开展和落实的主要动力和实施保障。政府主导模式又可进一步划分为政府间强制扣缴、上下游政府间共同出资、政府间财政转移支付等具体模式。[3] 除政府主导模式外，流域生态补偿模式亦有所创新，突出体现在水权交易生态补偿方式的产生与发展。[4] 生态补偿意义上的水权交易，是指生态补偿支付主体和生态补偿接受主体通过达成水权交易的形式以实现生态补偿目的的方式，即通过缔结协议约定生态补偿接受主体向生态补偿支付主体提供相应规模的水资源使用权并由后者向前者支付

---

〔1〕 南水北调工程的建设和开通对于京津冀区域水资源约束问题有所缓解，但因调水规模受限、调水成本较高等因素所制约，京津冀水资源约束问题的最终解决仍有赖于京津冀区域的协同联动和资源的合理分配。

〔2〕 参见吴斌：《关于京津冀生态保护和建设的几点思考——北京生态文化体系建设的战略思考》，载《绿化与生活》2015年第4期。

〔3〕 参见陈东晖、安艳玲：《政府主导型生态补偿模式在贵州赤水河流域的适用性研究》，载《水利与建筑工程学报》2014年第3期。

〔4〕 一般认为，我国最早的“水权交易”实践探索始发于2000年的浙江省东阳义乌的水权交易。东阳市与义乌市同处于浙江省金华江流域，为确保水资源的有效供给，2000年11月义乌市一次性出资2亿元，向东阳市买断了每年4999.9万立方米水资源的永久使用权（东阳市保证其水质达到国家现行一类饮用水标准）。义乌市对东阳市支付的2亿元被视为对东阳市永久性地保护水源并节约水资源的一种经济补偿。

相应经济对价的生态补偿方式。水权交易可以消除流域生态服务的正外部效应,使生态利益受益者承担部分生态建设(保护)成本,生态利益受损者或供给者获得相应经济补偿,从而激发后者保护流域生态环境的积极性,进而促进流域生态环境的治理与改善。对于水权交易这一生态补偿方式,其应归属于何种生态补偿模式,在理论界仍存在争议,有政府主导模式、市场主导模式和准市场模式三种观点。[1] 就京津冀流域区际生态补偿的模式界定而言,在借鉴流域生态补偿已有实践经验的基础上,基于京津冀流域区际生态补偿的实际情况分析,其应坚持政府主导的基本模式,并积极推进以水权交易为代表的生态补偿方式创新。正如前文所述,政府主导模式具有启动快、执行力强等优势,同时,因流域区际生态补偿总体来说,还属于一个新生事物,公众对其的认知、接受和支持还需要一个过程,而流域市场补偿模式实施条件和作用环境的完善更是需要一个较长的过程,因此,京津冀流域区际生态补偿在模式上仍需坚持政府主导。

(三)京津冀流域区际生态补偿制度构建的关键环节

由于所涉利益主体众多、各方诉求差异较大,加之,受生态评估技术不成熟、横向协调及财政转移支付机制缺失等因素所障碍,很长一段时期以来,流域区际生态补偿基本上处于"谈得多、做得少"的状态,实际工作推进缓慢,可谓"知易行难"。[2] 就京津冀流域区际生态补偿制度的构建而言,在吸收已有实践经验、借鉴前人研究成果、立基于京津冀流域实际情况的基础上,其着重解决好以下关键性问题:

1. 京津冀流域区际生态补偿主体厘定

正如前文所述,生态补偿主体的厘定主要是解决"谁补偿,谁受偿"的问题,其是生态补偿得以实施的前提基础。就京津冀流域区际生态补偿正式制度构建及实施而言,其首要任务就是要科学厘定京津冀流域区际生态补偿主体。

---

〔1〕 从流域生态补偿模式的界定来看,准市场补偿模式的观点目前得到了的较多学者的支持。正如有的研究者所指出的,由于水资源具有多种物品属性,既可能是公共物品,也可能成为准公共物品或私人物品,其交换受到时空等条件限制,水资源开发利用和生态经济社会紧密相连,水权交易也不可能完全由市场规律来决定,离不开政府的干预。因此,由政府协调基于平等协商的准市场交易方式,将成为我国水资源制度创新的重要方向。参见刘世强:《我国流域生态补偿实践综述》,载《求实》2011 年第 3 期。

〔2〕 参见姜妮:《流域生态补偿期待破冰》,载《环境经济》2013 年第 12 期。

从目前的研究来看,学界对于流域生态补偿的主体还存在不同认识。例如,有研究者认为,流域生态补偿主体包括受益补偿主体和损害补偿主体。[1] 对此,首先需要明确一点的是,要把生态补偿和侵权赔偿区分开来。因此,在区际生态补偿主体厘定上,应没有所谓的"损害赔偿"类型,对于流域生态的破坏者(如流域的超标排污者)其应成为生态损害的责任主体而非生态补偿的支付主体。就京津冀流域区际生态补偿主体的厘定而言,应持发展的眼光来看待。在流域区际生态补偿的初创及发展阶段,应适应政府主导模式要求,将政府界定为流域生态补偿的关键主体。具体而言,在流域中,作为生态利益受损地区、生态环境建设(保护)地区以及环境资源输出地区的政府应成为流域区际生态补偿的接受主体;而作为生态利益受益地区、环境资源输入地区的政府,则应成为流域区际生态补偿的支付主体。待流域区际生态补偿发展到一定阶段后,居民、企业及社会组织亦应成为流域生态补偿的主体。[2] 需要补充说明的是,在流域区际生态补偿初创及发展阶段,作为生态利益受损地区、生态环境建设(保护)地区以及环境资源输出地区的政府虽可成为流域区际生态补偿的接受主体,其应对辖区内的其他流域区际生态补偿利益相关者(尤其是对生态环境建设、保护作出贡献的)负责,即应将所接受的补偿全部或部分转移于辖区内的居民、企业等区际生态补偿利益相关者。

2. 京津冀流域区际生态补偿方式创新

为更好地实现生态补偿的目的,在京津冀流域区际生态补偿的实施中,首先要实现补偿方式的多元化,除专项资金这一传统方式外,[3] 实物补偿、能力补偿、政策补偿等间接补偿方式也是不可或缺的。只有实现生态补偿方式的多元化,才能给京津冀水源区生态建设者和保护者提供源源不断的生态环境保护

---

〔1〕 具体而言,在受益补偿中,凡从流域生态服务中受益的主体均构成流域生态补偿受益者,具体包括下游企业、社会组织、个人、下游政府、上一级政府和中央政府、非政府组织等;在损害补偿中,补偿主体为流域生态破坏者,或称为流域上游的超标排污者,具体包括上游农户、社区居民、排污企业、当地政府、上一级政府和中央政府等。相关论述参见马莹、毛程:《流域生态补偿的经济内涵及政府功能定位》,载《商业研究》2010 年第 8 期。

〔2〕 尤晓娜、刘广明:《京津冀流域区际生态补偿制度之构建》,载《行政与法》2018 年第 4 期。

〔3〕 专项资金方式与政府主导模式相对应,即由生态利益受益地区或环境资源输入地区的政府直接向生态利益受损地区、生态环境建设(保护)地区和环境资源输出地区的政府支付专项资金以实现生态补偿目的。

动力，从而促进生态环境保护和当地经济社会发展的良性互动。[1] 在此基础上，要积极创新生态补偿方式，其中，水权交易方式应该成为创新的重点所在。水权交易方式，是指以市场机制为基础，通过水资源使用权的有偿转让以实现生态补偿目的的生态补偿方式。在京津冀流域生态补偿的实施中，应积极推进以水权交易为代表的生态补偿方式创新，因为从已有实践来看，水权交易方式具有以下制度优势：(1)实现了生态利益受益者对生态利益受损者或生态环境建设(保护)者的直接补偿；(2)体现了生态补偿的"谁受益，谁补偿"的基本原则；(3)有助于通过市场机制作用的发挥形成合理的补偿标准，进而使流域中的生态利益受损者或生态环境建设(保护)者得到较为合理的补偿；[2] (4)通过依据水资源的供求状况及市场价值进行交易，有助于提高水资源的利用效率，实现水资源配置的帕累托改进。[3]

在京津冀区际生态补偿的实施中，若要推进水权交易方式的应用，需要从多个方面创造其作用发挥所必须具备的基本条件，而关键就是推进水资源初始产权的界定与分配。从水权交易的已有实践来看，流域水资源产权界定科学和分配合理是其作用发挥的基本前提。在京津冀流域生态补偿的实施中，若要发挥水权交易方式的制度优势，需首先界定所涉流域的水资源初始产权并在地区间进行合理分配。水资源初始产权的科学界定和合理分配不仅是建立京津冀流域区际生态补偿制度的前提，也是解决京津冀用水矛盾的基础和实施水权制度改革的起点。京津冀流域水资源初始产权界定和分配的需要综合考量流域面积、流域区位、流域人口等多重因素，但其中，对于流域水资源的贡献量和保护度应当是最为重要的一个因素。流域水资源贡献量，是指流域各区域对流域水资源的供给量与利用量之差值，其直接关系流域水量的保障；流域水资源保护度，是指流域各区域对于流域水资源的保护水平与效果，其直接关系流域水质的维护。需要强调指出的是，在京津冀流域水资源初始产权界定和分配问题上，坚持历史维度与现实状况的有机结合，即水资源的初始产权界定和分配应

---

〔1〕 参见何辉利：《京津冀协同发展中流域生态补偿的法律制度供给》，载《华北理工大学学报》(社会科学版)2015 年第 3 期。

〔2〕 参见汪海燕、李卓垚：《生态服务市场补偿的理论蕴含与制度构建》，载《华北水利水电大学学报》(社会科学版)2014 年第 1 期。

〔3〕 参见温锐、刘世强：《我国流域生态补偿实践分析与创新探讨》，载《求实》2012 年第 4 期。

考虑到现实的利用和分配状况，但更应考虑过去水资源的利用和分配情况。一个重要的原因就在于，京津冀流域目前水资源的利用和分配状况已然造成流域环境资源分配和生态利益分享的不公，要矫正这种不公，必须要坚持历史维度、尊重流域水资源的自然分配状态。此外，在对流域水资源进行初始产权界定和分配的基础上，还应建立健全水权交易市场，唯有此，才能让"水权"真正运转起来。

3. 京津冀流域区际生态补偿标准提高

生态补偿标准是用以确定生态补偿数额、强度的依据或准则，其旨在解决"补偿多少"这一关键问题，直接关系生态补偿的经济成本、社会效益和环保效果，关涉生态补偿的合理与公平、生态补偿支付主体的承受能力和生态补偿接受主体的满意程度，进而直接影响生态补偿的激励效应、最终效果和补偿能否顺利施行。科学地制定生态补偿标准，有助于实现相关主体的利益平衡、所涉地区的协调发展，也有助于促进环保外部成本的内化，从而通过经济手段提高生态产品的使用效率，减少资源浪费和污染排放。[1] 因此，生态补偿标准的制定系生态补偿制度构建的核心内容之一，是生态补偿实施的关键环节所在。就京津冀流域区际生态补偿的制度构建及实施而言，生态补偿标准的制定亦是至关重要。补偿标准制定是否科学、设计是否合理是流域生态补偿机制能否发挥效能的最关键所在。[2] 在京津冀区际流域生态补偿标准的确定上，要综合考核流域水环境治理成本、水土流失防治成本、足额水量获取成本以及发展机会丧失成本等多重因素，唯有如此，才能确保所制定的流域生态补偿标准科学合理。并且，从京津冀流域区际生态补偿的已有实践来看，需对生态补偿的标准予以必要的提高。

正如前文所述，京津冀区际生态补偿虽在正式制度层面还没有"破题"，但在实践中却早有探索，并且，从京津冀区际生态补偿的适用领域来看，流域生态补偿无疑是重中之重，甚至，从一定意义上来讲，京津冀区际生态补偿实践就是京津冀区际流域生态补偿图景的渐次展开：在京津冀区际生态补偿实践的起步

---

〔1〕 参见中共石家庄市委党校课题组：《河北生态补偿制度存在的问题及对策研究》，载《中共石家庄市委党校学报》2014 年第 7 期。

〔2〕 参见李志萌：《流域生态补偿：实现地区发展公平、协调与共赢》，载《鄱阳湖学刊》2013 年第 1 期。

(20世纪90年代中期)阶段,就是以水资源保护和利用为核心,具体涉及农业节水、水污染治理、小流域治理、水源涵养、水资源节约与水环境治理等多个项目;在生态补偿的发展(2005~2010年)阶段,更是以流域生态补偿的实施为核心内容的;[1]在生态补偿的深入阶段,亦是以流域生态补偿的推进为重点工作的,如2014年4月17日,环境保护部(现为生态环境部)向财政部、天津市政府、河北省政府发函并签署《引滦水源保护协调会议纪要》,提出将参照国内水环境补偿做法,建立上下游补偿机制,中央财政对补偿机制予以适当资金支持。从京津冀流域区际生态补偿的实践来看,存在的一个重大问题就是生态补偿的标准过低。例如,以知名的"稻改旱"为例,在"稻改旱"实施之初,北京市按照每年每亩450元的标准对赤城、丰宁、滦平等地的相应农户给予补偿,并在2008年将标准提升至每年每亩550元,但从实际情况来看,这一标准是无法达到生态补偿目的的。基层农户反映,较之于过去的水稻种植,"稻改旱"之后的玉米种植,在收益上,一亩地要相差900元左右。"原来种水稻,一亩能产1000斤,大概能卖3元一斤;现在种玉米每亩大概产1200斤,但是只能卖到1元一斤。"虽水稻种植成本较高,即便是扣除相应种植成本并加上一亩补贴550元之后,尚有400元左右的缺口。由此导致的后果,就是很多农民不得不外出务工补贴家用,留守在村内进行农业生产的多为老人。[2] "稻改旱"的目的在于实现生态补偿目的而不能造成"越改越穷",因此,提高生态补偿标准应是京津冀生态补偿制度建立的核心内容之一。但是需要指出的是,生态补偿的提高需要

---

[1] 2005年北京市不仅与河北省的张家口市、承德市分别组建了水资源环境治理合作协调小组,而且制定了《北京市与周边地区水资源环境治理合作资金管理办法》,提出从2005年到2009年,北京市每年安排2000万元资金,用于支持张承地区水资源保护项目;2006年10月北京市政府与河北省政府签署《加强经济与社会发展合作备忘录》,其核心内容之一,就是在潮白河流域上游的河北地区实施"稻改旱"生态补偿项目,双方分2期合作实施密云、官厅水库上游承德、张家口地区10.3万亩水稻改种玉米等低耗水作物工程(通常称为"稻改旱"工程),北京市按照每年每亩450元的标准给予补偿;2008年11月天津市政府与河北省政府联合召开了经济与社会发展合作座谈会,签署了《关于加强经济与社会发展合作备忘录》,其核心内容之一就是"加强水资源和生态环境保护合作",双方决定,在2009年至2012年,天津市每年安排2000万元资金,用于河北省境内滦河上游污水处理厂建设、改善滦河上游及潘家口、大黑汀水库水质;2008年12月北京市政府和河北省政府签订《关于进一步深化经济社会发展合作的会谈纪要》,提出,在2009年至2011年,北京市每年安排水资源环境治理合作资金2000万元,用于张家口、承德两市治理水环境污染、发展节水产业等;2010年5月河北省政府与天津市政府在天津联合召开关于进一步加强经济与社会发展合作座谈会,共同签署了《关于进一步加强经济与社会发展合作会谈纪要》,提出,在2011年至2014年,天津市每年安排专项资金3000万元,用于河北省境内引滦水源保护工程。

[2] 参见来洁:《从承德看京津冀"生态一体化"之难》,载《经济日报》2015年1月27日,第15版。

考虑到社会的理解度和生态补偿支付主体的接受度，因此，在生态补偿标准制定上，要实现生态补偿利益相关方的充分沟通，并可以引入第三方评估机制；另外，对于生态补偿标准的提高，应该是一个逐步提高的过程。

二、京津冀大气区际生态补偿制度

（一）京津冀大气区际生态补偿制度构建的必要性

从目前已有的生态补偿实践来看，其适用领域主要集中于流域、森林、矿山等方面，而对于大气（污染防治）方面的生态补偿补偿机制建设还处于缺位状态。[1] 有的研究者认为，大气（污染防治）不适用于生态补偿，其重要原因就在于大气媒介产生的外部作用难以导致区域之间的关系，或者说由于无法明晰产权而成为公共物品。[2] 但就京津冀区际生态补偿而言，确实极有必要建立大气区际生态补偿制度，其主要原因如下：

1. 由大气污染的特点所决定

作为人类以及其他生物赖以生存和发展的基本环境要素，大气会因某种物质的介入而导致其化学、物理、生物或者放射性等方面特性发生改变，而当大气中一些物质的含量达到有害的程度以至破坏生态系统和人类正常生存和发展的条件进而对人或物造成危害时，就会造成大气污染。大气污染是一个极其复杂的气象、物理和化学的变化过程，除污染物排放这一决定性因素外，还有地理、气象等因素。[3] 而更关键的是，大气的流动性会使污染物能够随大气流动而发生转移、输送，进而形成大气跨区域污染问题。流域与大气跨区域污染的

---

〔1〕 参见郭力方：《治霾不能缺失生态补偿机制》，载《中国证券报》2013 年 12 月 27 日，A01 版。

〔2〕 参见丁四保、王晓云：《我国区域生态补偿的基本理论与体制机制问题探讨》，载《东北师大学报》（哲学社会科学版）2008 年第 4 期。

〔3〕 地理因素对大气污染形成的作用主要体现在地貌特征对于大气稀释扩散能力的影响。复杂的地形条件和地面状况会在局部区域形成各种大气环流——风，有沿海地区的海陆风、山区的山谷风、狭窄通道形成的峡谷风以及城乡之间的热岛效应等多种类型。风的存在会加速污染源附近大气污染物的扩散稀释，而气流产生环流、旋涡以及不同性质风的锋面交汇处，不利于大气中污染物质的扩散稀释，从而导致局部地区的大气污染的形成。作为影响大气运动的另一重要因素，气象条件的不同会导致大气稀释扩散能力的不同。除风俗和风向因素之外，气象条件还包括大气层气温垂直分布和稳定度以及降水过程等因素。气温垂直分布决定了污染物在垂直方向的扩散程度，若近地面气温随高度递减，在浮升力的作用下，大气层上下对流剧烈，促使污染物迅速扩散；若气温出现了随高度递增的情况，则气流难以在垂直方向上运动，阻碍了污染物在大气中的扩散，容易在近地面形成大气污染。大气的稳定度影响着污染物的扩散程度，而降水过程促进了污染物的沉降，因此能净化大气。

形成都与污染物的转移、输送直接相关，但二者又存在不同之处。较之于流域跨区域污染，大气跨区污染的形成更复杂，也更不易控制。在实践中，当某个地区排放的大气污染物超过了当地的大气环境容量时，就有可能会对本地及邻近区域造成大气污染。基于此，极有必要建立大气区际生态补偿制度，在一定区域内实行大气生态补偿，以免造成生态不公。〔1〕尤其是在“雾霾锁城”的今天，在大气污染防治工作被摆在突出重要地位的当前，亟须建立大气区际生态补偿制度以协调在大气污染防治方面所存在的错综复杂利益关系，〔2〕进而推动大气污染的有效治理，并最终促进区域社会经济的持续健康协调发展。

2. 由京津冀大气污染的实际情况所决定

大气污染、“雾霾锁城”，应是当前京津冀地区所面临的最严重的环境问题。2014 年 3 月 25 日环境保护部（现为生态环境部）所发布的《2013 年重点区域和 74 个城市空气质量状况》指出，京津冀区域共 13 个地级及以上城市，空气质量平均达标天数比例为 37.5%，比 74 个城市平均达标天数比例低 23 个百分点，有 10 个城市达标天数比例低于 50%，首要污染物为 $PM_{2.5}$，其次是 PM_{10} 和 O_3。京津冀区域所有城市 $PM_{2.5}$ 和 PM_{10} 年平均浓度均超标，区域内 $PM_{2.5}$ 年平均浓度为 106 微克/立方米，PM_{10} 年平均浓度为 181 微克/立方米；SO_2 年平均浓度为 69 微克/立方米，6 个城市超标；NO_2 年平均浓度为 51 微克/立方米，10 个城市超标；CO 按日均标准值评价有 7 个城市超标；O_3 按日最大 8 小时标准评价有 5 个城市超标。可以说，京津冀地区是全国空气污染最为严重的区域。〔3〕同时，京津冀区域大气污染的一个显著特征就是，区域间污染物输送现象突出。因处于同一气候带、同一生态系统，受区域位置、污染排放、大气环流及大气化学等多重因素综合作用，京津冀区域间大气污染物远距离传输和相互影响明显，京津冀自然形成了一个大的区域污染区，局地排放和周边输送极大地增加了大气污染物控制和治理的难度。〔4〕对于大气污染这样一个综合性的区域间

---

〔1〕 参见刘广明：《京津冀：区际生态补偿促进区域间协调》，载《环境经济》2007 年第 12 期。

〔2〕 参见郭力方：《治霾不能缺失生态补偿机制》，载《中国证券报》2013 年 12 月 27 日，A01 版。

〔3〕 参见《环境保护部发布 2013 年重点区域和 74 个城市空气质量状况》，载环境保护部官网：http://www.mep.gov.cn/gkml/hbb/qt/201403/t20140325_269648.htm，最后访问日期：2018 年 4 月 10 日。

〔4〕 参见郭隆：《京津冀生态一体化 统一布局 恪守“红线”》，载《北京观察》2015 年第 6 期。

题,京津冀三省市均无法独善其身,仅靠其中任何一地的力量都难以从根本上解决问题。[1] 无论是理论研究还是实践探索均证明,京津冀大气污染防治必须要走协同治理的路子,要坚持京津冀三地乃至更大区域内(包括山西、山东、内蒙古等省区)的协调联动。治理大气污染过程中,京津冀各地须明确各自角色,寻找"共振点""共赢点",不能打小算盘,不能以一地之"小私"而损三地之"大公",唯有科学的联防联控机制才能保证治霾成效,实现京津冀协同发展。[2] 2013 年 9 月国务院发布《大气污染防治行动计划》(通称为《大气十条》),《大气十条》亦明确提出,要"建立京津冀、长三角区域大气污染防治协作机制",以"协调解决区域突出环境问题"。京津冀协同发展,大气治污要先行,这已成为达成共识最广泛的一个话题。[3] 而大气污染协同治理的关键环节之一,就是要建立京津冀大气区际生态补偿制度,即通过经济成本的合理分配以矫正在其大气污染防治层面所存在的严重利益冲突,进而提升京津冀大气污染治理效果。

3. 基于京津冀大气污染防治实践经验总结得出的必然结论

近年来,为应对地区日益严峻的大气污染防治形势,京津冀三地采取了系列措施,集中力量进行大气污染防治,并取得了一定成效,尤以"奥运蓝"和"APEC 蓝"为显著代表。为避免大气污染对北京奥运会的顺利举行造成障碍,2008 年国家环保总局(现为生态环境部)与北京市政府牵头,会同天津市、河北省、山西省、内蒙古自治区、山东省等省市及有关部门,针对空气质量呈大范围区域相互影响的特点,共同制定了《第 29 届奥运会北京空气质量保障措施》并经国务院批准实施。该保障措施规定,奥运会前,北京市和周边 5 省区市主要在扬尘、机动车、工业和燃煤污染方面采取治理和控制措施。奥运会期间,北京采取部分机动车限行、重点企业限排等措施,天津市和河北省部分地区也相应采取部分临时减排措施。通过 6 省区市的联动,各项污染控制措施的实施,奥运会期间,北京空气质量显著好转,蓝天重现,被广大民众称为"奥运蓝"。同样,在 2014 年,为确保亚太经合组织(Asia-Pacific Economic Cooperation, APEC)领导人会议在北京的顺利召开,京津冀区域实施了包括督导治理、应急

---

[1] 参见许文建:《关于"京津冀协同发展"重大国家战略的若干理论思考——京津冀协同发展上升为重大国家战略的解读》,载《中共石家庄市委党校学报》2014 年第 4 期。

[2] 参见吕斌:《雾霾下的京津冀》,载《法人》2014 年第 4 期。

[3] 参见张铭贤:《京津冀:在一体化治污中推进协同发展》,载《乡音》2014 年第 6 期。

减排措施、机动车限行、工地停工、燃煤和工业企业停限产、调休放假等在内的系列大气污染措施，实施范围涉及北京市、天津市、河北省、山东省、山西省、内蒙古自治区6省（区、直辖市），通过多省联防，终于给北京市带来了蓝天。然而，应急的关停排污企业、一刀切式的空气污染治理并不是最好的解决办法，临时性管控措施并不能长久执行，而在奥运会、APEC之后，京津冀区域陷入了报复性的雾霾增长，污染天数显著增加。[1] 基于此，对于京津冀大气环境的治理必须要实现由"短期干预到长期实施"、由"临时措施安排到长期制度创设"的转变，唯有如此，方能最终实现大气污染防治的既定目标，而且关键举措就在于，要构建京津冀大气区际生态补偿制度。

4. 基于京津冀大气污染防治成本效益分析的当然之选

除须坚持协同治理、实施防治措施外，由京津冀区际生态补偿实践还得出另外一个宝贵经验，即京津冀生态环境治理效益存在显著的地区差别，三地在生态环境治理上的投入与产出比是不一样的，差别较大。其中，河北省在生态环境治理方面的比较效益要显著高于北京市和天津市，这是由以下原因所决定的：(1)因地区范围广、生态空间大，河北省在生态环境治理方面可回旋的余地和提升的空间都要远大于北京市和天津市；(2)作为京津腹地，河北省部分地区系整个京津冀区域的生态涵养地和生态功能支撑区，其在生态环境治理方面具有先天优势；(3)较之于北京市、天津市，河北省产业结构相对落后，也由此决定其优化空间更大，生态环境治理效益更突出。以燃煤污染控制为例，在2012年，京津冀煤炭利用高点时，北京市年利用煤炭2200万吨，天津市年利用煤炭5000万～6000万吨，而河北省年利用煤炭则接近3亿吨；[2] 同时，北京市的燃煤机组基本上已采取了最先进的技术，天津市的设备水平也相当先进，而河北省的燃煤小锅炉和用煤小工业还很多。因此，在"气改煤"等燃煤减量措施上的运用方面，关键在于河北省，因为即使北京市每年所用煤炭全部替换成天然气，只要河北省情况没有改善，那么北京市污染依旧。[3] 正如相关研究所指出的那样，"要想实现京津冀地区天蓝水净、地绿山青的生态目标，修复河北

---

〔1〕 参见赵记伟：《中科院专家：京津冀何以成雾霾重灾区》，载《法人》2014年第4期。

〔2〕 参见《发改委：2017京津冀煤炭消费量比2012年减16.49%，有助淘汰落后产能》，载网易财经：http://money.163.com/15/0114/13/AFU41R6B00253B0H.html，最后访问日期：2018年4月10日。

〔3〕 参见吕斌：《雾霾下的京津冀》，载《法人》2014年第4期。

省的生态是成本最低、成效最大的路径选择”。[1] 因此，在京津冀区域生态环境的治理中，应建立京津冀大气生态补偿制度，在对作为生态环境治理重点的河北省设定相应大气污染治理目标和大气质量标准的基础上，由北京市、天津市对河北省在大气污染防治中所投入的成本和遭受的损失进行必要的经济补偿，调动其实施大气污染治理的积极性，进而促进京津冀区域大气污染防治工作的深入推进，并最终实现京津冀区域社会经济的持续健康协调发展。

（二）京津冀区际生态补偿制度构建的着力点界定：基于大气污染的成因分析

1. 京津冀大气污染的成因分析

大气污染形成的原因十分复杂，但一般认为，从污染源角度来看，当前以“雾霾”为显著代表的大气污染，主要是由以下几方面原因造成的：

（1）由重工业的快速发展所决定。近10多年来，我国的工业尤其是重工业实现了快速发展，为中国经济发展不断创造奇迹，但其背后的生态成本和代价也十分高昂。产业结构重型化的一个基本特征就是单位产出的污染物排放强度高、污染物排放量大。由此导致，工业污染在污染总量中的占比高达70%以上，成为我国环境污染的主要根源。[2] 工业（尤其是重工业）的快速发展系造成大气污染的又一重要原因所在，京津冀亦是如此，大气污染的形成与京津冀重工业的快速发展、产业结构的相对落后密切相关，京津冀产业结构较为落后，重化工、高耗能、高污染的特征明显。其中，河北省处于一个尴尬的“主角”地位，即京津冀产业结构的相对落后主要是针对河北省而言的，京津冀重工业快速发展也主要体现为河北省在此方面的发展。以钢铁为例，仅河北省的钢铁产量就比全球钢产量占第二位的日本超出至少5000万吨，占全球粗钢产量的60%。[3]

（2）与化石燃料的大量消耗密切相关。燃料的燃烧是向大气输送污染物

---

〔1〕 参见王胜男、田新程：《京津冀协同应建立生态环保基金》，载《中国绿色时报》2015年3月17日，A02版；吕林：《农工党中央建议：建立京津冀协同发展生态环境保护基金》，载《中国冶金报》2015年3月14日，第2版。

〔2〕 参见高原：《我国工业污染占比超70%　第三方治理推广存困难》，载腾讯网：http://news.qq.com/a/20150304/000554.htm，最后访问日期：2018年4月10日。

〔3〕 赵记伟：《中科院专家：京津冀何以成雾霾重灾区》，载《法人》2014年第4期。

的重要发生源。以煤炭为例,其主要成分是碳,并含氢、氧、氮、硫及金属化合物,在燃烧时,除会产生大量烟尘外,还会形成一氧化碳、二氧化碳、二氧化硫、氮氧化物、有机化合物等物质,与燃煤排放直接相关的有机物、硫酸盐、黑炭等物质,是 $PM_{2.5}$的主要组成成分。而从我国的情况来看,能源禀赋具有多煤、少油、少气的显著特点,以煤炭为代表的化石能源在我国能源消费中占比过高,"一煤独大"特征明显。我国是世界上煤炭比重最高的国家,在一次能源生产和消费结构中,煤的份额占 68.5%。有研究表明,煤炭在终端能源消费中所占比例过大导致的能源消费效率低下是造成我国 CO_2和 SO_2过度排放的重要原因所在。[1] 燃煤污染已成为我国大气污染的主要源头,大气中 60% 以上的粉尘、70% 以上的二氧化硫、50% 的氮氧化物都与煤炭燃烧有关。[2] 近年来,京津冀地区雾霾袭扰频繁,"供暖季"往往变成"雾霾季",雾霾已成为政府和公众的"心肺之患"。其重要原因之一就是燃煤的大量消耗,有数据标明,目前北京每年燃煤 2300 万吨,天津 7000 万吨,河北 2.7 亿吨,加起来是 3.7 亿吨。[3]

(3)与粗放的发展模式、快速的城镇化进程密不可分。与粗放发展模式和快速城镇化进程相伴生的一个重要现象就是,机动车数量的快速增长及由此带来的大气污染。2016 年 1 月环境保护部(现为生态环境部)发布《2015 年中国机动车污染防治年报》,该年报显示,我国已连续 6 年成为世界机动车产销第一大国,机动车污染已成为我国空气污染的重要来源,是造成灰霾、光化学烟雾污染的重要原因。2014 年全国汽车产、销量分别达到 2372.3 万辆和 2349.2 万辆;与 1980 年相比,全国机动车保有量增加了 33 倍,达到 24577.2 万辆。随着机动车保有量的快速增加,我国城市空气开始呈现出煤烟和机动车尾气复合污染的特点,直接影响群众健康。2014 年全国机动车排放污染物 4547.3 万吨,其中氮氧化物(NOx)627.8 万吨,颗粒物(PM)57.4 万吨,碳氢化合物(HC)428.4 万吨,一氧化碳(CO)3433.7 万吨。汽车是污染物总量的主要贡献者,其

---

〔1〕 参见张丽亚、彭文英:《首都圈雾霾天气成因及对策探讨》,载《生态经济》2014 年第 9 期。

〔2〕 参见郎鹏德:《工业锅炉污染有多严重?》,载中国锅炉网:http://www.china-boiler.net/zixun/zixun_view.aspx? id = 12632,最后访问日期:2018 年 4 月 10 日。

〔3〕 参见赵记伟:《中科院专家:京津冀何以成雾霾重灾区》,载《法人》2014 年第 4 期。

排放的 NOx 和 PM 超过 90%，HC 和 CO 超过 80%。[1] 此外，在粗放发展模式下、在快速城镇化进程中，建筑扬尘污染亦成为大气污染的重要来源。就京津冀而言，大气污染、"雾霾锁城"也主要是由上述原因所决定的。正如有研究所指出的那样，"北京的机动车，天津的化工、河北的燃煤"是导致京津冀成为雾霾重灾区的主要诱因所在。[2] 北京市统计局、国家统计局北京调查总队的调查数据显示，北京市、天津市、河北省大气污染物主要来源分别为机动车尾气排放、工业排放和燃煤排放。从 2012 年情况来看，北京市机动车氮氧化物排放量占本地区比重达 45%，分别高于天津 28.8 个和河北 13.9 个百分点；河北省煤炭消费量占其能源消费总量的 88.8%，其二氧化硫排放量占京津冀的 80.8%；天津市工业污染影响最大，工业二氧化硫、工业氮氧化物在本地占比都超过 80%，均高于北京和河北。[3]

2. 京津冀大气生态补偿制度构建的着力点界定

正如上文所述，对于京津冀而言，治理大气污染是京津冀三地所须共同面临的"呼吸保卫战"，[4] 因此，必须坚持区域协同治理的基本路径，关键的问题是要建立京津冀大气区际生态补偿制度，而从京津冀大气污染治理的实际情况来看，须把握好以下两个着力点：

（1）京津冀能源利用减量替代区际生态补偿。正如前文所述，化石燃料消耗的大量消耗是导致京津冀大气污染、雾霾"锁城"的重要原因所在，因此，治理京津冀大气污染的关键就在于实现传统能源利用的减量与替代。[5] 即一方面，要大幅度限制燃煤的利用；另一方面，要积极推进清洁能源的生产与利用。调整能源消费结构，实现传统能源的减量与清洁能源的替代，是治理京津冀大气污染的"重头戏"。在京津冀三地大气污染防治 5 年行动计划中，北京市将净削减燃煤总量 1300 万吨，天津市将净削减 1000 万吨，河北省任务最重将削

---

[1] 参见：《2015 年中国机动车污染防治年报》，载生态环境部官网：http://www.zhb.gov.cn/gkml/hbb/qt/201601/t20160119_326622.htm，最后访问日期：2018 年 4 月 10 日。

[2] 参见赵记伟：《中科院专家：京津冀何以成雾霾重灾区》，载《法人》2014 年第 4 期。

[3] 参见张铭贤：《京津冀：在一体化治污中推进协同发展》，载《乡音》2014 年第 6 期。

[4] 参见刘建刚、何玲：《京津冀治霾协同联手留住"APEC 蓝"》，载《中国改革报》2014 年 12 月 8 日，第 5 版。

[5] 参见张茉楠：《雾霾治理的"中国之惑"》，载《中国经济报告》2014 年第 3 期。

减4000万吨。[1] 由此来看,河北省的任务无疑是最艰巨的,同时,河北省的潜力也是最大的,但无论是从实现艰巨任务还是从深挖潜力来看,河北省都无力单独承担这一重负,亟须北京市、天津市两市通过区际生态补偿机制予以必要支持。[2]

(2)京津冀工业结构调整优化区际生态补偿。无论是理论研究还是实践经验均证明,治理京津冀大气污染的关键一点就是要加快调整重化工业结构,推动产业升级,即要通过推动产业布局调整,逐步疏散京津冀地区的重化工业产能;要通过建立产业分工和转移的利益协调机制,以加大重化工产业的技术创新和升级,避免产能转移"重化扩散"。[3] 而其关键就是要实现河北省工业结构的调整优化,一个基本的要求就是要削减和淘汰河北省的落后工业产能,如关停、整治水泥厂、炼钢厂等高污染高能耗产业,而这直指钢铁、水泥大省河北省的"命门"。在河北省很多地区,钢铁、水泥、焦化等一直是经济支柱,大规模的改造还涉及资金投入、劳动就业甚至税收、消费等一系列问题,这也是整个京津冀治霾的最大的一块"硬骨头"。京津冀大气治污难点在河北省,伤筋动骨也要脱胎换骨,未来一段时间内,河北省将大量淘汰落后和关停重污染企业,这势必影响当地就业和GDP,如果没有新的经济增长点来支撑,京津冀发展落差将进一步扩大,也将为治污带来更大障碍。[4] 京津冀大气污染防治必须要走协同治理的路子,也已成为京津冀三地共识。而协同治理的实施实际上就是对固有利益格局的调整,其能否实现既定目标关键在于是否能够妥善处理区域间的利益博弈。这一点已为实践所证明,在京津冀大气污染协同治理过程中,尤其是初始阶段,个别地区舍不得放弃高污染产业,也不愿动真格治污,甚至对

---

〔1〕 参见张铭贤:《京津冀:在一体化治污中推进协同发展》,载《乡音》2014年第6期。

〔2〕 实际上,这一机制已经实践。为贯彻《京津冀协同发展纲要》,推动京津冀在生态环境保护实现率先突破的工作安排,2015年,北京市、天津市已投入8.6亿元支持廊坊市、保定市、唐山市、沧州市4市进行大气治理。其中,北京市4.6亿元对接廊坊市、保定市;天津市4亿元对接唐山市、沧州市。据介绍,在北京市安排的4.6亿元资金中,主要帮助廊坊、保定实施"煤改气"工程。此次三地拿出真金白银直指燃煤锅炉改造,重点针对具有点源污染源排放浓度高、对区域大气环境影响范围广的污染特性的产业类型"开刀",无疑为京津冀协同治理大气污染开了一个实打实的好头。参见李海楠:《以生态之名为京津冀协同发展披上绿色外衣》,载《中国经济时报》2015年7月29日,第2版。

〔3〕 参见张茉楠:《雾霾治理的"中国之惑"》,载《中国经济报告》2014年第3期。

〔4〕 参见张铭贤:《京津冀:在一体化治污中推进协同发展》,载《乡音》2014年第6期。

污染企业进行庇护。[1] 其根本原因就在于经济利益，企业关停将会对就业、税收产生重要影响，并且这种影响在某些地方政府看来，是不可承受之重。这一认识显然是错误的，但也并非没有一点合理性，毕竟对于经济欠发达地区而言，受区位、基础以及政策等因素所限，其工业结构的优化、发展方式的转型是一个痛苦且艰难的过程。总之，在京津冀大气污染的协同治理中，对于河北省而言，工业结构优化、发展方式转型需要承受巨大的经济损失，而这显然是河北省无力单独承受的，其必须要依仗于北京市和天津市的支持，实现"先进帮助落后"。也就说，要拿一下这块"硬骨头"，实现落后产能的淘汰、超出产能的压缩，必须要对河北省予以必要补偿，并创造一些不一样的发展机会给河北省，并从根本上改变地区发展不均衡、不可持续的发展模式，[2] 而且其关键措施之一，无疑是要构建京津冀工业结构调整优化区际生态补偿制度。

三、京津冀森林区际生态补偿制度

（一）京津冀森林区际生态补偿制度构建的必要性

作为"地球之肺"、地球生物圈的核心组成部分、陆地生态系统的核心成分，森林对实现社会、经济、生态等协调发展具有重要影响，是实现绿色、循环、低碳经济发展方式转变所依托的重要基础。[3] 森林不仅可以提供木材等多种资源，更具有显著的生态效益，能够起到国土保安、涵养水源、防止水土流失、调节空气、净化环境、维护生态多样性等诸多作用，而且具备游憩保健、社会文化等社会功能。并且，随着社会工业化和现代化步伐的加快，森林已转变为社会和城市最关键的基础设施，是城市生态系统中具有自净功能的重要组成部分，在美化城市景观、改善人居环境、吸收降解城市污染物、减轻或消除城市热岛效应、净化大气环境、降低噪音等方面，具有其他城市基础设施不可替代的作用。[4] 正是因为具有如此重要的作用，因此，在森林资源保护问题上更容易达

〔1〕 参见王喆：《推进京津冀跨区域大气治理》，载《宏观经济管理》2014 年第 6 期。

〔2〕 参见吕斌：《雾霾下的京津冀》，载《法人》2014 年第 4 期。

〔3〕 参见张媛、支玲：《我国森林生态补偿标准问题的研究进展及发展趋势》，载《林业资源管理》2014 年第 2 期。

〔4〕 参见陆元昌：《京津冀协同发展应生态先行》，载《中国绿色时报》2015 年 1 月 27 日，A03 版。

成共识,而森林生态补偿制度的建立就是一个典型例证。一般认为,[1]我国的森林生态补偿实践于2001年启动,并于2004年正式确立,[2]并且在制度谋划层面早已有所突破。例如,1998年修订后的《中华人民共和国森林法》第8条第2款就明确规定:“国家设立森林生态效益补偿基金,用于提供生态效益的防护林和特种用途林的森林资源、林木的营造、抚育、保护和管理森林生态效益补偿基金必须专款专用,不得挪作他用……”在我国各个领域生态补偿的研究和实践中,森林生态效益补偿开展得最全面,在近20年的研究探索中,森林生态补偿一直是中国生态补偿研究的重点。无论是大规模的生态工程还是地方开展的森林生态效益补偿,都取得了显著的成效,使水土流失面积有所下降、森林覆盖率有所增长,部分荒漠化地区也出现了人进沙退的良好局面。[3] 但需要指出的是,森林生态补偿制度目前还限于纵向生态补偿,而对于横向生态补偿在制度上尚未正式确立,且在理论上还存在一定争议。如有的研究者认为,森林资源的正外部效应属于纯粹的公共物品,因此不存在适用区际(区域间)生态补偿的必要和空间。[4]

正如上文所述,虽然目前对于森林是否适用于区际生态补偿这一问题还存

---

[1] 也有研究者认为,1978年开始的三北防护林工程应该是国家层面最早的森林生态补偿实践。相关论述参见江浩、徐宏强等:《江苏省生态公益林补偿制度现状及发展对策》,载《江苏林业科技》2014年第4期。

[2] 2001年至2003年,中央财政每年预算安排10亿元,在辽宁省、河北省、福建省、广西壮族自治区、山东省、新疆维吾尔自治区、江西省、黑龙江省、湖南省、浙江省和安徽省11个省(区)启动了森林生态效益补助试点工作。试点总面积为2亿亩,补助标准为每亩每年5元,补助资金用于重点防护林和特种用途林保护与管理费用支出。2001年至2003年试点期间,中央财政累计安排补助资金30亿元。补助试点工作的实施,促进了2亿亩试点国家级公益林的管护工作,为正式建立生态补偿基金制度打下了良好的基础。在森林生态效益补助试点的基础上,2004年国家正式建立了中央财政生态补偿基金。当年,中央财政预算安排20亿元,按照每亩5元的标准,用于对全国4亿亩国家级公益林管护者发生的营造、抚育、保护和管理支出给予补助,资金规模和补偿面积比试点期间翻了一番。中央财政生态补偿基金的建立标志着我国生态补偿制度正式建立,结束了我国森林生态效益无偿使用的历史。相关论述参见董妍:《森林生态效益补偿制度回顾与展望——关于完善一项永久性生态补偿制度的思考》,载《农村财政与财务》2014年第2期。

[3] 参见刘桂环、李珊珊:《谁来为生态环境保护埋单——在实践中发展的生态补偿》,载《环境教育》2012年第9期。

[4] 该研究者认为,从森林资源的正外部效应来看,其虽可对周边地区大气的温度湿度发挥调节作用(如形成小气候),但都是局部的(如林带对风速的调节一般不超过树高的3倍),再如森林增加降水的作用是很有限的,对于生态环境的外部贡献更重要的是生物多样性的维护,属于纯粹的公共物品,因此不存在区际(区域间)生态补偿适用的空间和必要。相关论述参见丁四保、王晓云:《我国区域生态补偿的基本理论与体制机制问题探讨》,载《东北师大学报》(哲学社会科学版)2008年第4期。

在不同认识，但就京津冀森林区际生态补偿制度的构建而言，其确有必要，主要体现在以下方面：

1. 这是由京津冀森林资源的一体性所决定的。京津冀地区森林生态系统同属于一个整体，其中河北省北部地区的森林是京津的天然氧吧和风沙防护栏，其作为京津冀林带生态体系的重要组成部分，对京津冀生态环境改善和治理起到了关键作用。[1] 京津冀森林资源是统一的有机整体，虽能从行政区划上硬性分割，但并不影响生态功能的整体性。

2. 这是由京津冀森林资源生态利益分享的现状所决定的。正如上文所提及的，京津冀森林资源在系统构成上具有一体性，在生态功能发挥上具有整体性，但从实践来看，其又存在生态利益分享的不公性，其突出表现为部分地区为整体生态环境的改善作出了巨大贡献、付出了极大牺牲而却未得到应有回报。以承德市为例，据估算，作为京津的天然生态屏障，承德市所拥有的3310万亩有林地年可吸收二氧化碳12444万吨、释放氧气11016万吨、滞留灰尘8032万吨、涵养水源66.2亿立方米，资产总值为2726.8亿元，产品与服务价值为1550亿元。[2] 另外，据测算，承德市森林覆盖率每提高一个百分点的绿化率，降雨就可以增加10～30毫米，若在2020年森林覆盖率超过60%，就可以为北京市、天津市提供超过10亿立方米的水源。[3] 然后，在承德市为京津冀森林资源保护与营造作出巨大贡献进而促进京津冀整体生态环境改善的情况下，其并未获得应有回报，政府与民众都因此而承受了过重的经济负担、遭受了不小的经济损失。

3. 这是由京津冀政府间财政实力差距所决定的。无论是森林资源的保护与营造，还是其他生态环境治理项目的实施，其背后都必须要以充足的资金为保障，都是要以"真金白银"为代价，容不得半点虚假。而从京津冀的实际情况来看，区域内社会经济发展的差距使京津冀政府间的财政实力存在较大差距，北京市、天津市财政实力远优于河北省。例如，有研究者指出，河北省要完成年均造林420万亩的目标，其至少需要42亿元资金，在扣除中央财政所补助的资

---

〔1〕 参见王双：《京津冀生态功能协同机制的设计思路及内容探析》，载《城市》2015年第6期。

〔2〕 参见巩志宏：《京津冀生态补偿多是临时性政策》，载《经济参考报》2015年7月13日，第7版。

〔3〕 参见乔欣：《打破"一亩三分地"访全国人大代表，河北省保定市委副书记、市长马誉峰；全国人大代表，河北省承德市委副书记、市长赵风楼》，载《新理财》(政府理财)2014年Z1期。

金后，每年还需要自筹超过35亿元的造林绿化资金。而从单位投入来看，北京市用于造林绿化的资金亩均在2万元以上，而河北省所补助的资金每亩只有200～300元。[1] 财政实力的不足将直接影响河北省森林资源保护与营造工作的有效开展，而财政实力的差距就为财政转移支付的实施奠定了坚实基础。基于京津冀森林资源一体保护、京津冀生态环境整体提升的考虑，应建立反映资源稀缺程度、体现生态价值的京津冀森林区际生态补偿制度，通过北京市、天津市向河北省实施财政转移支付等方式以提升河北省保护森林资源的能力，助推京津冀森林资源保护与营造工作的有效开展，进而有效提升京津冀生态环境整体水平。

（二）京津冀森林区际生态补偿制度构建的基本路径

就京津冀森立区际生态补偿制度的构建而言，其应遵循以下基本路径：

1. 合理界定生态补偿主体

正如前文所述，生态补偿主体的界定是关乎"谁来补偿""谁来受偿"的核心问题，是生态补偿法律制度构建的出发点和归宿，其界定的准确与否直接关系生态补偿制度设计的科学与否。就京津冀森林区际生态补偿而言，其支付主体目前宜以政府为主，并在此基础上，引导社会主体、市场主体参与进来。就接受主体而言，有的研究者认为，对于森林区际生态补偿而言，应从所有者、经营者和管理者三方面进行分析，即政府林业主管部门、村集体和林农应成为区际生态补偿接受主体。并具体指出，生态补偿资金在森林资源所有者、管理者和经营者之间的分配占比大体上应为5%、10%、85%，这样能够大大调动各方的积极性，进而对森林资源的保护和建设起到关键的推动作用。[2] 这一主张有其合理性。在森林区际生态补偿的界定中，应明确以林农为代表的林地使用权人的主体地位，因为其才是保护、营造森林资源的核心主体。并且，可以进一步主张的是，以林农为代表的林地使用权人应可成为森林区际生态补偿的唯一接受主体，所有者和管理者参与补偿分配的必要性不强，且参与主体的过多容易诱发补偿分配问题，突出表现为管理者对于补偿的过多侵占、所有者补偿所得

---

〔1〕 参见王海洋：《加快林业建设　改善生态环境　促进京津冀协同发展》，载《河北林业》2015年第6期。

〔2〕 参见陆元昌：《京津冀协同发展应生态先行》，载《中国绿色时报》2015年1月27日，A03版。

的违规处置。

2. 拓宽生态补偿资金融资渠道

生态补偿离不开必要的资金保障,资金是生态补偿得以有效开展、顺利实施的决定性因素,而资金的有力筹措和科学使用则是生态补偿核心中的核心、关键中的关键。但无论是从森林生态补偿的已有实践,还是从京津冀区际生态补偿的前期探索来看,资金一直是生态补偿得以顺利实施的掣肘所在,突出表现为融资渠道的狭窄和资金来源的单一,即生态补偿资金主要来源于政府财政拨款,市场化、社会化融资微乎其微。融资渠道狭窄、资金来源单一不仅会极大地增加政府的财政压力,而且还会严重制约生态补偿的顺利开展。正如有的研究者所指出的那样,与京津冀生态环境治理的实际需求相比,目前京津冀森林资源保护水平和营造力度都还远未达到预期目标要求,其主要的症结就在于补偿资金太过依赖中央财政拨款,来源单一所导致的资金不足迟滞了京津冀森林资源保护和营造的工作进展,河北省的问题尤为突出。[1] 因此,就京津冀森林区际生态补偿而言,要确保其顺利实施、有效开展,关键是要拓宽生态补偿资金融资渠道,以为生态补偿的实施提供有力保障,使制度谋划落到实地。拓宽生态补偿融资渠道的关键就在于,在明确政府财政拨款预算地位、扩大政府财政拨款规模的基础上,积极探索市场化、社会化、多元化的生态补偿融资方式,进而构建"政府为主、社会参与、多元投入"京津冀森林区际生态补偿资金筹措机制。其中,发行"绿色森林彩票"应是一个不错的方式创新。发行彩票能以较低的成本获得数额可观的生态补偿资金,并且也有利于调动民众保护生态环境的积极性。[2]

3. 制定科学的生态补偿标准

作为用以确定生态补偿数额、强度的依据或准则,生态补偿标准旨在解决"补偿多少"这一关键问题。其直接关系生态补偿的经济成本、社会效益和环保效果,关涉生态补偿的合理与公平、生态补偿支付主体的承受能力和生态接受主体的满意程度,进而直接影响生态补偿的激励效应、最终效果和补偿能否

---

〔1〕 参见王双:《京津冀生态功能协同机制的设计思路及内容探析》,载《城市》2015 年第 6 期。

〔2〕 参见杨星国:《对国家实施森林生态效益补偿基金制度的探讨》,载《防护林科技》2014 年第 4 期。

顺利施行。科学生态补偿标准的制定是生态补偿制度得以有效运行的关键基点,其有助于实现相关主体的利益平衡以及所涉地区的协调发展。在京津冀森林区际生态补偿的实施中,科学生态补偿标准的制定至关重要,其应坚持以下基本原则:

(1)必须要确保生态补偿标准处于一个合理的水平。生态补偿标准偏低是当前生态补偿实践所存在的突出问题之一,森林生态补偿和区际生态补偿也不例外。生态补偿标准的偏低(甚至是过低)导致生态补偿异化为生态补助,进而无法实现森林生态效益外部性的内化,极大地抑制了森林资源保护与建设者的积极性,严重影响森林资源的保护与营造,并最终障碍森林区际生态补偿既定目标的有效实现。由此决定,必须要确保生态补偿标准处于一个合理的水平,进而为京津冀森林区际生态补偿的实施奠定基础。

(2)必须要实现生态补偿标准的动态调整。除补偿标准偏低之外,标准过于僵化也是生态补偿实践中所存在的又一重要问题。生态补偿标准的固定虽在一定程度上可以节省制度执行的成本,却会造成资金配置效率低下的不良后果。[1] 由此决定,为更好地发挥森林区际生态补偿的制度功效,要基于对经济发展、成本变化等要素的科学评估,实现生态补偿标准的必要动态调整。

(3)必须要建立差别性的区际生态补偿标准。补偿标准的"一刀切"是生态补偿实践中存在的又一重要问题。"一刀切"的生态补偿标准模式未考虑生态林和经济林的经营成本及收益差异,未考虑不同林种的种苗成本差异,进而难以适应不同林情的需要。[2] 在京津冀森林区际生态补偿的实施过程中,一定要破除现行"一刀切"模式的弊端,应实行体现林种差异、地区差异、造林方式差异等因素的差别性生态补偿标准。[3]

4. 强化生态补偿资金规范利用及有效监管

生态补偿离不开有效的资金保障,资金是生态补偿得以有效开展、顺利实

---

〔1〕 参见汪海燕、张霄:《基于制度供给与需求理论的生态补偿立法问题——以公益林补偿为例》,载《江苏警官学院学报》2014 年第 6 期。

〔2〕 参见常丽霞:《西北生态脆弱区森林生态补偿法律机制实证研究》,载《西南民族大学学报》(人文社会科学版)2014 年第 6 期。

〔3〕 参见张媛、支玲:《我国森林生态补偿标准问题的研究进展及发展趋势》,载《林业资源管理》2014 年第 2 期。

施的决定性因素。其中,资金的合理使用是生态补偿得以有效实施的关键,但从生态补偿的已有实践来看,在生态补偿资金的使用过程中,还存在很多不规范之处,“重拨款、轻管理、轻评估”的现象普遍存在,资金使用效率整体低下。此外,因有效监管机制缺位,导致生态补偿资金被挤占、侵占、扣减、挪用的现象也较普遍。因此,在京津冀森林区际生态补偿的实施中,一定要强化生态补偿资金的规范利用及有效监管,具体来说,应主要从以下三个方面完善相关工作:(1)精简生态补偿资金拨付环节,扩大“直补”适用范围,确保补偿资金真正落到生态补偿接受主体头上。(2)建立生态补偿资金利用绩效评估机制,积极引入第三方专业评估主体,实现自评与他评的有效结合,进而提高生态补偿资金的利用效率。(3)建立健全生态补偿资金监管机制,完善生态补偿资金审计制度,强化生态补偿资金拨付、分配及利用信息公开,创新生态补偿资金监管方式,进而实现生态补偿资金利用的有效监管。

5. 创新生态补偿方式

作为生态补偿的关键环节之一,生态补偿旨在解决“怎么补”的问题,其直接关系生态补偿的效果。在京津冀森林生态补偿的实施中,要积极创新生态补偿方式。从已有实践来看,碳排放权交易是一个不错的尝试。自 2014 年以来,京津冀开始探索区域碳排放权交易这一新型生态补偿方式。2014 年 12 月 18 日北京市、天津市正式启动跨区域碳排放权交易试点建设,积极利用市场化机制吸引社会资本参与跨区域节能减排和生态环境建设。2014 年 12 月 30 日千松坝林场碳汇造林一期项目的核证减排量(160571 吨二氧化碳)在北京环境交易所挂牌交易,当天成交 3450 吨,成为首单成交的京冀跨区域碳排放交易项目。[1] 京冀区域碳排放权交易以市场推动生态补偿实施,能够使森林资源的生态价值得以应有彰显,调动森林资源保护者和营造者的积极性,进而有助于促进京津冀区域生态环境改善。但目前“政治性”意义还大于实际效益。为推进区域碳排放权交易的有效开展,应当加大林业碳汇开发力度、给予相应优惠政策、适当降低门槛。[2] 此外,还应该积极推进森林景观交易生态补偿方式,即通过建立森林生态服务市场、发展森林生态旅游而对森林资源的保护者和营

〔1〕 参见王萍:《京冀跨区域碳汇交易已达 7 万吨》,载《北京晨报》2015 年 10 月 30 日,A11 版。

〔2〕 参见巩志宏:《京津冀生态补偿多是临时性政策》,载《经济参考报》2015 年 7 月 13 日,第 7 版。

造者给予应有的经济补偿,以调动其积极性,进而实现区域森林资源的有效保护和区域生态环境的改善。[1]

6. 逐步拓展生态补偿对象

从森林生态补偿的已有实践和京津冀区际生态补偿的前期探索来看,生态补偿的对象主要为公益林,其主要考虑"生态重要性""生态脆弱性"两项指标,并以地理位置的重要性程度为主要依据。这一做法虽然操作简单,但可能导致生态补偿接受主体过分重视森林面积扩大而忽视质量提升的后果。针对这一问题,在京津冀森林区际生态补偿的实施过程中,首先一点就是要将森林资源的质量标准纳入补偿对象的认定依据,并增加生态脆弱性和生态重要性两大指标。[2] 在此基础上,要逐步拓展生态补偿对象,将非公益林也纳入京津冀森林区际生态补偿范围内。其原因在于,作为兼具生态性与经济性的森林资源类型,科学发展非公益林亦能产生储炭吐氧、净化空气、调节气候、减轻自然灾害、涵养水源、保持水土、养护土壤肥力以及孕育和保存生物多样性等生态效益,此外,"替代效应"效应的有效发挥则有助于缓解公益林的压力,推动公益林的发展,进而间接产生巨大生态效益。[3]

四、京津冀固体废物处置区际生态补偿制度

(一)京津冀固体废物处置区际生态补偿制度构建的必要性

在京津冀区际生态补偿制度体系构建中,京津冀固体废物处置区际生态补偿亦是重要内容之一,即我们应着手构建京津冀固体废物处置区际生态补偿制度,其必要性主要在于:

1. 由固体废物的经济属性及跨区处置现象所决定

随着社会经济的发展和城镇化进程的加深,生产生活垃圾数量亦快速增长。有数据显示,目前我国城市生活垃圾年产量已超过1.5亿吨,约占世界总量的1/3;而到2030年我国城市垃圾年产总量将达到4.09亿吨,并在2050年

---

〔1〕 参见樊淑娟:《基于外部性理论的我国森林生态效益补偿研究》,载《管理现代化》2014年第2期。

〔2〕 参见汪海燕、张霄:《基于制度供给与需求理论的生态补偿立法问题——以公益林补偿为例》,载《江苏警官学院学报》2014年第6期。

〔3〕 参见刘广明:《非公益林生态效益保障的法理思考》,载《中国林业经济》2009年第1期。

达到5.28亿吨。与此相对应的是,我国垃圾处理能力并未得到同比提升,配套设施建设滞后,由此造成“垃圾围城”的局面。据统计,全国600多座大中城市中,有70%以上被垃圾包围。[1] 以固体废物为典型代表的部分垃圾是兼具环境危害和可资利用双重性质的,其除了可能会污染生态环境和人体健康外,还可以通过资源化处置而实现再生利用。基于此,2014年3月中共中央、国务院印发的《国家新型城镇化规划(2014～2020年)》不仅明确要求,要“提高城镇生活垃圾无害化处理能力”,而且具体指出,“完善废旧商品回收体系和垃圾分类处理系统,加强城市固体废弃物循环利用和无害化处置”。固体废物的经济属性使得固体废物处置成为现实,同时,固体废物处置的成本是存在差异的,尤其是体现为经济发达地区与经济欠发达地区之间的差别。一般而言,受人力、场地等因素所决定,经济发达地区的固体废物处置成本要高于经济欠发达地区。受经济利益决定、依市场规律作用,固体废物的跨区处置成为可能。固体废物的经济属性使固体废物的合理处置成为必要,而固体废物的跨区处置则为生态补偿的实施奠定了客观基础。

2. 由京津冀固体废物处置的现状所决定

从京津冀的实际情况来看,受区位、地域以及人力等因素的决定,北京市、天津市的固体废物处置成本要显著高于河北省(至少是河北省部分地区),同时,北京市、天津市因经济发达、人口聚集而成为固体废物的主要产出地。由此导致,在北京市、天津市广泛存在固体废物的跨区转移与处置的行为,主要表现为由北京市、天津市向与之毗邻的河北省廊坊市、保定市、沧州市以及唐山市等地区转移。例如,早在2006年至2007年,笔者就曾调研发现,在以河北省文安县为中心包括任丘、大城等邻近县市的地区,已经形成了一个完整的塑料回收、处理产业链,而废弃塑料制品绝大多数来自北京市、天津市。据当时所进行的粗略调查显示,每天由北京市、天津市转移至该地区的废弃塑料制品就达数百吨。而在废弃塑料制品的回收、处理中,需要经过清洗、拉丝等环节,这个过程需要耗费大量的水、电,同时在塑料的重熔中,还会产生废气。同样的情况存在于废旧金属、废纸等固体废物的跨区转移和回收处理上。其后果之一就是,在

[1] 参见牛禄青:《垃圾发电:困境中兴起》,载《新经济导刊》2014年第6期。

减轻北京市、天津市生态压力的同时,给河北省的生态环境造成了负面影响。[1] 并且,由于这种行为是基于市场规律作用而引致的结果,因此,"宜疏不宜堵",实践也已证明这一点。2015 年 7 月为贯彻落实《中共中央国务院关于加快推进生态文明建设的意见》《京津冀协同发展规划纲要》,推进京津冀及周边地区工业资源综合利用产业和生态协同发展,探索资源综合利用产业区域协同发展新模式,工业和信息化部印发了《京津冀及周边地区工业资源综合利用产业协同发展行动计划(2015—2017)》,该行动计划明确提出了"促进区域工业资源综合利用产业与生态协调发展"的 4 项主要任务,即"推动工业固体废物综合利用产业区域协同发展""推进再生资源回收利用协同发展""加快建设资源综合利用产业示范基地和园区""加快建设区域工业资源综合利用创新平台"。[2] 河北省相关职能部门的负责人也表示,河北省将积极对接北京市、天津市,在唐山市、承德市加快建设面向北京市、天津市市场的绿色环保建材基地和北京市再生资源加工利用企业承接园区,进一步延伸完善资源综合利用产业链条,加速工业资源综合利用产业发展;大力开展工业固废高值利用工程、工业原材料替代工程和城市电子废弃物利用工程,推动产业向规模化、高值化、集约化发展。[3] 由此决定,京津冀固体废物处置区际生态补偿制度的构建十分必要。

(二)京津冀固体废物处置区际生态补偿制度构建的路径

就京津冀固体废物处置区际生态补偿制度的具体构建而言,其关键是要把握好以下几点:

1. 引导京津冀固体废物处置产业健康发展

固体废物的规范处置、固体废物处置产业的健康发展是实施京津冀固体废物处置区际生态补偿的前提基础,因此,在实施京津冀固体废物处置区际生态补偿过程中,必须要对固体废物产业予以正确引导以促进其健康发展,其关键

---

〔1〕 参见刘广明:《京津冀:区际生态补偿促进区域间协调》,载《环境经济》2007 年第 12 期。

〔2〕《京津冀及周边地区工业资源综合利用产业协同发展行动计划(2015—2017)》,载国务院新闻办公室官网:http://www.scio.gov.cn/xwfbh/xwbfbh/wqfbh/33978/34204/xgzc34210/Document/1469694/1469694.htm,最后访问日期:2018 年 4 月 10 日。

〔3〕 参见邓旭:《启动京津冀及周边协同发展模式 加快生态文明建设步伐——"京津冀及周边地区工业资源综合利用产业协同发展行动计划会"在唐山举办》,载《资源再生》2015 年第 7 期。

在于:(1)推进京津冀固体废物处置产业区域整体规划、科学布局。京津冀三地要对固体废物处置作出整体规划、实现科学布局,即明确区域内各地区在固体废物处置中所承担的功能及协作分工,在确保最小的生态环境破坏和最低的能源资源消耗的前提下实现产业持续健康协调发展。(2)实施固体废物处置分类管理制度。正如上文所述,固体废物具有环境危害和可资利用的双重性质,并且在固体废物处置过程中,若管理不到位也可能造成环境污染,因此,一定要规范固体废物处置的市场准入。其基本思路就是要实施固体废物处置分类管理制度,即根据固体废物处置的类型及危害不同而设置不同的市场准入门槛。对于特定固体废物在回收、处置上要严格遵守相关规定,如依规定申领危险废物经营许可证。(3)强化固体废物处置市场监管。从固体废物处置的实践来看,存在一个显著现象就是,因正规企业在环保设施方面的投入较高,其处置成本要显著高于非法小企业,进而容易形成"劣币驱逐良币"的不合理现象。例如,有研究表明,在再生铅处置回收行业,一家无证非法回收企业仅靠人工拆解和简单熔炉就能进行铅酸电池回收,投入总成本不到 10 万元,而建设一个正规的铅蓄电池回收再生企业至少需要投资 2 亿元,二者的运行成本同样存在巨大差距。[1] 由此决定,如果没有有力的执法监管,正规企业是无法在与非法企业的竞争中胜出的。因此,一定要强化固体废物处置执法监管,以维护市场正常秩序,避免逆向竞争。

2. 积极筹措并科学利用固体废物处置区际生态补偿资金

生态补偿离不开必要的资金保障,资金是生态补偿得以有效开展、顺利实施的决定性因素,而资金的有力筹措和科学使用则是生态补偿核心中的核心、关键中的关键,这对于京津冀固体废物处置区际生态补偿制度的构建同样适用。从生态补偿资金的筹措来看,应在坚持政府主导的基础上实现资金筹措的多元化。具体来说,就要在明确生态补偿资金的财政预算地位(应与垃圾处置费一样明确为公共事业经费预算项目)并建立持续增长机制(每年不低于一定比例的增长速度)的基础上,积极探索其他市场化、社会化的生态补偿资金筹措方式,如垃圾处理生态补偿收费等。2014 年 12 月南京市政府发布《南京市

---

〔1〕 参见张化冰:《三人行——京津冀城市圈生态一体化之再生资源产业链协作》,载《资源再生》2015 年第 3 期。

生活垃圾大型中转和处置设施生态补偿暂行办法》,该暂行办法提出,为推动南京市垃圾分类和减量化工作,加快南京市生活垃圾中转和处置设施建设,按照“谁受益、谁付费,谁污染、谁付费”的总体要求,建立垃圾处置生态补偿收费制度,其核心内容在于,“将生活垃圾送入市级生活垃圾大型中转和处置设施处置的区,需缴纳生活垃圾环境生态补偿费,缴纳标准为50元/吨”,“生态补偿费专项用于市级生活垃圾大型中转和处置设施及周边地区的生态环境美化和整治,市政配套设施建设和维护,居民环境诉求协调和环境污染补偿,生态环保宣传和管理,其他生态补偿事项”。该项政策有助于从根本上解决垃圾处理资金严重不足、垃圾处理厂所在地环境恶化等现实问题。[1] 在生态补偿的利用问题上,首先,要建立高效的资金转移支付制度,并尽可能实现生态补偿的“直补”,即将生态补偿资金落实到从事固体废物处置的合规经营者头上;其次,要建立生态补偿利用监管机制,通过强化审计等方式查处生态补偿资金冒领等违规行为。

京津冀区际生态补偿制度构成应是一个系统性工程,并且还是一个逐步完善的过程,除流域、大气、森林以及固体废物处置外,从发展的眼光来看,其还可适用于湿地、自然保护区等诸多领域。例如,在京津冀区际生态补偿制度体系的构建中,可考虑建立京津冀湿地区际生态补偿制度。作为“地球之肾”,湿地是地球上水陆相互作用形成的独特生境,是自然界最富生物多样性和最具生产力的生态系统之一,具有涵养水源、净化水质、蓄水调洪、调节气候、维护生物多样性等多重重要生态功能,与森林、海洋并称为全球三大生态系统。[2] 例如,据第二次全国湿地资源调查的结果显示,全国湿地总面积为5360.26万公顷,其生态功能显著:(1)湿地是淡水安全的生态保障,其维持着约2.7万亿吨淡水,保存了全国96%的可利用淡水资源;(2)湿地是物种基因库,我国有湿地植物4220种、脊椎动物2312种,其中湿地鸟类231种;(3)湿地净化水质的功能十分显著,每公顷湿地每年可去除1000多公斤氮和130多公斤磷;(4)湿地储存的泥炭对应对气候变化发挥着重要作用,仅若尔盖湿地面积80万公顷(1200

---

〔1〕 参见穆桑桑:《让垃圾生态补偿费用“物有所值”》,载《中国经济导报》2014年12月20日,C01版。

〔2〕 参见许丹婷:《广西湿地如何依法“养肾”?——自治区湿地保护条例解读》,载《广西日报》2014年12月31日,第5版。

万亩）所储存的泥炭就高达 19 亿吨。

但此次调查也显示，我国湿地资源保护形势严峻，一个显著的例证就是，10 年间我国湿地面积减少了 300 多万公顷（4500 万亩），相当于国土面积的 3%。〔1〕长期以来，湿地对我国生态环境的保护以及经济社会的可持续发展起到了极其重要的支撑作用，但随着社会经济的发展，尤其是围垦、占用、污染、过度捕捞和采集、过度放牧等行为的泛滥，湿地生态系统已不堪重负。在京津冀地区，形势同样严峻。统计资料显示，北京市湿地面积从 20 世纪 50 年代的 2568 平方公里退化到目前的 526 平方公里；号称“华北之肾”的湿地白洋淀面积从 20 世纪 60 年代的近千平方公里萎缩到目前的 200 多平方公里。〔2〕湿地的退化和消失将导致水资源枯竭、洪涝灾害加剧、生物多样性丧失、水土流失加剧、气候变暖等一系列生态灾难，国内外经验表明，建立湿地生态补偿制度既可以稳定湿地周边经济，又能促进湿地有效保护和可持续发展，是破解湿地保护与经济发展难题的重要手段。〔3〕在京津冀区际生态补偿制度的构建中，湿地区际生态补偿亦是关键的一环。

---

〔1〕参见刘晓星：《第二次全国湿地资源调查结果出炉》，载人民网：http://env.people.com.cn/n/2014/0114/c1010-24110911.html，最后访问日期：2018 年 4 月 10 日。

〔2〕参见黄俊毅：《每年减少 500 万亩——中国湿地退化程度调查》，载《环境教育》2015 年 Z1 期。

〔3〕参见孔凡斌、潘丹、熊凯：《建立鄱阳湖湿地生态补偿机制研究》，载《鄱阳湖学刊》2014 年第 1 期。

参考文献

一、中文期刊类

1. 安虎森、周亚雄、颜银根:《新经济地理学视阈下区际污染、生态治理及补偿》,载《南京社会科学》2013 年第 1 期。

2. 安晓明、郭志远:《跨省域生态补偿的政府作为研究》,载《广西社会科学》2012 年第 7 期。

3. 白丽、王健、刘晓东、张前:《环首都贫困带生态补偿标准探析》,载《广东农业科学》2013 年第 5 期。

4. 包庆德、梁博:《关于京津冀协同发展进程的生态维度考量》,载《哈尔滨工业大学学报》(社会科学版)2018 年第 2 期。

5. 毕树广、边玉花、陶小平:《冀西北贫困成因及完善补偿机制的研究——基于京张生态等合作中问题的调查分析》,载《改革与战略》2010 年第 8 期。

6. 薄文广、殷广卫:《京津冀协同发展:进程与展望》,载《南开学报》(哲学社会科学版)2017 年第 6 期。

7. 才惠莲:《我国跨流域调水生态补偿法律制度的构建》,载《安全环境与工程》2014 年第 2 期。

8. 才惠莲:《我国跨流域调水生态补偿法律问题的探讨》,载《武汉理工大学学报》(社会科学版)2014 年第 2 期。

9. 才惠莲:《论生态补偿法律关系的特点》,载《中国地质大学学报》(社会科学版)2013 年第 3 期。

10. 蔡邦成、温林泉、陆根法:《生态补偿机制建立的理论思考》,载《生态经济》2005 年第 1 期。

11. 蔡之兵:《"区—地"政策框架视角下京津冀协同发展问题研究》,载《河北学刊》2016 年第 5 期。

12. 曹明德:《对建立生态补偿法律机制的再思考》,载《中国地质大学学报》(社会科学版)2010 年第 5 期。

13. 曹明德、黄东东:《论土地资源生态补偿》,载《法制与社会发展》2007 年第 3 期。

14. 曹光辉:《生态补偿机制:环境管理新模式》,载《环境经济》2005 年第 11 期。

15. 曹毅、张贵祥:《京津冀生态建设的内涵、思路与重点研究》,载《中共石家庄市委党校学报》2016 年第 8 期。

16. 常纪文:《京津冀生态环境协同保护立法的基本问题》,载《中国环境管理》2015 年第 3 期。

17. 常纪文:《京津冀环保一体化的基本问题》,载《前进论坛》2014 年第 9 期。

18. 常丽霞:《西北生态脆弱区森林生态补偿法律机制实证研究》,载《西南民族大学学报》(人文社会科学版)2014 年第 6 期。

19. 常满荣、刘平:《协同发展战略下京津冀生态共建共享机制研究》,载《河北青年管理干部学院学报》2017 年第 3 期。

20. 陈东晖、安艳玲:《政府主导型生态补偿模式在贵州赤水河流域的适用性研究》,载《水利与建筑工程学报》2014 年第 3 期。

21. 陈宏伟、张帆:《生态持续恶化　拷问中国生态补偿机制》,载《理论参考》2006 年第 12 期。

22. 陈晓勤:《我国生态补偿立法分析》,载《海峡法学》2011 年第 1 期。

23. 陈晓勤:《流域生态补偿中的地方政府合作》,载《发展研究》2008 年第 10 期。

24. 陈晓永、陈永国:《京津冀跨域生态补偿与利益相关者耦合机制研究——基于"内卷化"机理的阐释》,载《经济论坛》2015 年第 3 期。

25. 陈湘满:《论流域开发管理中的区域利益协调》,载《经济地理》2002 年第5期。

26. 陈学斌:《加快建立基于主体功能区规划的生态补偿机制》,载《宏观经济管理》2012年第5期。

27. 陈永林:《地理视角下的流域生态补偿研究》,载《科技经济市场》2013年第11期。

28. 程滨、田仁生、董战峰:《我国流域生态补偿标准实践:模式与评价》,载《生态经济》2012年第4期。

29. 程样国、陈洋庚:《理性与激情的平衡——论公共政策制定中的公民适度参与》,载《行政论坛》2009年第1期。

30. 程亚丽:《生态补偿法律制度构建的基本理论问题探析》,载《安徽农业大学学报》(社会科学版)2011年第4期。

31. 崔向华、王喆:《探索体制机制创新　推进京津冀协同发展》,载《中国经贸导刊》2014年第34期。

32. 戴朝霞、黄政:《关于生态补偿理论的探讨》,载《湖南工业大学学报》(社会科学版)2008年第4期。

33. 邓晓兰、黄显林、杨秀:《完善生态补偿转移支付制度的政策建议》,载《经济研究参考》2014年第6期。

34. 邓旭:《启动京津冀及周边协同发展模式　加快生态文明建设步伐——"京津冀及周边地区工业资源综合利用产业协同发展行动计划会"在唐山举办》,载《资源再生》2015年第7期。

35. 丁锋:《浅谈流域生态补偿的法制化》,载《法制与经济》2012年第4期。

36. 丁四保、王晓云:《我国区域生态补偿的基本理论与体制机制问题探讨》,载《东北师范大学学报》(哲学社会科学版)2008年第4期。

37. 董小君:《主体功能区建设的"公平"缺失与生态补偿机制》,载《国家行政学院学报》2009年第1期。

38. 董妍:《森林生态效益补偿制度回顾与展望——关于完善一项永久性生态补偿制度的思考》,载《当代农村财经》2014年第2期。

39. 杜群:《生态补偿的法律关系及其发展现状和问题》,载《现代法学》2005年第3期。

40. 杜群、陈真亮:《论流域生态补偿"共同但有差别的责任"——基于水质目标的法律分析》,载《中国地质大学学报》(社会科学版)2014 年第 1 期。

41. 段铸、程颖慧:《京津冀协同发展视阈下横向财政转移支付制度的构建》,载《改革与战略》2016 年第 1 期。

42. 段铸、刘艳:《以“谁受益,谁付费”为原则　建立横向生态补偿机制,京津冀如何破题》,载《人民论坛》2017 年第 5 期。

43. 范俊荣:《论政府介入自然资源损害补偿的角色》,载《甘肃政法学院学报》2011 年第 4 期。

44. 樊淑娟:《基于外部性理论的我国森林生态效益补偿研究》,载《管理现代化》2014 年第 2 期。

45. 方竹兰:《论建立政府与民众合作的生态补偿体系》,载《经济理论与经济管理》2010 年第 11 期。

46. 冯俏彬:《京津冀一体化,需要政府与市场齐发力》,载《金融经济》2014 年第 11 期。

47. 冯俏彬、雷雨恒:《生态服务交易视角下的我国生态补偿制度建设》,载《财政研究》2014 年第 7 期。

48. 付俊文、赵红:《利益相关者理论综述》,载《首都经济贸易大学学报》2006 年第 2 期。

49. 高玫:《流域生态补偿模式比较与选择》,载《江西社会科学》2013 年第 11 期。

50. 高小萍:《建立健全科学合理的生态补偿机制》,载《中国财政》2010 年第 6 期。

51. 葛颜祥、王蓓蓓、王燕:《水源地生态补偿模式及其适用性分析》,载《山东农业大学学报》(社会科学版)2011 年第 2 期。

52. 盖凯程:《二次大开发中的西部生态环境与经济协调发展区际生态补偿》,载《商业时代》2011 年第 27 期。

53. 耿国彪:《如何下好京津冀协同发展的一盘“大棋”》,载《绿色中国》2017 年第 4 期。

54. 郭峰:《关于生态补偿涵义的探讨》,载《环境保护》2008 年第 10 期。

55. 郭隆:《京津冀生态一体化　统一布局　恪守“红线”》,载《北京观察》2015 年第 6 期。

56. 国家发展改革委国土开发与地区经济研究所课题组:《区域间建立横向生态补偿制度研究》,载《宏观经济研究》2015 年第 3 期。

57. 郭少青:《论我国跨省流域生态补偿机制建构的困境与突破——以新安江流域生态补偿机制为例》,载《西部法学评论》2013 年第 6 期。

58. 郭玮、李炜:《基于多元统计分析的生态补偿转移支付效果评价》,载《经济问题》2014 年第 11 期。

59. 高智:《对京津冀协同发展中一些问题的思考》,载《城市》2014 年第 7 期。

60. 郝潞霞:《科学发展观研究综述》,载《实事求是》2005 年第 2 期。

61. 韩卫平、黄锡生:《利益视角下的生态补偿立法》,载《理论探索》2014 年第 1 期。

62. 韩业斌:《联防联控机制的困境与地方利益的协调——基于京津冀地区的雾霾治理》,载《商丘师范学院学报》2017 年第 8 期。

63. 何辉利:《京津冀协同发展中流域生态补偿的法律制度供给》,载《华北理工大学学报》(社会科学版)2015 年第 3 期。

64. 何树臣:《京津冀水源涵养功能区的横向生态补偿途径探讨》,载《国土绿化》2016 年第 6 期。

65. 何雪梅:《生态利益补偿的法制保障》,载《社会科学研究》2014 年第 1 期。

66. 贺勇:《碳交易能否破解生态补偿难题?》,载《环境经济》2014 年 Z2 期。

67. 洪尚群、叶文虎等:《区域非均衡增长与协调发展的新思考》,载《生态经济》2001 年第 4 期。

68. 洪尚群、何兴民、戴云:《走出生态补偿困境》,载《中国改革》2007 年第 7 期。

69. 洪尚群、吴晓青等:《补偿途径和方式多样化是生态补偿基础和保障》,载《环境科学与技术》2001 年 S2 期。

70. 胡熠:《论流域综合开发中的行政区际利益协调》,载《中国福建省委党校学报》2011 年第 6 期。

71. 胡熠、黎元生:《论流域区际生态保护补偿机制的构建——以闽江流域为例》,载《福建师范大学学报》(哲学社会科学版)2006 年第 6 期。

72. 黄俊毅:《每年减少 500 万亩——中国湿地退化程度调查》,载《环境教育》2015 年 Z1 期。

73. 宏观经济研究院国地所课题组:《横向生态补偿的实践与建议》,载《宏观经济研究》2015 年第 2 期。

74. 胡帆、李忠斌:《外部经济应用的非对称性与区际生态补偿机制》,载《武汉科技学院学报》2007 年第 3 期。

75. 胡文蔚、杜欢政、李斌:《区域间生态补偿机制推进区域经济协调发展》,载《嘉兴学院学报》2007 年第 1 期。

76. 胡晓登、刘娜:《中国生态补偿机制的缺陷与改革》,载《贵阳市委党校学报》2011 年第 3 期。

77. 黄昌硕、耿雷华、王淑云:《水源区生态补偿的方式和政策研究》,载《生态经济》2009 年第 3 期。

78. 黄寰:《论生态补偿多元化社会融资体系的构建》,载《现代经济探讨》2013 年第 9 期。

79. 黄寰、肖霓、赵云名:《区际生态补偿的价值基础与评估》,载《当代经济》2011 年第 10 期。

80. 黄君蕊:《完善矿产资源保护法的新视角——建立区际矿区生态补偿制度》,载《法制与经济》2013 年第 6 期。

81. 黄润源:《论我国生态补偿法律制度的完善》,载《法治论丛》2010 年第 6 期。

82. 黄润源:《论生态补偿的法学界定》,载《社会科学家》2010 年第 8 期。

83. 黄润源:《论我国自然保护区生态补偿法律制度的完善路径》,载《学术论坛》2011 年第 12 期。

84. 黄涛珍、李爱萍:《国外生态补偿机制对我国流域生态补偿的启示》,载《水利经济》2014 年第 6 期。

85. 黄炜:《全流域生态补偿标准设计依据和横向补偿模式》,载《生态经济》2013 年第 6 期。

86. 黄晓艳:《环境负效应的生态补偿政策与策略分析》,载《污染防治技术》2014 年第 2 期。

87. 黄锡生、焦念念:《试论流域生态补偿基金制度的构建》,载《时代法学》2013 年第 5 期。

88. 黄征学:《区域间横向生态补偿制度的内涵特征》,载《区域经济评论》2015 年第 6 期。

89. 贾若祥、曹忠祥:《地区间横向生态补偿的总体思路》,载《中国经贸导刊》2014 年第 30 期。

90. 贾若祥、高国力:《构建横向生态补偿的制度框架》,载《中国发展观察》2015 年第 5 期。

91. 姜妮:《流域生态补偿期待破冰》,载《环境经济》2013 年第 12 期。

92. 蒋永甫、弓蕾:《地方政府间横向财政转移支付:区域生态补偿的维度》,载《学习论坛》2015 年第 3 期。

93. 焦跃辉、李婕:《环京津区域生态补偿机制的创新》,载《经济论坛》2008 年第 4 期。

94. 焦跃辉、李婕:《略论环京津区域生态补偿机制的创新》,载《商场现代化》2009 年第 6 期。

95. 江浩、徐宏强等:《江苏省生态公益林补偿制度现状及发展对策》,载《江苏林业科技》2014 年第 4 期。

96. 接玉梅、葛颜祥、李颖:《我国流域生态补偿研究进展与述评》,载《山东农业大学学报》(社会科学版)2012 年第 1 期。

97. 金太军、张劲松:《政府的自利及其控制》,载《江海学刊》2012 年第 2 期。

98. 金太军、陈雨婕:《论长三角区域生态治理政府间的协作》,载《阅江学刊》2012 年第 2 期。

99. 荆炜:《西部地区生态建设补偿机制及补偿类型区划研究》,载《新疆社会科学》2014 年第 6 期。

100. 靳凤娟、徐好峰、刘远正:《引滦水源地保护政府间协调机制建设浅谈》,载《黄河水利》2017 年第 1 期。

101. 靳乐山、甄鸣涛:《流域生态补偿的国际比较》,载《农业现代化研究》2008 年第 2 期。

102. 孔志峰、高小萍:《〈生态补偿条例〉编制中的若干关键问题探讨》,载

《行政事业资产与财务》2011 年第 1 期。

103. 孔凡斌:《基于主体功能区划的我国区域生态补偿机制研究》,载《鄱阳湖学刊》2012 年第 5 期。

104. 孔凡斌:《生态补偿机制国际研究进展及中国政策选择》,载《中国地质大学学报》(社会科学版)2010 年第 2 期。

105. 孔凡斌、潘丹、熊凯:《建立鄱阳湖湿地生态补偿机制研究》,载《鄱阳湖学刊》2014 年第 1 期。

106. 赖力、黄贤金、刘伟良:《生态补偿理论、方法研究进展》,载《生态学报》2008 年第 6 期。

107. 兰燕卓、高新军:《水资源生态补偿法律制度的完善——基于具体案例的思考》,载《湖南社会科学》2014 年第 2 期。

108. 冷永生、李敏:《生态补偿机制建设的财政政策建议》,载《经济研究参考》2012 年第 42 期。

109. 李爱年:《关于征收生态效益补偿费存在的立法问题及完善建议》,载《中国软科学》2001 年第 1 期。

110. 李爱年、邓雅静:《生态保护补偿制度的价值取向和立法选择》,载《时代法学》2014 年第 6 期。

111. 李爱年、彭丽娟:《生态效益补偿机制及其立法思考》,载《时代法学》2005 年第 3 期。

112. 李国平、张文彬、李潇:《国家重点生态功能区生态补偿契约设计与分析》,载《经济管理》2014 年第 8 期。

113. 李果仁:《国外生态补偿政策的借鉴与启示》,载《中国财政》2009 年第 13 期。

114. 李海鸣:《进一步完善生态补偿机制的财税政策思考》,载《江西行政学院学报》2010 年第 3 期。

115. 李怀恩、尚小英:《流域生态补偿标准计算方法研究进展》,载《西北大学学报》(自然科学版)2009 年第 4 期。

116. 李惠茹、丁艳如:《京津冀生态补偿核算机制构建及其推进对策》,载《宏观经济研究》2017 年第 4 期。

117. 李惠茹、刘永亮、杨丽慧:《构建京津冀生态环境一体化协同保护长效机制》,载《宏观经济管理》2017 年第 1 期。

118. 李宏伟:《形塑“环境正义”:生态文明建设中的功能区划和利益补偿》,载《当代世界与社会主义》2013 年第 2 期。

119. 李建建、黎元生、胡熠:《论流域生态区际补偿的主导模式与运行机制》,载《生态经济》2006 年第 10 期。

120. 李靖:《财政合作助推京津冀协同发展》,载《中国经贸导刊》2014 年第 21 期。

121. 李静云、王世进:《生态补偿法律机制研究》,载《河北法学》2007 年第 6 期。

122. 李宁、赵伟:《我国区域生态补偿实践中的制度改进问题》,载《东北师范大学学报》(哲学社会科学版)2008 年第 4 期。

123. 李齐云、汤群:《基于生态补偿的横向转移支付制度探讨》,载《地方财政研究》2008 年第 12 期。

124. 李奇伟、李爱年:《论利益衡平视域下生态补偿规则的法律形塑》,载《大连理工大学学报》(社会科学版)2014 年第 3 期。

125. 李团民:《生态补偿基本要素的研究》,载《湖南医科大学学报》(社会科学版)2010 年第 4 期。

126. 李志萌:《流域生态补偿:实现地区发展公平、协调与共赢》,载《鄱阳湖学刊》2013 年第 1 期。

127. 李志鹏:《京津冀异地开发生态补偿机制的构建理路》,载《河北企业》2017 年第 10 期。

128. 李志强、张凤林:《环京津地区协同共建水生态文明调研建议》,载《中国水利》2016 年第 3 期。

129. 梁丽娟、葛颜祥:《关于我国构建生态补偿机制的思考》,载《软科学》2006 年第 4 期。

130. 廖小平:《流域生态补偿的价值追求与机制构建——以湘江流域生态补偿为例》,载《求索》2014 年第 11 期。

131. 林凌:《建立和实施区域生态补偿机制》,载《发展研究》2009 年第 8 期。

132. 刘成玉、孙加秀、周晓庆:《推动生态补偿机制从理念到实践转化的路径探讨》,载《生态经济》2007 年第 3 期。

133. 刘世强:《生态补偿概念界定中需澄清的问题》,载《经济与社会发展》2009 年第 11 期。

134. 刘世强:《我国流域生态补偿实践综述》,载《求实》2011 年第 3 期。

135. 刘晓红、虞锡君:《基于流域水生态保护的跨界水污染补偿标准研究:关于太湖流域的实证分析》,载《生态经济》2007 年第 8 期。

136. 刘光明:《完善洞庭湖生态经济区生态补偿制度的思考》,载《岳阳职业技术学院学报》2014 年第 5 期。

137. 刘广明:《京津冀:区际生态补偿促进区域间协调》,载《环境经济》2007 年第 12 期。

138. 刘广明:《非公益林生态效益保障的法理思考》,载《中国林业经济》2009 年第 1 期。

139. 刘广明、曹焕忠、李靖:《区际生态补偿法律机制研究——兼及构建京津冀区际生态补偿机制》,载《天津行政学院学报》2007 年第 4 期。

140. 刘广明:《协同发展视阈下京津冀区际生态补偿制度构建》,载《哈尔滨工业大学学报》(社会科学版)2017 年第 4 期。

141. 刘桂环、李珊珊:《谁来为生态环境保护埋单——在实践中发展的生态补偿》,载《环境教育》2012 年第 9 期。

142. 刘桂环、张惠远、万军等:《京津冀北流域生态补偿机制初探》,载《中国人口·资源与环境》2006 年第 4 期。

143. 刘晶:《流域生态补偿市场机制的构建及政策研究》,载《开发研究》2012 年第 1 期。

144. 刘娟、刘守义:《京津冀区域生态补偿模式及制度框架研究》,载《改革与战略》2015 年第 2 期。

145. 刘军民:《财政转移支付生态补偿的基本方法与比较》,载《环境经济》2011 年第 10 期。

146. 刘诗宇、张雪娇:《生态经济化视角下跨区域生态补偿机制研究》,载《商业时代》2014 年第 15 期。

147. 刘薇:《京津冀生态协同发展的创新思路与路径》,载《学习月刊》2015 年第 2 期。

148. 刘晓红、虞锡君:《基于流域水生态保护的跨界水污染补偿标准研究——关于太湖流域的实证分析》,载《生态经济》2007 年第 8 期。

149. 刘英奎:《京津冀生态协作机制建设研究》,载《中国特色社会主义研究》2015 年第 1 期。

150. 刘尊梅:《我国农业生态补偿政策的框架构建及运行路径研究》,载《生态经济》2014 年第 5 期。

151. 卢艳丽、丁四保:《国外生态补偿的实践及对我国的借鉴与启示》,载《世界地理研究》2009 年第 3 期。

152. 罗志红、朱青:《构建我国生态补偿机制的财税政策探析》,载《华东经济管理》2010 年第 3 期。

153. 吕斌:《雾霾下的京津冀》,载《法人》2014 年第 4 期。

154. 马存利、陈海宏:《区域生态补偿的法理基础与制度构建》,载《太原师范学院学报》(社会科学版)2009 年第 3 期。

155. 马国强:《生态投资与生态资源补偿机制的构建》,载《中南财经政法大学学报》2006 年第 4 期。

156. 马俊丽:《跨省流域生态补偿机制及其对策研究》,载《现代商贸工业》2010 年第 22 期。

157. 马莹:《基于利益相关者视角的政府主导型流域生态补偿制度研究》,载《经济体制改革》2010 年第 5 期。

158. 马莹:《设立潮白河流域承德段农业生态补偿机制的建议和可行性》,载《科技传播》2014 年第 11 期。

159. 马莹、毛程连:《流域生态补偿的经济内涵及政府功能定位》,载《商业研究》2010 年第 8 期。

160. 马莹、毛程连:《流域生态补偿中政府介入问题研究》,载《社会主义研究》2010 年第 2 期。

161. 麻智辉、李小玉:《流域生态补偿的难点与途径》,载《福州大学学报》(哲学社会科学版)2012 年第 6 期。

162. 毛涛:《我国区际流域生态补偿立法及完善》,载《重庆工商大学学报》(社会科学版)2010 年第 2 期。

163. 毛圆:《地方政府在流域生态补偿中政策工具的选择——以九龙江流

域为例》,载《改革与开放》2013 年第 8 期。

164. 孟姝瑱:《政府规划视角下生态补偿机制的建立与发展》,载《理论学习》2012 年第 6 期。

165. 孟庆瑜、梁枫:《京津冀生态环境协同治理的现实反思与制度完善》,载《河北法学》2018 年第 2 期。

166. 苗泽华、陈永辉:《京津冀区域复合生态系统的共生机制》,载《河北大学学报》(哲学社会科学版)2016 年第 5 期。

167. 聂成静、刘彬等:《基于区域协调发展理论的京津冀地区横向森林生态补偿研究》,载《安徽农业科学》2017 年第 33 期。

168. 聂倩、匡小平:《公共财政中的生态补偿模式比较研究》,载《财经理论与实践》2014 年第 2 期。

169. 聂倩、匡小平:《完善我国流域生态补偿模式的政策思考》,载《价格理论与实践》2014 年第 10 期。

170. 聂晓文、李云燕:《生态补偿机制在中国实施的可行性与途径探讨》,载《经济研究导刊》2008 年第 13 期。

171. 戚晓旭、何晶彦、冯军宁:《京津冀协同发展指标体系及相关建议》,载《宏观经济管理》2017 年第 9 期。

172. 牛桂敏:《探索引滦流域生态补偿机制促进津冀协同发展》,载《环境保护》2017 年第 13 期。

173. 牛禄青:《垃圾发电:困境中兴起》,载《新经济导刊》2014 年第 6 期。

174. 牛伟、肖立新、李佳欣:《复合生态系统视阈下生态涵养区建设对策研究——以冀西北地区为例》,载《中国农业资源与区划》2016 年第 4 期。

175. 潘佳:《区域生态补偿的主体及其权利义务关系——基于京津风沙源区的案例分析》,载《哈尔滨工业大学学报》(社会科学版)2014 年第 5 期。

176. 彭文英、李若凡:《生态共建共享视野的路径找寻:例证京津冀》,载《改革》2018 年第 1 期。

177. 齐子翔:《我国区际生态补偿机制研究——以京冀地区流域生态补偿为例》,载《生态经济》2004 年第 10 期。

178. 钱凯:《完善生态补偿机制政策建议的综述》,载《经济研究参考》2008 年第 54 期。

179. 钱水苗、王怀章:《论流域生态补偿制度的构建——从社会公正的视角》,载《中国地质大学学报》(社会科学版)2005 年第 5 期。

180. 乔花云、司林波等:《京津冀生态环境协同治理模式研究——基于共生理论的视角》,载《生态经济》2017 年第 6 期。

181. 乔欣:《打破"一亩三分地"访全国人大代表,河北省保定市委副书记、市长马誉峰;全国人大代表,河北省承德市委副书记、市长赵风楼》,载《新理财(政府理财)》2014 年 Z1 期。

182. 覃甫政:《论生态补偿转移支付的法律原则——基于生态补偿法与财政转移支付法耦合视角的分析》,载《北京政法职业学院学报》2014 年第 2 期。

183. 秦娜:《区域生态补偿的福利经济学诠释》,载《中共山西省委党校学报》2014 年第 4 期。

184. 秦鹏:《论我国区际生态补偿制度之构建》,载《生态经济》2005 年第 12 期。

185. 丘君、刘容子、赵景柱等:《渤海区域生态补偿机制的研究》,载《中国人口 · 资源与环境》2008 年第 2 期。

186. "区域间建立横向生态补偿制度研究"课题组:《关于建立健全横向生态补偿制度的思考》,载《中国经贸导刊》2015 年第 7 期。

187. 曲格平:《关注生态安全之三:中国生态安全的战略重点和措施》,载《环境保护》2002 年第 5 期。

188. 冉光和、徐继龙、于法稳:《政府主导型的长江流域生态补偿机制研究》,载《生态经济》2009 年第 2 期。

189. 任力、李宜琨:《流域生态补偿标准的实证研究——基于九龙江流域的研究》,载《金融教育研究》2014 年第 2 期。

190. 任世丹:《重点生态功能区生态补偿正当性理论新探》,载《中国地质大学学报》(社会科学版)2014 年第 1 期。

191. 任毅、刘薇:《市场化生态补偿机制与交易成本研究》,载《财会月刊》2014 年第 22 期。

192. 萨础日娜:《我国生态补偿机制问题探析》,载《中国环境管理》2010 年第 3 期。

193. 史玉成:《生态补偿制度建设与立法供给——以生态利益保护与衡平

为视角》,载《法学评论》2013 年第 4 期。

194. 史玉成:《生态补偿的理论蕴涵与制度安排》,载《法学家》2008 年第 4 期。

195. 宋建军:《海河流域京冀间生态补偿现状、问题及建议》,载《宏观经济研究》2009 年第 2 期。

196. 宋强:《京津冀协同发展背景下的环境问题及解决对策》,载《中国经贸导刊》2014 年第 24 期。

197. 宋煜萍:《长三角生态补偿机制中的政府责任问题研究》,载《学术界》2014 年第 10 期。

198. 苏多杰、王养莉:《构建横向生态补偿机制促进青海可持续发展》,载《青海环境》2008 年第 2 期。

199. 苏明、刘军民:《创新生态补偿财政转移支付的甘肃模式》,载《环境经济》2013 年第 7 期。

200. 苏禹:《环境行政中的生态补偿》,载《知识经济》2009 年第 18 期。

201. 孙根紧、何婧:《中国生态补偿研究综述》,载《商业时代》2011 年第 12 期。

202. 孙开、杨晓萌:《流域水环境生态补偿的财政思考与对策》,载《财政研究》2009 年第 9 期。

203. 孙力:《生态功能区补偿法律制度初探》,载《环境保护》2008 年第 12 期。

204. 孙鑫:《生态文明视野下东中西部的横向生态补偿研究》,载《云南行政学院学报》2014 年第 3 期。

205. 孙新章:《生态补偿制度建设中亟待研究解决的几个问题》,载《长春市委党校学报》2014 年第 5 期。

206. 谭秋成:《关于生态补偿标准和机制》,载《中国人口 · 资源与环境》2009 年第 6 期。

207. 陶恒、宋小宁:《生态补偿与横向财政转移支付的理论与对策研究》,载《创新》2010 年第 2 期。

208. 田义文、张明波、刘亚男:《跨省流域生态补偿:从合作困境走向责任共担》,载《环境保护》2012 年第 15 期。

209. 佟丹丹:《京津冀生态共享与区域生态补偿机制研究——以河北张家口为例》,载《宏观经济管理》2017 年 S1 期。

210. 万军、张惠远等:《中国生态补偿政策评估与框架初探》,载《环境科学研究》2005 年第 2 期。

211. 汪海燕、李卓垚:《生态服务市场补偿的理论蕴含与制度构建》,载《华北水利水电大学学报》(社会科学版)2014 年第 1 期。

212. 汪海燕、张霄:《基于制度供给与需求理论的生态补偿立法问题——以公益林补偿为例》,载《江苏警官学院学报》2014 年第 6 期。

213. 汪劲:《论生态补偿的概念——以〈生态补偿条例〉草案的立法解释为背景》,载《中国地质大学学报》(社会科学版)2014 年第 1 期。

214. 王蓓蓓、王燕、葛颜祥、吴菲菲:《流域生态补偿模式及其选择研究》,载《山东农业大学学报》(社会科学版)2009 年第 1 期。

215. 王朝才、刘军民:《中国生态补偿的政策实践与几点建议》,载《经济研究参考》2012 年第 1 期。

216. 王芳:《京津冀地区雾霾天气的原因分析及其治理》,载《求知》2014 年第 7 期。

217. 王芳芳:《浅析京津冀地区资源生态补偿实践探索》,载《法制与经济》2012 年第 10 期。

218. 王广正:《论组织和国家中的公共物品》,载《管理世界》1997 年第 1 期。

219. 汪海燕、张霄:《基于制度供给与需求理论的生态补偿立法问题——以公益林补偿为例》,载《江苏警官学院学报》2014 年第 6 期。

220. 王海洋:《加快林业建设　改善生态环境　促进京津冀协同发展》,载《河北林业》2015 年第 6 期。

221. 王慧杰、董战峰等:《生态补偿:政策效应凸显》,载《环境经济》2014 年 Z1 期。

222. 王家庭、曹清峰:《京津冀区域生态协同治理:由政府行为与市场机制引申》,载《改革》2014 年第 5 期。

223. 王金南、张惠远:《生态补偿机制五问》,载《时事报告》2006 年第 6 期。

224. 王开宇:《生态补偿制度责任主体解析》,载《黑河学院学报》2010 年第

4期。

225. 王坤岩、臧学英:《京津冀地区生态承载力可持续发展研究》,载《理论学刊》2014年第1期。

226. 王亮亮:《流域生态补偿市场化的法律思考》,载《鄱阳湖学刊》2014年第6期。

227. 王玫:《京津冀协同发展背景下河北生态环境建设思路及建议》,载《共产党员》2015年第14期。

228. 王萍:《生态补偿立法正当时》,载《中国人大》2010年第15期。

229. 王萍:《生态补偿:期待制度建设"加速跑"》,载《中国人大》2013年第9期。

230. 王清军:《生态补偿主体的法律建构》,载《中国人口·资源与环境》2009年第1期。

231. 王清军、蔡守秋:《生态补偿机制的法律研究》,载《南京社会科学》2006年第7期。

232. 王权典:《统筹区域协调发展之生态补偿机制建构创新》,载《政法论丛》2010年第1期。

233. 王社坤:《"生态补偿"亟须法律护航》,载《当代广西》2012年第7期。

234. 王树华:《长江经济带跨省域生态补偿机制的构建》,载《改革》2014年第6期。

235. 王双:《京津冀生态功能分异与协同的实现逻辑与路径》,载《生态经济》2015年第7期。

236. 王双:《京津冀蒙跨区域生态补偿市场化机制初探》,载《经济界》2014年第5期。

237. 王双:《京津冀生态功能协同机制的设计思路及内容探析》,载《城市》2015年第6期。

238. 王星、陈泽伟:《生态补偿破解环境冲突》,载《瞭望》2007年第32期。

239. 王燕:《构建政府为主市场为辅的水源地生态补偿机制》,载《中国财政》2010年第17期。

240. 王延杰、冉希:《京津冀基本公共服务差距、成因及对策》,载《河北大学学报》(哲学社会科学版)2016年第4期。

241. 王翊:《跨区域生态服务提供与补偿的理论分析》,载《求索》2011 年第 6 期。

242. 王昱、丁四保、王荣成:《区域生态补偿的理论与实践需求及其制度障碍》,载《中国人口 · 环境与资源》2010 年第 7 期。

243. 王昱、丁四保、卢艳丽:《中国区域生态补偿中的补偿标准问题研究》,载《中国发展》2011 年第 6 期。

244. 王昱、丁四保、卢艳丽:《基于我国区域制度的区域生态补偿难点问题研究》,载《现代城市研究》2012 年第 6 期。

245. 王昱、王荣成:《我国区域生态补偿机制下的主体功能区划研究》,载《东北师大学报》(社会科学版)2008 年第 4 期。

246. 王跃涛:《区域间生态转移支付的财政政策研究》,载《财会研究》2010 年第 4 期。

247. 王振东:《河北省张承地区生态补偿机制探讨》,载《社会科学论坛》2008 年第 11 期。

248. 王喆:《推进京津冀跨区域大气治理》,载《宏观经济管理》2014 年第 6 期。

249. 王喆、周凌一:《京津冀生态环境协同治理研究——基于体制机制视角探讨》,载《经济与管理研究》2015 年第 7 期。

250. 王志凌、谢宝剑、谢万贞:《构建我国区域间生态补偿机制探讨》,载《学术论坛》2007 年第 3 期。

251. 王宗廷:《生态补偿的法律蕴含》,载《理论月刊》2005 年第 6 期。

252. 魏进平、刘鑫洋、魏娜:《京津冀协同发展的历程回顾、现实困境与突破路径》,载《河北工业大学学报》(社会科学版)2014 年第 2 期。

253. 温锐、刘世强:《我国流域生态补偿实践分析与创新探讨》,载《求实》2012 年第 4 期。

254. 吴斌:《关于京津冀生态保护和建设的几点思考——北京生态文化体系建设的战略思考》,载《绿色与生活》2015 年第 4 期。

255. 吴建国、何莉环:《构建区域生态补偿机制　促进西部地区可持续发展》,载《当代经济》2007 年第 11 期。

256. 吴季松:《以协同论指导京津冀协同创新》,载《经济与管理》2014 年第

5 期。

257. 吴文洁、高黎红:《价值补偿与生态补偿概念辨析》,载《南阳理工学院学报》2010 年第 5 期。

258. 吴晓青、洪尚群等:《区际生态补偿机制是区域间协调发展的关键》,载《长江流域资源与环境》2003 年第 1 期。

259. 武永义、熊圩清、方明媚:《陕北矿产资源地生态补偿横向转移支付探讨》,载《西部财会》2014 年第 12 期。

260. 夏云娇:《矿产开发生态补偿法律制度研究》,载《国土资源科技管理》2014 年第 1 期。

261. 鲜开林、史瑞:《贫困山区生态补偿机制问题研究——以山西太行山区为例》,载《东北财经大学学报》2014 年第 2 期。

262. 向玉琼:《公民参与与"政策悖论"及其解决途径》,载《理论探讨》2006 年第 6 期。

263. 肖加元、席鹏辉:《跨省流域水资源生态补偿:政府主导到市场调节》,载《贵州财经大学学报》2013 年第 2 期。

264. 肖金成:《京津冀一体化与空间布局优化研究》,载《天津师范大学学报》(社会科学版)2014 年第 5 期。

265. 谢晶莹:《建立生态补偿机制:推进生态建设的制度保障》,载《环渤海经济瞭望》2008 年第 7 期。

266. 谢素芳:《生态补偿亟须制度"给力"》,载《中国人大》2013 年第 8 期。

267. 谢素芳:《跨区域生态补偿:归宿是共赢》,载《中国人大》2013 年第 8 期。

268. 徐键:《论跨地区水生态补偿的法制协调机制——以新安江流域生态补偿为中心的思考》,载《法学论坛》2012 年第 4 期。

269. 徐丽媛:《试论赣江流域生态补偿机制的建立》,载《江西社会科学》2011 年第 10 期。

270. 许文建:《关于"京津冀协同发展"重大国家战略的若干理论思考——京津冀协同发展上升为重大国家战略的解读》,载《中共石家庄市委党校学报》2014 年第 4 期。

271. 杨春平、陈诗波、谢海燕:《"飞地经济":横向生态补偿机制的新探索——关于成都阿坝地区共建成阿工业园区的调研报告》,载《宏观经济研究》2015 年第 5 期。

272. 杨道波:《民族地区生态补偿机制研究》,载《贵州民族研究》2006 年第 1 期。

273. 杨丽韫、甄霖、吴松涛:《我国生态补偿主客体界定与标准核算方法分析》,载《生态经济》(学术版)2010 年第 1 期。

274. 杨连云:《以深化改革推动京津冀协同发展》,载《经济与管理》2014 年第 4 期。

275. 杨明:《京津冀一体化过程中政府合作机制研究》,载《中国国情国力》2014 年第 8 期。

276. 杨舒涵、张术环:《新型生态补偿机制的体系架构与实现路径研究》,载《山东理工大学学报》(社会科学版)2009 年第 6 期。

277. 杨晓萌:《生态补偿横向转移支付制度亟待建立》,载《国土资源导刊》2013 年第 8 期。

278. 杨晓萌:《中国生态补偿与横向转移支付制度的建立》,载《财政研究》2013 年第 2 期。

279. 杨晓敏:《基于生态补偿机制下的财税政策探析》,载《生态经济》2014 年第 3 期。

280. 杨星国:《对国家实施森林生态效益补偿基金制度的探讨》,载《防护林科技》2014 年第 4 期。

281. 杨志荣:《北美大都市区改革对京津冀一体化的启示》,载《理论探索》2014 年第 4 期。

282. 姚好霞、周荣:《环渤海区域生态环境及其政策法制协调机制建设》,载《山西省政法管理干部学院学报》2009 年第 4 期。

283. 姚忠阳:《区域生态文明建设机制研究》,载《投资北京》2016 年第 12 期。

284. 叶堂林、祝合良、潘鹏:《京津冀协同发展路径设计》,载《中国经济报告》2017 年第 8 期。

285. 殷阿娜、邓思远:《环京津贫困带生态——贫困耦合关系困境的博弈分析》,载《当代经济管理》2017 年第 3 期。

286. 伊媛媛:《论我国流域生态补偿中的公众参与机制》,载《江汉大学学报》(社会科学版)2014 年第 5 期。

287. 尤晓娜、刘广明:《京津冀流域区际生态补偿制度之构建》,载《行政与法》2018 年第 4 期。

288. 尤晓娜、刘广明:《建立生态环境补偿法律机制》,载《经济论坛》2004 年第 21 期。

289. 尤艳鑫:《构建我国生态补偿机制的国际经验借鉴》,载《地方财政研究》2007 年第 4 期。

290. 余敏江:《论区域生态环境协同治理的制度基础》,载《理论探讨》2013 年第 2 期。

291. 喻少如:《区域经济合作中的行政协议》,载《求索》2007 年第 1 期。

292. 余钟夫:《遵循区域发展规律推进京津冀协同发展》,载《前线》2014 年第 6 期。

293. 于彦梅、耿保江:《论京津冀区际生态补偿制度的构建》,载《河北科技大学学报》(社会科学版)2012 年第 4 期。

294. 袁刚、张小康:《政府制度创新对区域经济发展的作用——以京津冀地区为例》,载《行政与法》2014 年第 8 期。

295. 苑清敏、张枭、李健:《京津冀协同发展背景下合作生态补偿量化研究》,载《干旱区域资源与环境》2017 年第 8 期。

296. 曾宪植:《打破思维定式　实现京津冀协同发展》,载《求知》2014 年第 9 期。

297. 张贵、齐晓梦:《京津冀协同发展中的生态补偿核算与机制设计》,载《河北大学学报》(哲学社会科学版)2016 年第 1 期。

298. 张化冰:《三人行——京津冀城市圈生态一体化之再生资源产业链协作》,载《资源再生》2015 年第 3 期。

299. 张建伟:《新型生态补偿机制构建的思考》,载《经济与管理》2011 年第 3 期。

300. 张建伟:《生态补偿制度构建的若干法律问题研究》,载《甘肃政法学院学报》2006 年第 3 期。

301. 张钧、王希:《生态补偿法律化:必要性及推进思路》,载《理论探索》

2014 年第 3 期。

302. 张莉、张虹:《完善区域生态补偿法律机制初探——以河北省为例》,载《河北青年管理干部学院学报》2010 年第 4 期。

303. 张丽丽、钟伟萍:《论京津冀协同发展跨界水污染生态补偿核算机制》,载《管理观察》2017 年第 10 期。

304. 张茉楠:《雾霾治理的"中国之惑"》,载《中国经济报告》2014 年第 3 期。

305. 张丽亚、彭文英:《首都圈雾霾天气成因及对策探讨》,载《生态经济》2014 年第 9 期。

306. 张露予:《对区际森林生态补偿机制的构想》,载《经济与社会发展》2010 年第 10 期。

307. 张铭贤:《京津冀:在一体化治污中推进协同发展》,载《乡音》2014 年第 6 期。

308. 张强、陈文喜:《北京对口帮扶河北贫困地区发展机制创新研究》,载《经济与管理》2017 年第 3 期。

309. 张术环、杨舒涵:《生态补偿的制度安排体系研究》,载《前沿》2010 年第 19 期。

310. 张韬:《珠江流域水资源生态补偿政策体系研究——以贵州省为例》,载《贵州财经学院学报》2011 年第 4 期。

311. 张巍:《环京津贫困带经济发展与生态补偿机制问题研究——以张家口市为例》,载《管理观察》2017 年第 6 期。

312. 张晓山:《中国农村改革 30 年的基本经验》,载《中国乡村建设》2009 年第 1 期。

313. 张彦波、佟林杰、孟卫东:《政府协同视角下京津冀区域生态治理问题研究》,载《经济与管理》2015 年第 3 期。

314. 张郁、丁四保:《流域生态补偿中的协商机制研究》,载《世界地理研究》2008 年第 2 期。

315. 张媛、支玲:《优化中国森林生态补偿机制的契机分析》,载《林业经济问题》2014 年第 5 期。

316. 张媛、支玲:《我国森林生态补偿标准问题的研究进展及发展趋势》,

载《林业资源管理》2014 年第 2 期。

317. 张跃西、钟章成、孔栋宝:《异地开发生态补偿"金磐经验"探讨》,载《金华职业技术学院学报》2005 年第 3 期。

318. 张跃西、孔栋宝:《异地开发生态补偿的"金磐经验"探讨》,载《浙江学刊》2005 年第 4 期。

319. 赵翠薇、王世杰:《生态补偿效益、标准——国际经验及对我国的启示》,载《地理研究》2010 年第 4 期。

320. 赵超:《试论"泛珠三角"区域生态补偿机制的构建》,载《探求》2007 年第 6 期。

321. 赵记伟:《中科院专家:京津冀何以成雾霾重灾区》,载《法人》2014 年第 4 期。

322. 赵丽:《建立生态补偿机制刻不容缓》,载《社会科学研究》2009 年第 4 期。

323. 赵培红:《城市周边区域跨行政区生态补偿机制探讨》,载《青岛科技大学学报》(社会科学版)2011 年第 2 期。

324. 郑海霞:《关于流域生态补偿机制与模式研究》,载《云南师范大学学报》(哲学社会科学版)2010 年第 5 期。

325. 郑海霞、张陆彪、封志明:《金华流域生态补偿服务补偿机制及其政策建议》,载《资源科学》2006 年第 5 期。

326. 郑新建:《生态补偿机制法制化研究——以京津冀为例》,载《河北广播电视大学学报》2017 年第 3 期。

327. 郑雪梅:《生态转移支付——基于生态补偿的横向转移支付制度》,载《环境经济》2006 年第 7 期。

328. 中共石家庄市委党校课题组,《河北生态补偿制度存在的问题及对策研究》,载《中共石家庄市委党校学报》2014 年第 7 期。

329. 钟茂初、闫文娟:《环境公平问题既有研究述评及研究框架思考》,载《中国人口资源与环境》2012 年第 6 期。

330. 周守财:《关于京津冀协同发展下生态文明建设的研究》,载《中国社会科学研究论丛》2015 卷第 2 辑。

331. 周京奎、靳亚阁:《京津冀生态环境治理问题与机制研究》,载《理论与现代化》2017 年第 2 期。

332. 周映华:《流域生态补偿的困境与出路——基于东江流域的分析》,载《公共管理学报》2008 年第 2 期。

333. 祝尔娟、潘鹏:《对完善京津冀生态补偿机制的理论思考与政策建议——政府补偿与市场补偿有机结合》,载《改革与战略》2018 年第 2 期。

二、中文报纸类

1. 毕淑娟:《生态补偿机制"纵多横少"亟待破局》,载《中国联合商报》2013 年 5 月 14 日,D04 版。

2. 郭倩倩、耿海清、任景明:《以一体化破解京津冀环境问题》,载《中国环境报》2014 年 6 月 17 日,第 2 版。

3. 斯兰:《建立区域生态补偿价值正当时——专访河北省承德市发改委副主任白晓峰》,载《中国改革报》2010 年 11 月 22 日,第 6 版。

4. 戴佳:《加快生态补偿立法,避免"保生态饿肚子"》,载《检察日报》2013 年 4 月 15 日,第 5 版。

5. 杜芳:《三地互动　共护一泓清水——京津冀协同治水调研》,载《经济日报》2014 年 9 月 26 日,第 15 版。

6. 杜军玲、杨朝英:《京津冀联动堵疏结合治霾——民建中央建言京津冀地区空气污染治理系统工程》,载《人民政协报》2014 年 3 月 3 日,第 17 版。

7. 端然:《京津冀生态补偿制度亟待完善》,载《经济日报》2014 年 9 月 2 日,第 14 版。

8. 范军利、晓晰:《"环京津贫困带"难题待解》,载《中国改革报》2005 年 8 月 22 日,第 7 版。

9. 方烨、梁倩:《携手共创京津冀美好生态》,载《经济参考报》2015 年 5 月 20 日,第 6 版。

10. 巩志宏:《京津冀生态补偿多是临时性政策》,载《经济参考报》2015 年 7 月 13 日,第 7 版。

11. 郭力方:《治霾不能缺失生态补偿机制》,载《中国证券报》2013 年 12 月 27 日,A01 版。

12. 黄春景:《"环京津贫困带"考验政府善治能力》,载《中国信息报》2005

年8月26日,第2版。

13. 黄征学:《横向生态补偿制度要“说到做到”》,载《中国经济导报》2015年8月5日,B02版。

14. 金三林:《国外生态补偿的政策实践及启示》,载《中国税务报》2007年6月20日,第8版。

15. 金三林:《我国生态补偿的主要机制》,载《中国税务报》2007年7月9日,第8版。

16. 孔祥武、魏贺等:《美丽中国　永续发展》,载《人民日报》2012年11月14日,第1版。

17. 来洁:《从承德看京津冀“生态一体化”之难》,载《经济日报》2015年1月27日,第15版。

18. 雷汉发:《筑牢京津冀绿色屏障》,载《经济日报》2015年7月13日,第1版。

19. 李海楠:《以生态之名为京津冀协同发展披上绿色外衣》,载《中国经济时报》2015年7月29日,第2版。

20. 李忠峰:《流域生态补偿艰难破题》,载《中国财经报》2010年7月17日,第4版。

21. 刘建刚、何玲:《京津冀治霾协同联手留住“APEC蓝”》,载《中国改革报》2014年12月8日,第5版。

22. 刘杨:《京津冀治理一体化需有区域性法规》,载《中国环境报》2014年6月20日,第2版。

23. 鲁达、潘海涛:《“环京津贫困带”发出警示之言》,载《中国改革报》2005年9月19日,第2版。

24. 陆元昌:《京津冀协同发展应生态先行》,载《中国绿色时报》2015年1月27日,A03版。

25. 罗兰:《三地“拉手”　生态治理“加速跑”》,载《人民日报海外版》2015年8月8日,第2版。

26. 吕林:《农工党中央建议:建立京津冀协同发展生态环境保护基金》,载《中国冶金报》2015年3月14日,第2版。

27. 吕昱江:《横向生态补偿:政府主导太慢太艰辛必须引入市场交换关

系》,载《中国经济导报》2015 年 8 月 19 日,B02 版。

28. 穆桑桑:《让垃圾生态补偿费用“物有所值”》,载《中国经济导报》2014 年 12 月 20 日,C01 版。

29. 牛建宏:《环京津贫困带如何改变?》,载《中国建设报》2006 年 3 月 10 日,第 1 版。

30. 彭文英:《构建京津冀生态环保一体化格局》,载《中国环境报》2014 年 6 月 24 日,第 2 版。

31. 秦夕雅、郑娜、薛丹丹:《大气污染倒逼京津冀“环保一体化”先行》,载《第一财经日报》2014 年 7 月 16 日,A04 版。

32. 曲一歌:《京津冀:发展与保护兼济》,载《中国经济导报》2014 年 5 月 27 日,A01 版。

33. 史波涛:《京津冀生态环境应“共建共享”》,载《首都建设报》2015 年 4 月 20 日,第 3 版。

34. 首都经济贸易大学课题组:《科学构建京津冀生态补偿机制》,载《经济日报》2017 年 1 月 20 日,第 14 版。

35. 宋涛:《运用市场机制推进京津冀环保一体化》,载《中国环境报》2014 年 6 月 11 日,第 2 版。

36. 孙东辉:《“环京津贫困带”凸显区域经济发展障碍》,载《中国经济时报》2005 年 8 月 19 日,第 1 版。

37. 孙久文、原倩:《京津冀协同发展的路径选择》,载《经济日报》2014 年 6 月 4 日,第 7 版。

38. 田新程、尚文博、李娜:《生态补偿,公共财政平衡区域生态贡献》,载《中国绿色时报》2014 年 3 月 5 日,第 1 版。

39. 王方杰:《环京津贫困带亟需扶持》,载《人民日报》2006 年 3 月 14 日,第 8 版。

40. 王喆:《协同治理京津冀生态困局:中央政府、地方政府各负其责》,载《中国经济导报》2015 年 5 月 16 日,B01 版。

41. 王萍:《京冀跨区域碳汇交易已达 7 万吨》,载《新京报》2015 年 10 月28 日,A11 版。

42. 王胜男、田新程:《京津冀协同应建立生态环保基金》,载《中国绿色时报》2015 年 3 月 17 日,A02 版。

43. 王思力、李建成:《承德加快京津冀跨区域生态文明建设》,载《河北经济日报》2017 年 2 月 25 日,第 1 版。

44. 王天雨、钟振宇:《推动建立国家层面生态补偿机制》,载《四川日报》2014 年 11 月 17 日,第 2 版。

45. 许丹婷:《广西湿地如何依法"养肾"?——自治区湿地保护条例解读》,载《广西日报》2014 年 12 月 31 日,第 5 版。

46. 许霞:《生态补偿机制该如何完善?》,载《中国妇女报》2013 年 9 月 8 日,A04 版。

47. 宣晓伟:《京津冀一体化究竟难在哪里》,载《中国经济时报》2014 年 5 月 12 日,第 11 版。

48. 易文:《首款低碳环保彩票亮相英国》,载《中国社会报》2011 年 8 月 31 日,B01 版。

49. 云帆:《为"环京津贫困带"指路》,载《中国文化报》2005 年 11 月 18 日,第 4 版。

50.《张高丽主持召开京津冀协同发展领导小组第三次会议》,载《人民日报》2014 年 9 月 5 日,第 1 版。

51. 张可云:《区域经济发展强调三协调》,载《中国社会科学报》2014 年 9 月 26 日,A04 版。

52. 张蕾:《"环京津贫困带"敲响和谐发展警钟》,载《农民日报》2005 年 8 月 27 日,第 2 版。

53. 张萌萌:《低碳、循环、智慧　探索生态协同新路径——京津冀生态环境协同发展高端会议观点》,载《廊坊日报》2015 年 5 月 19 日,第 6 版。

54. 张淑会:《合作共建维护京津冀区域生态环境》,载《河北日报》2009 年 8 月 7 日,第 2 版。

三、中文著作类

1. [英]庇谷:《福利经济学》(上册),朱泱、张胜纪、吴良健译,商务印书馆 2006 年版。

2. 丁四保等:《区域生态补偿的方式探讨》,科学出版社 2010 年版。

3. 丁四保、王昱:《区域生态补偿的基础理论与实践问题研究》,科学出版社2010年版。

4. 杜敏、周丽旋、彭晓春:《基于行政区域统筹的生态补偿政策及应用模式》,化学工业出版社2015年版。

5. 高小萍:《我国生态补偿的财政制度研究》,经济科学出版社2010年版。

6. 郭日生:《生态补偿的国际比较:模式与机制》,社会科学文献出版社2012年版。

7. 韩鹏:《典型脆弱生态区生态补偿机理与模型研究》,气象出版社2015年版。

8. 洪荣标、郑冬梅:《海洋保护区生态补偿机制理论与实证研究》,海洋出版社2010年版。

9. 胡仪元等:《流域生态补偿模式、核算标准与分配模型研究:以汉江水源地生态补偿为例》,人民出版社2016年版。

10. 黄寰:《区际生态补偿论》,中国人民大学出版社2012年版。

11. 靳乐山:《中国生态补偿:全领域探索与进展》,经济科学出版社2016年版。

12. 李长亮:《西部地区生态补偿机制构建研究》,中国社会科学出版社2013年版。

13. 刘春兰、裴厦、王海华、陈龙等:《京津冀之间生态环境关系与生态补偿机制研究》,中国水利水电出版社2015年版。

14. 刘桂环、陆军、王夏晖:《中国生态补偿政策概览》,中国环境出版社2013年版。

15. 秦玉才:《流域生态补偿与生态补偿立法研究》,社会科学文献出版社2011年版。

16. 秦玉才、汪劲:《中国生态补偿立法:路在前方》,北京大学出版社2013年版。

17. 任勇、冯东方、俞海:《中国生态补偿理论与政策框架设计》,中国环境科学出版社2008年版。

18. 孙久文等:《京津冀都市圈区域合作与北京国际化大都市发展研究》,知识产权出版社2009年版。

19. 沈满洪、魏楚、谢慧明等:《完善生态补偿机制研究》,中国环境出版社2015年版。

20. 汪若玫、靳云汇:《企业利益相关者理论与应用研究》,北京大学出版社2009年版。

21. 徐大伟、常亮:《跨区域流域生态补偿的准市场机制研究:以辽河为例》,科学出版社2014年版。

22. 中国环境与发展国际合作委员会:《中国环境与发展国际合作委员会年度政策报告——中国环境与发展的战略转型》,中国环境科学出版社2006年版。

23. 中国21世纪议程管理中心:《生态补偿原理与应用》,社会科学文献出版社2009年版。

24. 中国生态补偿机制与政策研究课题组:《中国生态补偿机制与政策研究》,科学出版社2007年版。

25. 吕忠梅:《超越与保守——可持续发展视野下的环境法创新》,法律出版社2003年版。

四、其他资料

1. 北京市统计局、国家统计局北京调查总队:《京津冀协同发展稳步推进 产业、交通、生态一体化初见成效》,载北京统计信息网:http://www.bjstats.gov.cn/zxfb/201601/t20160129_335558.html,最后访问日期:2018年4月10日。

2.《北京与河北签署加强经济与社会合作备忘录》,载中国政府网:http://www.gov.cn/jrzg/2006-10/13/content_412724.htm,最后访问日期:2018年4月10日。

3.《"承德之水"不想再为北京"无私奉献"》,载中国水网:http://www.h2o-china.com/news/30206.html,最后访问日期:2018年4月10日。

4. 储信艳:《张高丽任京津冀领导小组组长 协调三地利益格局》,载人民网:http://politics.people.com.cn/n/2014/0812/c70731-25446261.html,最后访问日期:2018年4月10日。

5. 董小君:《建立生态补偿机制关键要解决四个核心问题》,载环保网:

http://www. chinaenvironment. com/view/viewnews. aspx? k = 20080103114751468,最后访问日期:2018 年 4 月 10 日。

6.《对话、对接,京津冀走向深度融合》,载中国专业转移网:http://cyzy. miit. gov. cn/node/4765,最后访问日期:2018 年 4 月 10 日。

7.《发改委:2017 京津冀煤炭消费量比 2012 年减 16.49%,有助淘汰落后产能》,载网易财经:http://money. 163. com/15/0114/13/AFU41R6B00253B0H. html,最后访问日期:2018 年 4 月 10 日。

8. 高原:《我国工业污染占比超 70% 第三方治理推广存困难》,载腾讯网:http://news. qq. com/a/20150304/000554. htm,最后访问日期:2018 年 4 月 10 日。

9. 耿雁冰、张梦洁:《京津冀论一体化 建议成立国家级协调发展委员会》,载凤凰网:http://finance. ifeng. com/a/20140515/12335904_0. shtml,最后访问日期:2018 年 4 月 10 日。

10.《河北省将年引 6.2 亿立方米黄河水"解渴"》,载新华网:http://news. xinhuanet. com/local/2014 - 02/06/c_119220196. htm,最后访问日期:2018 年 4 月 10 日。

11.《环境保护部发布 2013 年重点区域和 74 个城市空气质量状况》,载环境保护部官网:http://www. mep. gov. cn/gkml/hbb/qt/201403/t20140325_269648. htm,最后访问日期:2018 年 4 月 10 日。

12. 雷汉发:《京津冀协同发展河北如何做》,载环球网:http://finance. huanqiu. com/data/2014 - 04/4963402. html,最后访问日期:2018 年 4 月 10 日。

13. 李正豪:《暗战京津冀:河北渴望高端产业 北京不放弃》,载网易财经:http://money. 163. com/14/0519/11/9SJUHMTE00253B0H. html,最后访问日期:2018 年 4 月 10 日。

14. 刘晓星:《第二次全国湿地资源调查结果出炉》,载人民网:http://env. people. com. cn/n/2014/0114/c1010 - 24110911. html,最后访问日期:2018 年 4 月 10 日。

15.《京津冀一体化过程的发展现状与困难分析》,载凤凰网:http://hebei. ifeng. com/news/detail_2014_11/07/3119681_0. shtml,最后访问日期:2018 年 4 月 10 日。

16.《京津冀及周边地区工业资源综合利用产业协同发展行动计划(2015—2017)》,载国务院新闻办公室官网:http://www. scio. gov. cn/xwfbh/xwbfbh/wqfbh/33978/34204/xgzc34210/Document/1469694/1469694. htm,最后访问日期:2018 年 4 月 10 日。

17. 郎鹏德:《工业锅炉污染有多严重?》,载中国锅炉网:http://www. china-boiler. net/zixun/zixun_view. aspx? id = 12632,最后访问日期:2018 年 4 月 10 日。

18. 刘育英:《京津冀生态环保规划出台　明确五大区域六大任务》,载中国新闻网:http://finance. chinanews. com/gn/2015/12 - 30/7695468. shtml,最后访问日期:2018 年 4 月 10 日。

19.《生态补偿机制建设成效初显》,载中国日报网:http://www. chinadaily. com. cn/hqgj/jryw/2013 - 04 - 24/content_8850210. html,最后访问日期:2018 年 4 月 10 日。

20. 石宝红:《岗南、黄壁庄水库水量水质联合调度的成功实践》,中国水利学会 2014 年学术年会论文集。

21. 孙爱东、梁恒等:《长三角与珠三角带给京津冀的启示》,载新华网:http://www. gd. xinhuanet. com/newscenter/2014 - 04/25/c_1110406145. htm,最后访问日期:2018 年 4 月 10 日。

22.《外滩画报:江苏浙江两省边界水污染案十年难断》,载新浪网:http://news. sina. com. cn/c/2003 - 03 - 07/1359937205. shtml,最后访问日期:2018 年 4 月 10 日。

23.《习近平在京主持召开座谈会　专题听取京津冀协同发展工作汇报》,载新华网:http://news. xinhuanet. com/politics/2014 - 02/27/c_126201296. htm,最后访问日期:2018 年 4 月 10 日。

24.《引黄入冀 16 年河北引入黄河水 35 亿立方米》,载中国新闻网:http://www. chinanews. com/df/2011/12 - 09/3522164. shtml,最后访问日期:2018 年 4 月 10 日。

25. 张明星:《嘉兴水污染事件深层原因　跨界污染为何反复发生》,载浙江新闻网:http://zjnews. zjol. com. cn/05zjnews/system/2005/07/11/006187636. shtml,最后访问日期:2018 年 4 月 10 日。

26.《2015年中国　机动车污染防治年报》,载环境保护部官网:http://www.zhb.gov.cn/gkml/hbb/qt/201601/t20160119_326622.htm,最后访问日期:2018年4月10日。

五、外文资料

1. Freeman R. E., *Strategic Management: A Stakeholder Approach*, MA: Pitman, 1984.

2. Sommerville M. M., Jones J. P. G., E. J. Molner-Gulland, "A Revised Conceptual Framework for Payments for Environmental Services", *Ecology and Society*, 2009(2).

图书在版编目(CIP)数据

京津冀区际生态补偿制度构建 / 刘广明，尤晓娜著
. -- 北京 : 法律出版社，2018
(法学与法治建设研究文丛 / 孟庆瑜主编)
ISBN 978 -7 -5197 -2183 -1

Ⅰ. ①京… Ⅱ. ①刘… ②尤… Ⅲ. ①区域生态环境 －补偿机制－研究－华北地区 Ⅳ. ①X321.22

中国版本图书馆 CIP 数据核字(2018)第 078688 号

京津冀区际生态补偿制度构建
JINGJINJI QUJI SHENGTAI BUCHANG ZHIDU GOUJIAN

刘广明　尤晓娜 著

策划编辑 陈　妮
责任编辑 陈　妮
装帧设计 马　帅

出版 法律出版社
总发行 中国法律图书有限公司
经销 新华书店
印刷 北京虎彩文化传播有限公司
责任校对 马　丽
责任印制 吕亚莉

编辑统筹 财经法治出版分社
开本 720 毫米×960 毫米　1/16
印张 16
字数 250 千
版本 2018 年 8 月第 1 版
印次 2018 年 8 月第 1 次印刷

法律出版社/北京市丰台区莲花池西里 7 号(100073)
网址/www. lawpress. com. cn
投稿邮箱/info@ lawpress. com. cn
举报维权邮箱/jbwq@ lawpress. com. cn
销售热线/010 -63939792
咨询电话/010 -63939796

中国法律图书有限公司/北京市丰台区莲花池西里 7 号(100073)
全国各地中法图分、子公司销售电话：
统一销售客服/400 -660 -6393
第一法律书店/010 -63939781/9782
西安分公司/029 -85330678
重庆分公司/023 -67453036
上海分公司/021 -62071639/1636
深圳分公司/0755 -83072995

书号:ISBN 978 -7 -5197 -2183 -1
定价:66.00 元
(如有缺页或倒装,中国法律图书有限公司负责退换)